航天科技图书出版基金资助出版

航天飞机与空间站在轨对接

Linking the Space Shuttle and Space Stations

Early Docking Technologies from Concept to Implementation

[英] 戴维·J. 谢勒 (David J. Shayler) 著
李伟杰 王耀兵 刘华伟 张 也 曾福明 译

中国宇航出版社
·北 京·

图书在版编目（CIP）数据

航天飞机与空间站在轨对接 /（英）戴维·J.谢勒（David J. Shayler）著；李伟杰等译. -- 北京：中国宇航出版社，2022.10

书名原文：Linking the Space Shuttle and Space Stations: Early Docking Technologies from Concept to Implementation

ISBN 978-7-5159-1806-8

Ⅰ.①航… Ⅱ.①戴… ②李… Ⅲ.①星际站－对接（航天） Ⅳ.①V526

中国版本图书馆 CIP 数据核字(2020)第 126327 号

责任编辑　侯丽平　　**封面设计**　王晓武

出版发行　中国宇航出版社

社　址　北京市阜成路 8 号　**邮　编**　100830
(010)68768548

网　址　www.caphbook.com

经　销　新华书店

发行部　(010)68767386　(010)68371900
(010)68767382　(010)88100613（传真）

零售店　读者服务部　(010)68371105

承　印　北京中科印刷有限公司

版　次　2022 年 10 月第 1 版
2022 年 10 月第 1 次印刷

规　格　787×1092

开　本　1/16

印　张　16.75

字　数　408 千字

书　号　ISBN 978-7-5159-1806-8

定　价　128.00 元

本书如有印装质量问题，可与发行部联系调换

航天科技图书出版基金简介

航天科技图书出版基金是由中国航天科技集团公司于2007年设立的，旨在鼓励航天科技人员著书立说，不断积累和传承航天科技知识，为航天事业提供知识储备和技术支持，繁荣航天科技图书出版工作，促进航天事业又好又快地发展。基金资助项目由航天科技图书出版基金评审委员会审定，由中国宇航出版社出版。

申请出版基金资助的项目包括航天基础理论著作，航天工程技术著作，航天科技工具书，航天型号管理经验与管理思想集萃，世界航天各学科前沿技术发展译著以及有代表性的科研生产、经营管理译著，向社会公众普及航天知识、宣传航天文化的优秀读物等。出版基金每年评审1～2次，资助20～30项。

欢迎广大作者积极申请航天科技图书出版基金。可以登录中国航天科技国际交流中心网站，点击“通知公告”专栏查询详情并下载基金申请表；也可以通过电话、信函索取申报指南和基金申请表。

网址：http：//www.ccastic.spacechina.com

电话：(010) 68767205，68767805

前　言[①]

1991 年 6 月 1 日，在英国行星际协会伦敦总部召开的第 12 届苏联技术论坛期间，我提交了一份关于 20 世纪 70 年代中期美国航天飞机与苏联礼炮号空间站对接的提案。该计划是非常成功的首次国际对接任务——1975 年的阿波罗-联盟号测试计划的后续项目。尽管双方进行了认真的讨论，但该项目从未发展到实际飞行状态。20 年后，在航天飞机 & 和平号计划的支持下，航天飞机最终与礼炮号空间站对接。随后的和平号对接任务，则是一项更为雄心勃勃的计划。该计划的主要内容是，通过航天飞机系统及其配套资源，在数年的周期内完成太空中大型国际设施的建设。

在对该提案进行的研究及其所发表的论文中，明确了航天飞机任务的通用要求，这些内容几乎涵盖了空间站相关的所有飞行任务。从这项研究出发，可以将如何设计航天飞机、其配套软硬件研制与任务基本特征进行关联统筹。以此为基础，在地球轨道上建立大型永久性科学研究站的任务轮廓最终得以完整。从随后 20 年的调研中可以看出，将航天飞机送到空间站实际上非常复杂，特别是其中频繁的计划变化经常会导致人们极度失望和沮丧。

最初，这个写作提案仅预设为单独成卷，但我很快发现它实际上是由两个部分组成，可以分为两个单独的标题。首先，在“航天飞机与空间站在轨对接”部分，主要是描述航天飞机系统关键部件的开发（包括地面支撑航天器发射的大型基础设施），开发适合交会对接系统的主要挑战，以及飞行任务的合理规划等。这部分故事还包括一些最终取消的计划，其中部分内容涉及通过航天飞机与小型空间站进行对接以积累经验，然后再组装更大的空间系统。

在 20 世纪 70 年代早期，航天飞机轨道器的初步设想是拥有一个完整的对接系统，但在最终设计中并没有实现。正是在这段时间内，美国通过 NASA 与苏联讨论确定开发一

---

① 本书文前和第 1～3 章，由李伟杰、王耀兵、韩润奇翻译；第 4～7 章，由李伟杰、张也、庄原翻译；第 8 章～关于作者，由刘华伟、曾福明、赵震波翻译。全书由李伟杰、王耀兵、刘华伟、张也、曾福明进行统稿。

种共同对接设备，并共同评估对接系统设计的可行性。该计划后来发展成为阿波罗-联盟号测试项目。1975 年 7 月实施的这项任务取得了巨大成功，促使美苏双方有兴趣进一步发展更为先进的联合对接任务。航天飞机与空间站在轨对接，包含航天飞机轨道器与第二代礼炮号空间站对接的任务。不幸的是，超级大国因政治原因使得该项任务被迫取消。本书还讨论了 NASA 后来计划让航天飞机与闲置的天空实验室（Skylab）交会对接，以期对后者实施重新启动或通过系统更新来继续完成系统在轨应用。然而，由于航天飞机系统维护的准备时间较长，这个想法不得不放弃，因为在任务实施及天空实验室重启计划开始之前，按照天空实验室目前的飞行状态，届时将达到进入大气层阶段。

1984 年 1 月，罗纳德·里根总统宣布 NASA 将在 10 年内组建一个空间站（后来发展成为“自由号”）。这在当时曾引发了持续多年的争论，导致了相关计划的延迟和系统配置状态的调整，并且类似的困难仍将在未来几年困扰该项目进程。虽然这令设计师感到沮丧，但这些年来多次的决策搁置也在另一方面起到了积极作用。比如，NASA 因此得以有机会开发和应用航天飞机远程操纵系统（RMS），实现对空间有效载荷的部署、抓取和回收，积累了实践经验并支持完成了自天空实验室以来的第一次太空行走。这个阶段获得的宝贵喘息时间，不仅使航天飞机 RMS 和出舱活动硬件开发逐步得到完善，从而可以胜任各种系统任务，同时还可以验证这两个系统在面对扩展复杂、远超预算的“自由号”空间站时的各项任务约束。

20 世纪 90 年代初，系统任务的一次大调整势在必行，以确保空间站各项硬件配套最终能够开始研制。首先，设计工作量大幅缩减，系统方案逐步明确。其次，俄罗斯作为国际伙伴的加入，带来了继承自礼炮号与和平号空间站系统的丰富运营经验，这为 NASA 提供了一种分步创建国际空间站（ISS）的方法。在 20 世纪 90 年代，通过航天飞机与各种空间有效载荷目标的交会飞行实施，NASA 获得了大量的 RMS 运行和航天员出舱活动经验。

当国际空间站的相关组件抵达发射场陆续开始装配和测试时，和平号空间站的一系列任务为 NASA 及其航天员梯队提供了关于大型空间站交会、逼近，执行复杂对接操作，实现物理锁紧所需的宝贵经验。

本书聚焦航天飞机 & 和平号对接任务所积累的宝贵经验，辅以少量篇幅概括介绍航天飞机 & 和平号对接任务的细节，以及 NASA 航天员在和平号空间站上的七个驻留周期，这些将在下一部专著中介绍。航天飞机 & 和平号对接任务不仅为 NASA 航天员提供了自 20 年前天空实验室以来首次执行长期任务的机会，同时还见证了围绕已经在轨运行多年的和平号空间站的货物运输计划实施，并深刻体会到了发射任务协调所需兼顾考虑的国家利益和国际形势等各层面因素。

航天飞机 & 和平号空间站计划实施几乎不涉及在轨组装操作，实际只完成了一个部件的在轨安装。这个部件是俄罗斯方面研制的，主要是简化航天飞机轨道器对接操作。航天飞机 & 和平号对接任务增强了通过航天飞机系统完成国际空间站组装构建的信心，标志着 30 年前首次提出的大型空间站概念即将实现。

《航天飞机与空间站在轨对接》一书，总结了 20 世纪 70 年代早期的在轨飞行经验教训，回顾了 90 年代后半阶段航天飞机与小型模块化空间站对接的各项计划。本书突出了航天飞机 & 和平号任务的成功意义，揭示其开启了太空国际合作的新纪元。同时，本书也将详细介绍建立空间站基础设施和构建飞行程序的初始阶段，最终支撑实现史上最为雄心勃勃的大型空间系统建设项目。关于后者的任务实现，将在姊妹篇《国际空间站在轨构建》中逐一道来。

戴维·J. 谢勒

英国行星际协会理事会成员

天文信息服务有限公司经理

英国西米德兰兹郡哈利素文市

2017 年 2 月

致　谢

每次出版著作不仅需要大量的个人研究和投入，还需要一定的资源支撑，特别是关键环节的指导把关，此外还需要一支团结的保障队伍，一起将最初的想法和涂鸦转化为成品。我经常把写一本书比喻成在热水池中游泳，你必须强忍痛苦的情绪，尽管会经常感到沮丧，但仍然要专注并为此牺牲无数个小时进行研究、编辑、检查和调整。但是，一朝等到这本书正式出版，那种感觉会非常棒！对于我自己来说，更为特殊的可能是在于我习惯性地跳回到这个游泳池，并且不断重复这个过程。

当我选择一个要写的主题时，我会沉浸在这个主题中。对于计划之外内容的思考与发现，也可能会促使进一步的计划外工作。这些体量有时甚至还会不断增加，使得在当前主题框架下难以涵盖。对于本书而言，最早起源于我在 1991 年提交给英国行星际协会的一份报告，并且由此发展到此后 15 年间发表的一些相关论文。在这些论文研究中，我详细介绍了向地球轨道空间站派遣航天飞机的任务执行过程。这项工作为本书成稿提供了大部分素材，同时其部分成果还为本书姊妹篇《国际空间站在轨构建》奠定了基础。此外，上述工作还促进了航天飞机支撑空间站任务等相关领域研究的发展。

我在该协会开展的这些活动以及由此在世界各地组建的相关社交群体对本书编写起到了很大的帮助。首先，我要感谢英国行星际协会理事会前任和现任成员、前执行秘书苏赞·帕里及其继任者吉尔·诺曼长期以来的支持与帮助。另外，我还要感谢本·琼斯和玛丽·托德，他们总是乐于为我提供无私的帮助和支持。

感谢 NASA 退役航天员和美国海军上尉罗伯特·“胡特”·吉布森的帮助，是他指挥了航天飞机与和平号空间站的首次对接任务，同时他还为本书用心撰写了序言。我还要感谢吉布森的妻子雷亚·塞登博士，她是 NASA 退役航天员，对本书工作提供了支持。感谢欧洲空间局（ESA）航天员让-弗朗西斯·“比利-鲍勃”·克莱瓦的支持，他为本书撰写了后记，使我们能够从欧洲视角深入了解航天飞机对接项目，感谢他所介绍的部分在轨操作任务的细节，同时他也允许我使用他个人收藏的图片。其他对本研究曾提供帮助的航天员包括汤姆·埃克斯、鲍勃·“瘸子”·克里普、史蒂夫·霍利、汤姆·琼斯、珍妮特·卡万迪和乔治·“小指”·尼尔森等。我感谢你们所有人抽出时间讲述你们的经历，并解释某些技术细节和任务程序。

同时，我也必须感谢各位国际同仁，一直以来他们对我提供了持续的帮助和支持，包括本书的撰写等多项工作。他们是科林·伯吉斯、迈克尔·卡苏特、菲尔·克拉克、布莱恩·哈维、巴特·亨德里克斯和伯特·维斯。伯特从他的大量藏品中为我提供了一些难能可贵的图片，其中部分内容甚至还为美国航天员在俄罗斯空间站任务的资料记录提供了重要补充。我还必须致敬已故的雷克斯·霍尔和安迪·萨蒙，他们都提供了宝贵的帮助，并且支持我完成了早期多部专著的出版。

特别感谢加拿大安大略省 MDA 公共事务部经理琳内·范宁，其在百忙之中详细介绍了航天飞机及其遥操作系统在空间站对接任务中所发挥的作用。

我还要感谢 NASA、休斯敦大学以及莱斯大学的诸多公共事务和历史办公室的工作人员。在近 40 年的时间里，一直为我的研究工作提供了帮助和支持，包括对我电子邮件咨询的及时回复，在早期研究中更是通过“旧时代”的书面信件回复给予帮助。在 1988—2002 年期间，在我个人访问 NASA JSC 和 KSC 等各航天中心期间，他们对我的各项研究工作提供了指导。

除非另有说明，本书所有图片均来自 NASA AIS 文献库。感谢诸位合同承包商、合作代理商和诺沃斯蒂斯新闻社多年来提供的图像资料，为本书及相关研究提供了关键的帮助。SpaceFacts.de 网站的埃德·亨格维尔德和乔基姆·贝克尔无私地提供了大量珍贵的收藏图片，感谢他们的鼓励和帮助。

在本书编辑处理方面，我再次感谢迈克·谢勒兄弟，他持续指导我不断提高文字处理技巧，并且还帮助完善了本书最终成稿的部分内容。我还要感谢戴维·M. 哈兰，他优秀的编辑技巧为本书提供了重要帮助，使得他所负责的每本专著出版都呈现出最佳的特征。我向吉姆·威尔基致谢，感谢他对封面选用和制作的建议。我还要感谢英国普瑞西斯的克莱夫·霍伍德对本书出版的支持，有一次他本应驾驶大众露营车在乡下放松身心，但因出版评审需要，他及时给予了指导意见，因此我也要一并感谢他的妻子乔。感谢莫里·所罗门和她在纽约斯普林格的助手，首先是诺拉·拉文，其次是伊丽莎白·卡布雷拉，我很感激他们在出版过程中的鼓励支持以及在出版管理方面的宝贵建议。

最后，感谢我的母亲简·谢勒，她多次阅读书稿并提供了很多有用的意见和建议。感谢我的妻子贝尔，她在采访记录技巧方面给予了很好的建议，并且协助完成了图片扫描、书稿整理等相关工作。当然，我还要感谢贝尔，使我从繁杂家务中获得“假释”得以顺利完成工作。我也很欢迎我们家年轻的大个头的德国牧羊犬沙杜，作为谢勒家族最新成员和天文信息服务有限公司新的吉祥物，它终于可以享受一直要求的陪伴和应有的一起长途旅行，我想我能做得很好，至少在我开始下一个写作项目之前。

向每位提供帮助的朋友致以衷心的感谢。

同样纪念我们亲爱的德国牧羊犬珍娜（2004—2016），它是公司原来的吉祥物。我们十分想念它，并将永远铭记。

序

“休斯敦，我们抓住了亚特兰蒂斯号！”我在1995年6月29日有感而发，当时我负责执行任务，完成了亚特兰蒂斯号航天飞机与俄罗斯和平号空间站的成功对接——这是航天飞机与空间站的首次对接。经过14年的飞行，航天飞机终于完成了在20世纪70年代初规划的主要任务之一，那就是将航天员和物资运送到在轨空间站。1995年的这次飞行是航天飞机任务的里程碑，同时也是结束冷战并促使俄罗斯加入合作伙伴关系的重大进步，最终支撑实现了国际空间站的建设。

航天飞机将证明其在国际空间站建设中的重要性，因为它能够携带大型货物模块，以组装有史以来体积最大和功能最强的空间结构系统。

在航天飞机早期运行过程中，已经开发出了诸多技能，如太空生活和工作、太空行走、通过机械臂抓取卫星并完成在轨维修、实施在轨建造任务。所有这些技能对于建设国际空间站都是十分必要的。

F-18大黄蜂战斗机前的美国海军上尉罗伯特·“胡特”·吉布森（已退役）

STS－71 指令长罗伯特·“胡特”·吉布森展示从和平号空间站 Kristall 模块回收的交会对接标识装置

实际来说，在轨对接本身是许多独立能力相互集成与融合的最终结果，包括在轨交会、接近操作和航天器精细控制等。在 20 世纪 60 年代的双子座计划中，这些能力首先得到飞行验证，并在之后多项任务中实现进一步完善与提升。除此之外，由于休斯敦控制中心和莫斯科控制中心需要多方面协作，这导致飞行任务难度大大增加。我参加并顺利完成和平号与航天飞机对接任务，是多年持续努力的结果，标志着飞行乘组人员、飞行控制员以及许多出色设计师和工程师多年技术积累与工程应用达到巅峰。正是全体成员的齐心协力，才促成了在轨对接任务的巨大成功。

设计、制造、发射和在轨组装国际空间站的各个环节都有许多不同的要求，这可能是人类有史以来尝试过的最具挑战性的项目。在人类太空飞行 34 年的经验基础上，国际空间站不仅在技术和运行方面取得了令人瞩目的成就，而且在太空国际合作中也成绩斐然，而后者甚至可能是最为重要的。

在《航天飞机与空间站在轨对接》一书中，戴维·谢勒娓娓道来，分析了诸多技能如何融合的完成过程。之后，他在《国际空间站在轨构建》一书中讲述了如何将这些技能付诸实践，使这个被称为国际空间站的惊人的空间结构成为现实！

美国海军上尉罗伯特·“胡特”·吉布森（已退役）

NASA 航天员（1978—1996）

STS－41B 任务驾驶员

航天飞机 & 和平号对接任务（STS－61C，STS－27，STS－47，STS－71）指令长

题　献

致成千上万的梦想家、任务规划人员、项目经理、操作人员、工人、工程师、研究人员、科学家、政治家、纳税人、公众和飞行乘组，他们想象、设计、辩论、预算、测试、组装、模拟、培训、支持，并最终完成任务。献给他们的家庭，允许他们参与创造和操作航天飞机访问和平号空间站，实现国际空间站的梦想——所有人可见的天空中最亮之星。

第一次对接：STS-71亚特兰蒂斯号于1995年6月与俄罗斯和平号空间站对接

概　述

第一次对接：STS－71“亚特兰蒂斯号”，在第3个飞行日，1995年6月29日，星期四。今天对亚特兰蒂斯号航天员来说是个特殊的日子。在高度为395公里的近地轨道，航天飞机以每小时28 165公里的速度运行。今天不仅是驾驶员查尔斯·普雷科特的40岁生日，同时也是飞行任务的对接日。今天将是自20年前阿波罗－联盟号测试项目以来美国航天员和俄罗斯航天员首次将他们的航天器连接起来，而且是通过亚特兰蒂斯号航天飞机与空间站对接。空间站上有俄罗斯和平18号乘组人员弗拉基米尔·德朱洛夫、飞行工程师根纳季·斯特雷卡洛夫，以及美国航天员诺曼·塔加德。此时正是他们在空间站执行飞行任务的第105天。按照预定计划，他们将与亚特兰蒂斯号上的STS－71乘组人员一起返回地球，同时会留下指令长阿纳托利·索洛维约夫和飞行工程师尼古拉·布达林，二人将作为和平19号乘组人员驻扎太空。

对于双方乘组人员来说，这将是漫长的一天，醒来90分钟后就开始新一天的飞行操作。指令长罗伯特·“胡特”·吉布森启动了航天飞机轨道机动发动机并保持45秒，以轻微抬高飞行轨道。这次机动被称为NC－4标称矫正，使亚特兰蒂斯号机动至和平号空间站后方大约14.81公里的位置。大约在一个轨道周期后，吉布森再次启动OMS，发动机终端喷出排气羽流，将亚特兰蒂斯号机动到和平号空间站正下方的一条“拦截”和平号轨道上，并调整飞行姿态沿着地球半径矢量向上，即所谓的R－Bar模式。

不到3小时后，亚特兰蒂斯号稳定在距离俄罗斯空间站250英尺（76.2米）的位置，吉布森待命执行后续任务。这将由NASA飞行总监鲍勃·卡斯尔和他在莫斯科的俄罗斯同行维克托·布拉戈夫共同决定。随后，最终的对接操作开始了。他们在驾驶舱见证了历史性的对接飞行，其他航天飞机工作人员正忙着完成各自岗位分配的任务。正如吉布森最近回忆的那样，他在后窗用航天员光学校准视窗（COAS）以及中心显示器，从笔记本电脑观看对接范围和逐步靠近的情况。担任监视职责的查理此时端坐在中央控制台前，保持笔记本电脑的更新状态，并监控着交会与逼近操作程序（RPOP）的运行情况，包括对接范围和靠近程度。格雷格·哈伯格作为任务专家，正在舱尾拍摄照片和利用手持激光仪进行测距和标记。同样作为任务专家，艾伦·贝克主要在舱尾进行摄影。而邦尼·邓巴位于舱前的指令长座席，正在用俄语为和平号工作人员传递最新的对接状态及其接近程度。俄罗斯航天员阿纳托利·索洛维约夫和尼古拉·布达林此时正在舱段中部的通道开口处，因此他们很容易观察对接的具体情况。现场非常拥挤，但在失重状态下航天员不必全都待在地板上，舱内有着更多的空间。

亚特兰蒂斯号继续逼近，直到距离和平号 30 英尺（9.14 米）的位置，此时对接装置即将进入 Kristall 模块末端的对接接口。随着两个航天器越过俄罗斯西伯利亚贝加尔湖地区的上空，吉布森轻轻地引导亚特兰蒂斯号与和平号实现了完美对接，他报告道："我们已经捕获！"这是第二次由两个不同国家的航天器完成在轨对接。成功实现软对接后，格雷格·哈伯格通过机构实现了组合体的刚性连接。两个小时后，两个航天器通道的一系列漏气检查顺利完成。舱门打开后，吉布森与和平号指令长德朱洛夫握手。地面上的媒体兴高采烈地报道，称这次活动是"太空竞赛时期的终结，合作探索星空新时代的开始"。也许提到这样大胆的雄心还为时过早，但这次成功对接确实朝着建设国际空间站的目标迈出了重要一步。

人们常常很难意识到，这次举世瞩目的飞行任务已经过去了 22 年。而在当下，国际空间站早已开始运行，并且正在搭载其上的第 50 名成员。

STS－71 航天飞机任务是与和平号 9 次对接飞行中的第一架次，也是其与国际空间站进行 37 次对接任务的前奏。这是一场挑战与收益并存的冒险，它不仅完成了航天飞机 & 和平号任务，还融合了多年的任务规划与组织，将许多技能与经验付诸实践。最终航天飞机飞往和平号的任务逐步达到巅峰，使 NASA 及其国际合作伙伴实现梦想。2011 年，亚特兰蒂斯号航天飞机最后一次访问国际空间站执行 STS－135 任务，不仅结束了航天飞机计划，也结束了人类太空飞行历史的一个阶段。准确地说，亚特兰蒂斯号航天飞机是实现这一壮举的关键载体，但这是另一个故事……

目　录

第1章　航天飞机与空间站设想

太空领域下一个研究重点将是开发一种经济型运载火箭，
用于在地球与某些空间设施之间穿梭，
比如即将在轨运行的轨道空间站。

——乔治·穆勒
NASA 载人航天飞行副局长
1968年8月10日

NASA 载人航天飞行副局长乔治·穆勒在当选英国行星际协会名誉院士后，协会在位于伦敦的帝国理工学院为其举办了一次庆祝活动。乔治·穆勒发表演讲时强调，他提议的航天飞机方案能够满足未来空间站的消耗品补给需求，同时可实现人员和设备的更换补充。当时，NASA 正计划研发一种高效的天地往返运输系统，其货舱能够将 25 000 磅（11 337.9千克）至 50 000 磅（22 675.7 千克）的有效载荷运往空间站。穆勒介绍，NASA 目前正在研究空间站和有效载荷，这些设计的成熟度将与航天飞机的设计一致。

因此，使用航天飞机发射用于空间站在轨构建的小型模块化组件的设想，可追溯到空间站计划的最初阶段。

1.1　持续的任务规划

随着阿波罗时代的远去和航天飞机时代的到来，一个宏伟的计划浮出水面——在轨道上建立一个庞大的科学试验平台。实现这一目标的关键在于掌握多种技术，包括航天飞机的按时交付，以及空间站的各类设备和物资的按时交付。在此基础上，需要维持有序且连续的飞行频率，以便能够按时输送各种设备和物资。与此同时，针对空间站各部件在轨组装所需要的先进机器人以及航天员频繁的太空行走操作，需要开展复杂的试验验证和航天员地面模拟训练工作。同时，为保障持续多年的组装构建任务，还需要在地面建立高效的基础设备。在空间站系统开发过程中，由于国际伙伴的加入，还需考虑各种应急模式工作需求，以及完成各类风险或潜在故障的应对程序开发，并且在预算约束情况下还需保证合理的建设进度等。上述多个方面的约束，使得系统开发的复杂程度显著增加。因此，建造如此庞大的空间站系统，其挑战非常大。

航天飞机的正式名称是“空间运输系统”（Space Transportation System，STS）。这一项目不仅包括空间运输系统自身的开发，还包括与之相关的支撑系统的硬件、软件以及其他基础设施的开发。为此，需要建立一种可靠且有效的方法，以应用于航天飞机各个部件的研制，在地面进行装配后发射入轨，最终为空间站系统在轨构建提供至关重要的支撑。除航天飞机系统，其他需要发展的重要系统包括测控系统以及航天员系统，为实现既定的在轨任务，这些都需要进行相应准备。实际上在轨任务往往存在一定的风险，因此测控系统和航天员系统有时还需超额开展相关工作。同时，在既定的航天员返回系统研制任务基础上，航天器回收以及航天员乘组安全返回的可靠性保证同样重要，以便于地面团队能够有序准备下一次的飞行任务。

上述任务不仅能有效满足航天飞机的研制需求，而且有利于满足多样化任务研制需求。针对基线状态的航天飞机系统任务，往往只需稍作调整，就可以实现任务拓展，比如，在支撑空间站在轨构建和维持定期补给之外，还可以执行其他任务。最为关键的是，上述任务拓展所需的航天飞机及其轨道器资源成本可以得到有效控制。

在大型空间站开发过程中，有两个突出状况往往令人沮丧，分别是无法及时获得充足的经费以及设计的不断迭代。其中，一些涉及航天飞机本身的问题，往往需要调整既定的年度计划，这种情况有时一年会发生多次。NASA 最初曾聚焦小型空间站系统的开发，不过后来任务很快就遭遇数年的推迟。所幸在 1981 年春天，航天飞机终于实现了首次发射，证明其基本概念的正确性。同年秋天，航天飞机再次成功飞行，充分验证了其轨道器的可重复使用能力。经过四次轨道飞行试验任务，1982 年夏天，NASA 宣布航天飞机正式投入应用。然而，时间最终证明了这一结论为时过早。

1984 年 1 月，在航天飞机地面研制和太空飞行经验不断积累的同时，NASA 做出了一项期待已久的决定，即在 10 年内开发一个空间站。该项目计划通过一系列复杂的航天飞机任务，将组成空间站的各个舱段带入太空，通过航天员的出舱活动，实现空间站的逐步扩展构建。在此过程中，航天飞机将定期完成空间站在轨乘组配置，并持续提供物资补给。实际情况是，这种构建空间站的思路将对航天飞机产生严重的依赖，进而对当时其他处于规划阶段的太空计划产生约束。

针对空间站构建任务及其在轨运行需求，NASA 还需要建立一支航天员队伍，为其量身定制各种在轨飞行操作与生活技能的培训，包括交会对接技术、出舱在轨建造和装配技术、空间机器人操控、大量补给物资和废弃物的搬运和装载等。

基于 20 世纪 80 年代中期的科技现状，上述这些技术的储备情况严重不足，发展形势很严峻。在航天器交会对接与航天员操控方面，NASA 引以为自豪的航天员参与手动或自动对接任务早已过去十多年，更不用说空间站任务了。特别是参加双子座和阿波罗计划的航天员，尽管都掌握并在轨良好实践了交会对接技术，但在此前都已经陆续退役。此外，尽管 NASA 在 20 年前已经通过飞行试验并完成了航天员多次出舱任务，但对于空间站构建所需的复杂出舱操作需求，相关技术要求显著提高，当时的技术储备均无法与之匹配。此处需要强调的是，自 20 世纪 60 年代中期的双子座项目开始，NASA 和参与任务的航天员就发现，在轨交会和对接技术、航天员良好的出舱技术经验难以在短期内形成储备。

NASA 在早期的航天飞机开发任务中，尽管提出了对接系统方案，但是直到航天飞机首飞甚至投入运行时仍没有配置相应的对接操作装置。在 20 世纪 80 年代初期，NASA 实际上也并没有规划航天飞机轨道器与其他空间系统进行对接的明确任务计划。根据早期的对接任务设想，航天飞机航天员将采用机械臂来抓取其他空间系统从而完成目标停靠，也可借助机械臂将目标释放到所需的轨道。此外，对于空间站的在轨构建任务，航天飞机还必须具备姿态快速调整的强机动能力。

幸运的是，NASA 决心回到可媲美于阿波罗时期的“黄金时代”，因此不合时宜的相关飞行计划都将取消或调整优化。

1.2 后阿波罗时代的航天计划

1967 年，在一次例行试验中，阿波罗 1 号在发射平台上失火，所有乘组人员不幸丧生。仅仅 18 个月后的 1968 年秋天，NASA 准备实施载人阿波罗号飞船的地球轨道首飞任务。在穆勒抵达英国行星际协会的同一天，在位于休斯敦的 NASA 载人航天中心，飞行乘组运营总监德克 · 斯莱顿通知航天员詹姆斯 · 麦克迪维特，他乘坐的阿波罗 8 号将在圣诞节执行发射并前往月球。

穆勒提出，基于约翰 · 肯尼迪总统在 1961 年提出的十年内载人登月的目标，NASA 必须把阿波罗计划作为当前的主要任务。同时，NASA 对于未来的空间任务安排也已经有了清晰的计划，比如将在阿波罗计划之后重点开展空间基础设施建设等。

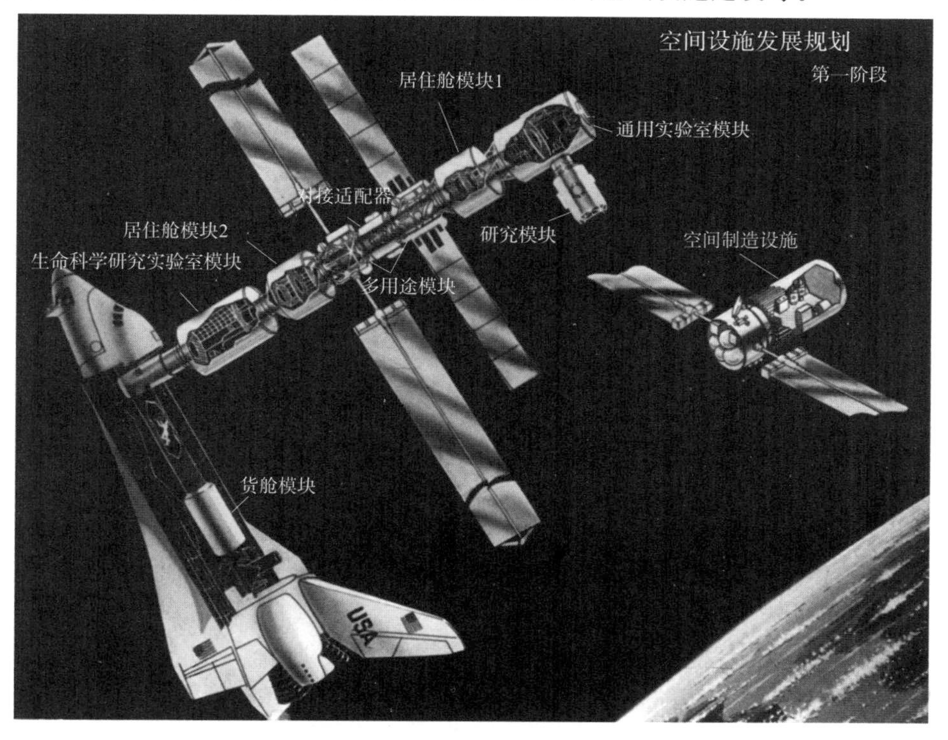

1974 年 NASA 提出的空间基础设施发展设想，这与目前国际空间站的核心组成非常相似（图片来源：英国行星际协会）

对于阿波罗计划来说，此时正处于关键的研制阶段，对于资金需求的保障尤为关键。对此，NASA 官方有意回避其他的太空计划。实际上，NASA 有关空间站的任务计划已提出多年，并且在这期间空间站任务团队曾以多种形式给相关部门完成了方案汇报。不得不说，随着阿波罗计划的持续推进，包括空间站在内的多个地球轨道任务论证中，都继承了阿波罗计划的部分设计方案，特别是相关产品的继承应用甚至是直接使用。而这一拓展应用，促使 NASA 更是将其延伸到月球轨道相关的任务计划。

在穆勒结束伦敦演讲的一周后，NASA 于 8 月 19 日宣布将实施阿波罗 8 号载人环月探测任务。任务乘组相比此前的配置状态有所调整，其中麦克迪维特、戴维·R. 斯科特和罗素·施韦卡特在过去两年里均参与了登月舱的研制。按照计划，乘组将通过登月舱（LM）开展飞船环月飞行相关的试验验证。此次乘组调整接替的是阿波罗 9 号乘组弗兰克·博尔曼、詹姆斯·A. 洛威尔和威廉·安德斯，威廉·安德斯在 1968 年 12 月 21 日至 27 日搭乘不含登月舱的阿波罗 8 号开展了飞行试验。基于阿波罗 8 号任务的巨大成功以及 1969 年 3 月阿波罗 9 号在地球轨道与同年 5 月阿波罗 10 号在月球轨道的飞行验证，NASA 实施载人登月的时机愈加成熟。1969 年 7 月，阿波罗 11 号实现人类历史上首次载人登月，尼尔·阿姆斯特朗也因此成为人类历史上第一个登上月球的人。1969 年 11 月，阿波罗 12 号重复了这一壮举。

在人类开启探索太空 12 年之后，1969 年年底，NASA 发布了一项正在规划的新的宏伟工程，其中包括八次更加复杂的登月计划。同时，NASA 还介绍了将在 70 年代和 80 年代实施新太空项目的详细计划。在随后的 20 年中，NASA 预计将会着力发展近地轨道大型空间站、定期发射的天地运输系统、地月运输系统、月球轨道站以及月面基地等。除此之外，部分规划甚至提及借助金星飞掠地球的机会实施载人探索火星任务。

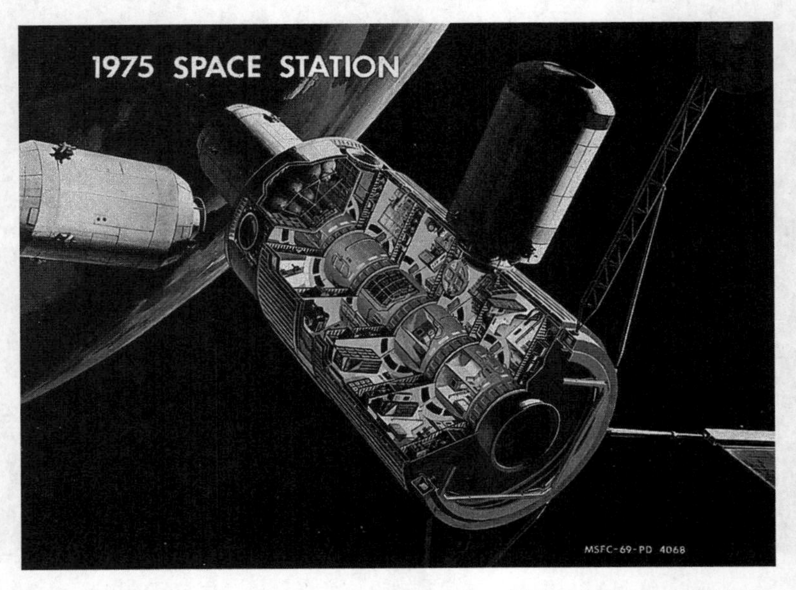

1969 年 NASA 规划的“太空基地”空间站系统（图片来源：英国行星际协会）

1.2.1 预算缩减

基于上述任务的顺利实施，1969 年夏天，NASA 收获了多项辉煌的成绩，但形势也在一定程度上出现转变。其中，一方面是美国财政预算限制加重，另一方面 NASA 在实施后续任务计划之前需要完成任务结果的综合评估。按照计划，NASA 将在未来数年内连续实施后续的阿波罗登月工程。1969 年 10 月 9 日，NASA 将阿波罗 12 号的发射时间确定在当年 11 月，同时宣布阿波罗 13 号至 20 号的发射计划。考虑到不同时期能够获得不同程度的资金支持，NASA 规划阿波罗系列飞船最后一次任务将由阿波罗 20 号于 1972 年左右实施。在此之后，NASA 计划在 80 年代剩余时间内进一步实施月球探测任务，包括月面长期远距离科研任务以及月球极轨测绘任务。NASA 规划 80 年代初在月球轨道建立空间站，并在月面建立小型的永久科研基地。

然而，现实中多方面约束远比任务规划严峻得多。1969 年 12 月，NASA 宣布阿波罗 20 号计划因财政预算削减而被迫取消。1970 年 1 月，在第一次月球科学会议上，NASA 公布了阿波罗 11 号采集月壤样本的分析结果，并同时传达了政府有关 NASA 预算削减的决定。同年 4 月，阿波罗 13 号在登月途中发生爆炸，导致原计划的第三次登月活动取消。NASA 为此开展了为期三天的成功营救工作，成为“NASA 最精彩的时刻”。仅仅五个月之后，NASA 宣布另外三次阿波罗计划取消，剩余的四次发射任务已按更新后的计划进行编号。此时，该计划的最后一次发射将是 1972 年的阿波罗 17 号。在当时来说，虽然很明显在可预见的未来 NASA 不会再实施载人登月任务，但几乎所有人都不会预料到这种状态会持续超过 50 年。

对于 NASA 来说，严峻的预算削减也得到一份幸运，即天空实验室（Skylab）的一系列计划中有一项得以保留。天空实验室是基于土星运载火箭 S-IVB 级进行改进设计而成，可应用于空间站、太阳探测器和对地观测卫星平台。1973 年 5 月 14 日，无人天空实验室由两级土星 5 号火箭发射升空。1973 年 5 月至 1974 年 2 月，土星 IB 火箭执行数次阿波罗任务与服务舱（CSM）发射，将共计三名航天员送达天空实验室。三名航天员依次驻站 28 天、59 天和 84 天，不断刷新着纪录。其中最后一次的纪录一直保持了 20 年。

虽然天空实验室是 NASA 重要的成功任务之一，但它的周期很短。原本一系列的天空实验室计划由于预算削减导致任务规模大幅缩减，并最终导致建造大型空间站的计划取消。NASA 在规划后续计划时，拟由备份的配套设备建造天空实验室 B 方案，然而在历经多次审查后也被最终取消。1975 年 NASA 将仅剩的一项为期一周的美苏联合短周期载人对接任务提上日程。

基于当时国际局势的缓和，NASA 持续努力以申请新的太空计划提案，但天空实验室任务之后的很长一段时间内，NASA 都没能获批新的计划。直到 1979 年航天飞机首次亮相，美国大规模的航天任务才得以重启。事后看来，天空实验室和阿波罗-联盟号对接项目都为航天飞机 & 和平号计划成功实施以及国际空间站任务立项奠定了坚实基础。

1.2.2 空间运输系统计划

20 世纪 70 年代后期至 20 世纪末，航天飞机是 NASA 实施太空探索宏伟计划的关键。同时，航天飞机也是 NASA 计划建设的地球轨道运输器、货运飞船和可容纳多达 100 名航天员的空间站等太空基础设施的重要组成部分。然而，回顾 70 年代预算削减的严峻历史，航天飞机是当时研发计划中仅存的项目。

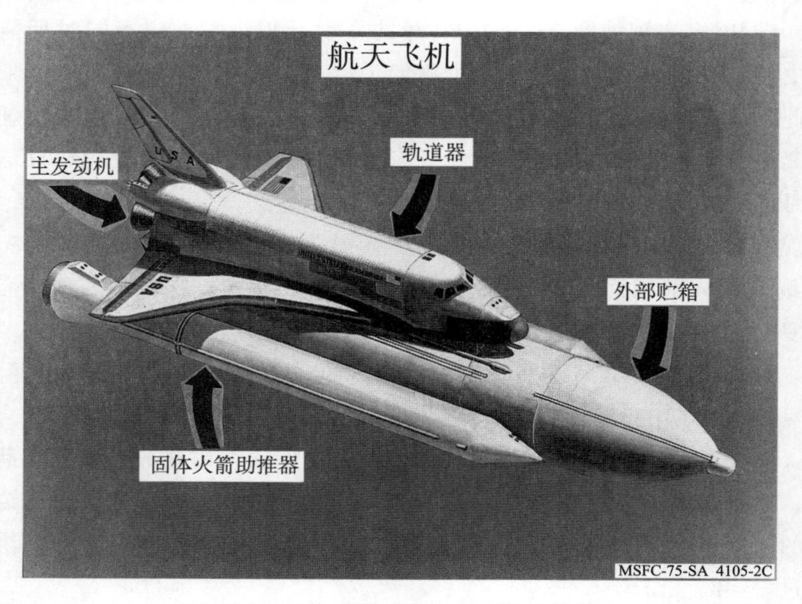

NASA 于 1975 年提出的空间运输系统概念

经保守评估，NASA 认为航天飞机在可预见的未来将是满足美国大部分航天发射需求的最佳方案。航天飞机巨大的有效载荷舱能够适应科学研究任务发射，也能满足国防军事大部分的运载需求。同时，航天飞机还可作为一个发射平台支撑先进的空间探测器部署至太阳系的最远端。当时的任务设想曾描绘了航天飞机如何部署与回收卫星，以及作为空间在轨服务站以及支撑包括空间站在内的大型空间系统在轨建造。

1972 年，航天飞机作为空间运输系统（STS）正式获批立项，其目的是取代所有不可回收的运载火箭。航天飞机最大的特点是配置一个名为轨道器（Orbiter）的载人航天器，包含一个三层构架的舱段。上层作为驾驶舱，配置了驾驶航天器所需的控制器和信号显示屏幕，借助加拿大机械臂系统（RMS）可使航天飞机作为释放和回收有效载荷的平台；中间层是生活区，设置了卧室、厨房、厕所和仓储系统，另外还配置了气闸舱，保障航天员能够进入有效载荷舱开展舱外活动（EVA）。此外，中间层还可扩展配置内部过渡通道及舱门，与有效载荷舱中的加压实验室相连。该实验室最初作为研究应用模块（RAM），最终由 ESA 开发的 Spacelab 模块承担此项任务。航天飞机的最下层主要装载维持系统飞行所需的电子设备和其他子系统，尽管不具备航天员居住条件，但储备了居住舱段所需的氢氧化锂贮箱，可在必要时进行设备更换以持续保证加压舱的空气质量。

NASA最初的设想是开发一个完全可重复使用的两级发射系统。通过配置一个巨大的载人助推器，轨道器将以“背载/驮运”的方式发射到预定的分离高度。两级分离后，轨道器将继续飞行进入轨道，同时大型助推器将返回发射场。由于预算削减，航天飞机系统的上述方案很快被否决。取而代之的是，航天飞机系统配置了一个大型无人的外部推进剂贮箱（ET），为轨道器尾部的三个主发动机提供推进剂，在ET两侧还将布局两个使用液体推进剂的助推器。随着预算进一步被削减，液体火箭助推器又被改成分段式固体火箭助推器（SRB）。按照飞行程序设计，固体火箭助推器在点火约2分钟后与航天飞机分离，然后通过降落伞减速返回海面实现回收，在经过翻新后可以重复使用。航天飞机系统迭代设计过程中，开发团队曾建议将使用过的外部推进剂贮箱再次发射，使之进入轨道作为小型空间站设施，但此建议最终没被采纳。关于外部推进剂贮箱的最终方案是在发射几分钟后完成分离并坠落至大海。至此，整个航天飞机系统只有轨道器能够进入空间轨道以执行特定任务。

大型有效载荷舱是轨道器的最主要舱段，其直径约15英尺（4.5米），长60英尺（18.29米）。该尺寸设计主要是为了满足美国空军关于搭载发射新一代间谍卫星的需求。在初期方案设计中，轨道器最大可承载50 000磅（22 700千克），搭载载荷最大体积约10 000立方英尺（283立方米），直径在15～22英尺（4.5～6.7米）范围内。这种设计完全为了适应美国空军需求，并且当时还在同步规划与泰坦三号一次性运载火箭相匹配的类似尺寸的有效载荷舱。NASA的主要规划是采用直径14～15英尺（4.2～4.5米）的小型模块实施空间站在轨组装任务。因此，NASA将优选更窄、更短的有效载荷舱方案。对此，美国空军态度非常坚决。他们同步提议使用加利福尼亚州的范登堡空军基地执行发射任务，因为相比于佛罗里达发射场，该基地可以将有效载荷发射到更高的纬度（包括极地轨道）。此外，美国空军还提出将有可能单独购买和使用轨道器。在此形势下，NASA推动航天飞机计划立项的前提即有效载荷舱必须按照美国空军要求开展设计。在商议过程中，NASA提出了让步方案，将有效载荷舱设计为宽22英尺（6.7米），长30英尺（9.1米）。然而，这一方案遭到空军的否决。NASA考虑到这是继阿波罗计划之后唯一尚存的项目，并不想因为与美国空军的分歧而最终影响航天飞机立项。最终，NASA接受关于航天飞机提升至65 000磅（29 250千克）的运载能力以及有效载荷舱尺寸的设计要求，并兼顾了NASA局长詹姆斯·弗莱彻提出的一部分建议。1972年1月5日，理查德·M.尼克松总统批准正式启动航天飞机计划。

1972年4月，当阿波罗16号航天员约翰·W.杨和查理·杜克正在勘察月球的笛卡儿地区时，他们得知了有关航天飞机计划立项的消息。过了不到10年，航天飞机首飞任务正是由约翰·W.杨担任指令长。杨与罗伯特·克里平一起驾驶哥伦比亚号航天飞机完成首飞，成功验证了航天飞机这一新型空间系统。航天飞机立项随之也推动了美苏联合实施ASTP计划，开启了国际太空合作新篇章。航天飞机在应用初期做出的重大贡献之一是航天飞机&和平号联合任务，此后在国际空间站在轨构建任务中也发挥了关键作用。截至2011年退役，航天飞机的这一段历史跨越了30年。

1.3　模块化空间站构建设想

在 1972 年航天飞机研发项目立项之后，随着航天飞机概念关注度不断升高，NASA 在早期提出的价格昂贵的可容纳 50～100 人的“太空基地”空间站设想取消。NASA 和承包商的大量报告逐步聚焦至航天飞机的运载能力，以支持大型空间站实现模块化的在轨组装。1972 年 12 月 27 日至 28 日，在华盛顿特区举行的美国科学促进年会上，NASA 公布了关于航天飞机运载能力的最新研究成果，并成为未来航天飞机系列化有效载荷主题展示的一部分。

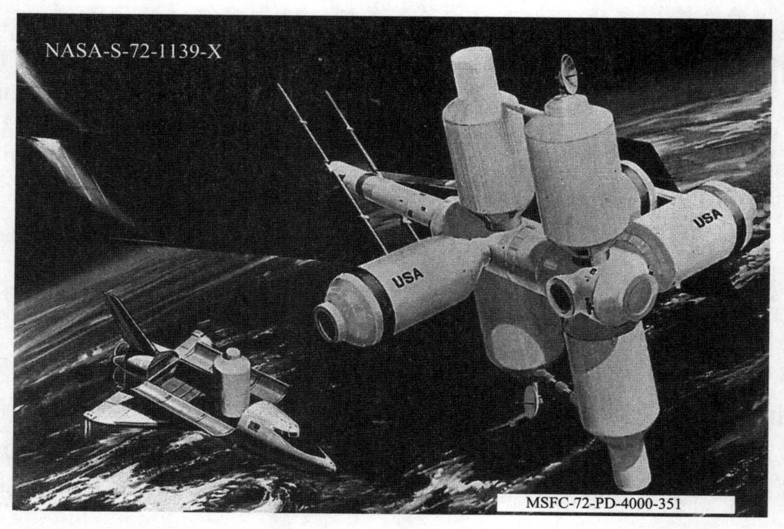

1972 年 NASA 提出的模块化空间站设想（图片来源：英国行星际协会）

1.3.1　两类机械臂配置

空间站系统构建的初期方案是由轨道器运输所需的核心舱和电源模块。通过实施后续几次任务，空间站系统将陆续扩展航天员长期居住和生活所需设施以及实验室。通过在轨道器上安装一对远程遥控的机械臂系统（RMS），帮助实现空间站的组装建造。按照任务规划，整个模块化的空间站建造预计需要至少 19 次的航天飞机运输任务。空间站的主要组成模块包括控制模块、仓储模块、实验舱段、应用模块、居住模块、未来按需新增的乘组专用模块，以及与驻站乘组规模相匹配的医疗、锻炼和娱乐模块。预计在完成第七次任务后，空间站将能够容纳 4 名航天员，乘组规模可在第 11 次任务时增加到 6 人，第 15 次和第 19 次任务时分别达到 9 人和 12 人。

航天飞机将使用两套长达 60 英尺（18.28 米）的机械臂来组装空间站。自初始的核心舱与电源模块开始，空间站将逐步新增配置停泊接口等各类适配器，既满足对接系统验证，又要匹配安装在生活区后端的气闸舱组件。围绕核心舱构建的各个扩展模块的转移与安装都将通过机械臂操作完成。等到空间站完成第二个核心模块组装时，考虑到航天飞机机械臂可达范围的限制，NASA 将在空间站配置一套机械臂。通过两套机械臂的搭配使用，可实现后续其他模块的有序组装，并且可使空间站在横纵两个方向都能实现扩展。众所周知，类似的机械臂配置在国际空间站构建任务中得到实现。

1.3.2　在轨构建的经济性

通过经济性研究表明，航天飞机能够以较低成本支撑大型空间系统在轨构建，为人类日益增长的空间探索任务提供支持。对于近地轨道任务，航天飞机可显著降低发射成本，成为模块化空间站在轨构建的重要工具。

将航天飞机定性为“经济型运输系统”可能偏于乐观。NASA 在几十年后完成国际空间站在轨构建，用实践证明了航天飞机与机械臂的高效组合。

针对空间站构建的经济性研究的意义在于，确定了空间站构建主要是依靠机械臂操作各类模块而无须航天员出舱。尽管这些研究最终被尘封至档案馆，但相关研究成果在多个方面推动完成了后续航天飞机 & 和平号联合任务实施以及国际空间站成功在轨构建。

第2章　礼炮号联合任务论证

针对各自载人航天任务发展需求，

NASA将直接与苏联官员开展有关兼容性对接系统的讨论。

——NASA局长托马斯·O. 佩

致信苏联科学院院长姆斯季斯拉夫·V. 克尔德什

1970年7月31日

20世纪70年代初，美国航天计划进入变革时期。NASA规划的航天飞机与空间站系统方案相继取得进展。1972年阿波罗登月计划结束，取而代之的是1973年启动的三次天空实验室任务，并且将在充分继承此前登月技术与产品基础上规划建造空间站。按计划在天空实验室建成之后，NASA将安排三名航天员执行阿波罗指令与服务舱和苏联联盟号宇宙飞船的在轨对接任务。接下来在间隔一段时间后，航天飞机首飞任务乐观估计将在1978或1979年予以实施。而实际上，阿波罗&联盟号计划（ASTP）与航天飞机首飞分别是在1975年和1981年才得以实施。

正是在这一时期，苏联先于美国制定了航天飞机与空间站对接计划。在ASTP计划论证中，美苏双方曾就阿波罗飞船与礼炮号空间站对接的可行性开展了广泛研讨。1975年，ASTP实施经验表明，后续各类大型空间系统任务都将依赖于航天飞机。因此，对于任何一个国家而言，航天飞机都将成为建造国际型空间站的关键支撑。

2.1　联合任务设想

NASA和苏联科学院之间的正式和非正式讨论最早开始于20世纪60年代，主要目的是开展一定程度的信息交流，并就可能涉及的航天员救援和返回任务达成协议。等到60年代末，美苏联合载人飞行任务构想开始得到进一步关注和支持，双方计划针对未来空间站的长期合作而开发一种兼容性的对接系统。NASA总部先进发展办公室（OAD）针对相关技术问题开展了研究，并于1970年8月发表了一份名为《国际空间合作》的研究报告。基于当时美苏空间系统开发进展，报告介绍了美苏联合研制对接装置的可行性以及有关空间系统对接实施流程的建议。

随着阿波罗计划的结束，基于航天飞机实施新的宏伟太空计划的综合需求，NASA在航天飞机系统开发时就赋予了其新的功能，即增加一种通用对接系统以适应未来美苏空间站等大型航天器的在轨任务需求。除了美苏语言层面的挑战，OAD报告详细梳理了美苏空间计划合作的攻关重点。其中，两国载人飞船密封舱应用状态最具典型性，比如，联盟

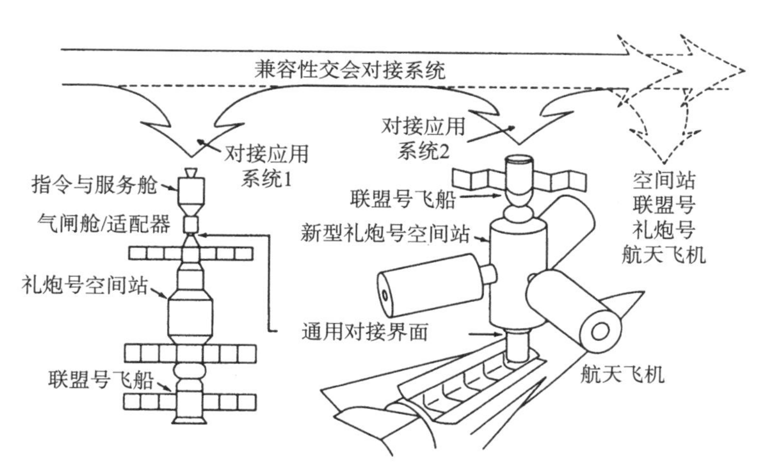

1971 年 7 月 12 日，NASA 休斯敦载人航天中心召开高级员工会议，提议开发通用对接系统

号与阿波罗飞船的舱内气体成分以及稳定压力有着显著区别。关于对接系统的相关信息，美苏两国也有较大差别。美国在阿波罗计划中应用的对接系统早已在 NASA 及其制造商罗克韦尔公司的新闻发言以及航空航天等专业期刊中公布，但苏联已公开的消息则非常有限。因此，NASA 分析认为航天飞机的对接系统极有可能需要进行定制化开发。

然而，对接系统的新研意味着 NASA 需要大量额外的经费支撑。当时阿波罗计划的硬件方案已完成在轨验证，因此很难再筹措经费重新开发新的硬件。除此之外，NASA 仅有的月球探测项目和天空实验室项目也都先后遭遇预算削减。其中，天空实验室系统的备份硬件仍处于存储状态，等待着在后续任务中得以应用。综上，NASA 很难寻求到相对可靠的航天飞机新研对接系统的预算空间。尽管如此，近十年美苏实施联合对接任务的可能性仍在不断增加。

2.1.1　ASTP 联合计划

1970 年 4 月，在纽约举行的一次非正式会谈中，NASA 局长托马斯 · O. 佩博士和苏联阿纳托利 · A. 布拉贡拉夫罗夫院士针对阿波罗与联盟号对接任务进行了研讨与交流。

当年 9 月，NASA 备忘录概括了美苏联合任务的三种潜在方案。第一种方案是由阿波罗与联盟号飞船实施对接。第二种方案是由联盟号飞船与天空实验室对接，阿波罗飞船停靠于天空实验室用于救援任务的对接节点。第三种方案是由航天飞机与苏联其他航天器对接。分析认为，前两种方案是基于现有的设备，因此在时间进度上可行。第三种方案由于对接航天器未确定，因此需要较长的周期。正当人们普遍认为在首次登月竞赛中失利的苏联人需要将重心转向空间站系统的时候，1970 年礼炮号空间站“横空出世”，让整个西方感到意外。

美国开发的空间系统对接装置都是针对特定的飞行任务进行匹配设计的。在双子座计划中，NASA 的主要目的是验证交会对接所需的基本技术，因此对接装置相对简单。在轨交会对接时，双子座飞船前端与阿金纳目标飞行器头部对接，通过三套锁紧机构建立组合体的刚性连接，但此次任务并没有航天员从载人航天器进入到无人航天器。对于阿波罗与联盟号任务，多名航天员需要在两个航天器之间进行转移。借助该套专用对接系统，阿波罗指令与服务舱头部的锥杆机构延伸到联盟号飞船顶部，通过对接锥壳导向，由三套小型锁紧机构完成软对接之后再由锥杆拉紧后借助 12 套锁紧机构实现刚性对接。对接通道完成加压后，舱门打开并在两个飞行器之间形成一个过渡通道，此时航天员只需身着短袖衬衫即可实现舱内转移。作为备份方案，航天员通过联盟号飞船前舱门出舱，然后从阿波罗指令与服务舱侧舱门进入舱内从而完成转移。上述备份方案的部分技术已在 1969 年 3 月阿波罗 9 号任务中得到验证。

相比之下，NASA 对苏联航天器的对接系统了解相对有限，仅在一定程度上熟悉 1969 年 1 月参加联合任务的联盟 4 号和 5 号飞船。在上述任务中，由于没有舱内转移通道，两位航天员只能通过 EVA 进行转移。NASA 从后续交流知悉，此次任务实际也是苏联载人登月任务的一次技术验证。按计划，苏联在实现登月之前由航天员通过 EVA 从体积大于联盟号的主器转移到月球着陆器，然后实现载人登月。在返回过程中，月球着陆器首先进入环月轨道并与主器对接，然后航天员再次通过 EVA 返回主器从而完成飞行任务。遗憾的是，苏联上述登月计划未能实施。

1962 年 5 月，《北美航空刊物》报导了 NASA 的早期对接技术，提出了航天飞机任务专用的异体同构对接方案。该方案在随后的阿波罗计划中并未得到应用。1970 年 10 月，NASA 对莫斯科附近的星城进行考察，美国著名航天器设计师、对接系统专家考德威尔·C. 约翰逊与苏联同行进行了研讨，再次提出异体同构对接系统设想。经过交流发现，苏联当时已在开发设置内部转移通道的对接系统，并且即将实现在轨应用。由于是初次交流，双方并没有交流更多技术细节。

六个月后的 1971 年 4 月 19 日，苏联礼炮号空间站首发成功，重约 41 675 磅（18 900 千克）。联盟 10 号飞船于四天后成功发射，原计划是将三名航天员送入空间站并驻留 20～30 天。然而，由于在轨操作表明飞船无法与空间站进行硬对接，航天员在经历 48 小时飞行后顺利返回地球。

苏联接下来聚焦于对接机构的设计缺陷并顺利完成更改。联盟 11 号飞船在临近发射前首选乘组梯队中一人出现身体不适，在慎重评估后让备份乘组进行了整体替代，并于 6 月 6 日顺利实现飞船发射。在此次任务中，苏联迎来联盟号飞船与礼炮号空间站的成功对接以及航天员在轨转移。在驻站的 24 天中，三名航天员乔治·T. 多布罗沃斯基、弗拉迪斯拉夫·N. 沃尔科夫和维克托·帕塞耶夫完成了大量的在轨操作。然而，飞船乘组在返回时遭遇不幸。由于联盟号压力均衡阀发生故障导致舱内空气泄漏，加上航天员并没有身着压力服，最终三名航天员全部牺牲。载人航天领域的不幸都让人非常悲痛。四年前联盟 1 号航天员弗拉基米尔·M. 科马罗夫在返回过程中因降落伞打开故障而遇难。

由于联盟 11 号失事，苏联暂停了所有的载人航天任务。一年后，礼炮二号空间站试验任务遭遇数次试验失利，直到 1973 年 9 月，苏联才再次实施飞行并成功将航天员送入太空。尽管存在上述困难，NASA 仍坚持推进与苏联开展联合任务，并就双方优选的联合

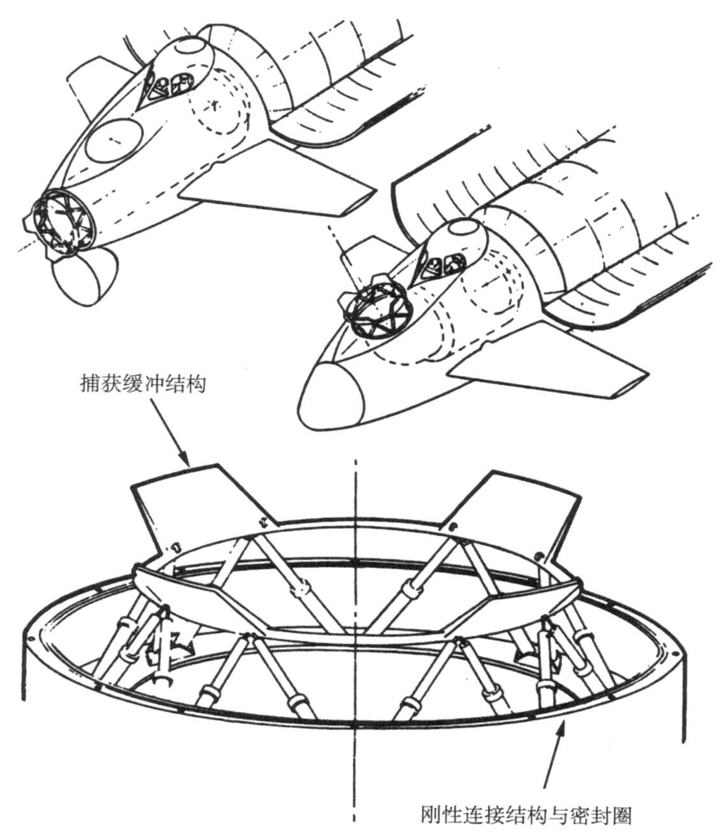

1970 年 10 月，NASA 载人航天中心专家考德威尔 · C．约翰逊通过这些图纸向苏联介绍环锥对接系统概念及其未来在航天飞机中的潜在应用

任务进行了论证，提出由阿波罗和联盟号飞船分别停靠于礼炮号空间站两端的方案设想。在实施计划之前，美苏还需要解决一些技术问题，首先是两个航天器的不兼容的对接系统以及不同气体成分的舱内环境状态。对于后者，苏联采用的是标准大气压下的氧-氮气体环境，而 NASA 则使用约三分之一标准大气压下的纯氧环境。航天医学研究表明，航天员在没有适应环境情况下转移至新的航天器时，会在血液中形成氮气泡，结果可能会发生类似于深海潜水员因潜水深度急速上升而患上减压症。对此，罗克韦尔公司空间研究部门提出开发一种长 10 英尺、直径 5 英尺（3.05 米×1.52 米）的特殊气闸与对接模块。通过过渡区域的设置，航天员在进入阿波罗或联盟号飞船舱门之前可以提前适应不同的舱内气体环境。针对不兼容的对接系统问题，美苏评估了开发一个新的过渡对接系统，在其两端分别安装与两个航天器各自相适应的对接装置，从而实现与阿波罗锥套式以及苏联异体同构式对接系统的匹配。

伴随着联合任务的论证推进，NASA 曾公开表示将终止阿波罗计划并替代为通过航天飞机支持建立大型空间站。对此，苏联并没有予以特别的关注。尽管美苏初期仅规划实施一次联合任务，但双方特别是美国倾向于更为深入的合作。对于兼容性对接系统缓慢的开发节奏，NASA 认为尽管其无法应用于阿波罗计划，但可以规划应用于航天飞机任务并与苏联协同开展空间合作，包括普通对接以及联合实施空间站任务。

1972 年年初，航天飞机计划正式获批，宣告了美国载人航天任务迎来新起点，然而在同年 4 月，苏联宣布放弃阿波罗 & 礼炮号联合试验计划。对此，苏联这样回复到访莫斯科的 NASA 官员：基于礼炮号空间站开展联合对接任务在技术和经济方面都不具备可行性。

1972 年春，苏联新的礼炮号空间站顺利发射入轨。该系统采用了折中的设计方案，尽管在前端设置了一个对接端口，但其主要目的是抢先于美国天空实验室入轨并具备对接扩展能力。苏联坚持认为礼炮号空间站后方布置第二个对接端口会导致空间站布局的重大更改。由于设计更改使得开发时间过长，从而导致联合任务无法按预期计划实施。对于美国而言，一方面是想借鉴礼炮号空间站开发与应用经验，同时还想借助联合任务分析苏联空间站方向的长期规划。因此，上述结果令美方感到失望。关于天空实验室任务，NASA 规划其定位于三人任务的空间站。尽管天空实验室配置了两个对接端口，但美苏双方从未正式提出基于天空实验室的联盟号联合对接计划。因此，在经历多轮协商之后，美苏计划首次联合任务由阿波罗与联盟号飞船实施，借助罗克韦尔公司开发的气闸舱对接模块实现对接。尽管阿波罗飞船与礼炮号空间站对接计划取消，但更新后的联合任务仍以 ASTP 命名，仅将其中 S 的内涵由礼炮号空间站更改为联盟号飞船。

1972 年 5 月 24 日，美国总统理查德 · M. 尼克松和苏联总理阿列克谢 · N. 科西因签署协议，明确双方将以 ASTP 联合任务为核心计划在空间技术领域开展为期五年的合作。三年后的 1975 年 7 月 17 日，搭载三名航天员的阿波罗飞船与搭载两名航天员的联盟号成功在轨对接。在全球瞩目下，美国航天员托马斯 · P. 斯塔福德和苏联航天员阿列克谢 · A. 列昂诺夫在对接舱门位置顺利握手。全世界的媒体竞相报道，冷战中的两个超级大国通过共同努力迎来空间领域的重磅合作。联合任务的最后一批航天员于 7 月 24 日安全返回地球，ASTP 计划顺利结束，同时也宣告阿波罗时代划上句号。

随后，NASA 将重点转移至航天飞机的开发工作，并计划在 1977 年使用轨道器原型样机开展大气环境的飞行测试。经过一系列的交会和着陆测试（ALT），NASA 计划自 1979 年起开展多达 6 次的轨道飞行测试（OFT），航天飞机轨道器的研制与应用计划逐步迈入正轨。自 1980 年开始，NASA 针对航天飞机系统开展了多达 6 次的飞行试验，对系统硬件和程序开展了全面的测试验证，为 1981 年的成功首飞奠定了基础①。

2.1.2　礼炮号空间站

虽然阿波罗和联盟号飞船的首次联合任务仅维持了数小时的对接飞行，但任务的成功实施激发了美方坚持推动与礼炮号空间站的联合计划。基于航天飞机首飞计划，NASA 向

---

① 航天飞机系统开发过程中遭遇了多种挑战，导致首飞计划推迟长达数年。尽管如此，ALT 测试于 1977 年顺利实施，并且先后在 1978 年和 1979 年完成了相关的地面补充测试验证。OFT 最终缩减为四次，自 1981 年 4 月到 1982 年 6 月结束。随后，航天飞机系统开发测试与首批的几次在轨操作飞行任务进行整合，于 1982 年 11 月启动实施。

苏联提出未来联合实施航天飞机与礼炮号空间站对接的任务设想。

苏联在输掉登月竞赛之后聚焦于其他空间任务计划，其中一个重点即实施多次空间站任务，实现人类在太空的长期飞行。为确保领先于美国的天空实验室，苏联的首个空间站采用了美国规划的两种空间站方案的折中设计。

苏联的首个空间站的官方名称为钻石号，实际是隐藏于礼炮号空间站系列的军用系统。第二个空间站原名为黎明号，苏联在礼炮号空间站即将发射前将其任务目标调整为科学或民用。为保证预期的开发计划，苏联最终的系统配置方案不得不进行调整。钻石号空间站后端原计划安装对接系统的位置调整为联盟号飞船的推进装置，钻石号前端则由原来的乘员舱更改为简易对接系统。通过此次更改，钻石号放弃两个对接接口的设计方案，因此后来的第一代礼炮号空间站（包括礼炮 4 号和失事的宇宙-557 号空间站）也仅在前端配置了单一的对接接口。对于第二代礼炮号空间站（包括礼炮 6 号和 7 号），其后端最终配置的是类似钻石号空间站的发动机模块，取消了此前借用联盟号飞船推进系统的方案。该空间站配置了两台偏置安装的发动机，以满足对接机构及其轴向通道的布局需求。此前，上述发动机产品已在高度机密的钻石号军用空间站（礼炮 2 号、3 号和 5 号）上多次应用。因此，从历史的角度分析，尽管苏联坚持礼炮号空间站增加第二个对接接口在技术上不可行，但苏联在轨应用的事实表明当时完全是基于钻石号空间站任务的保密考虑。

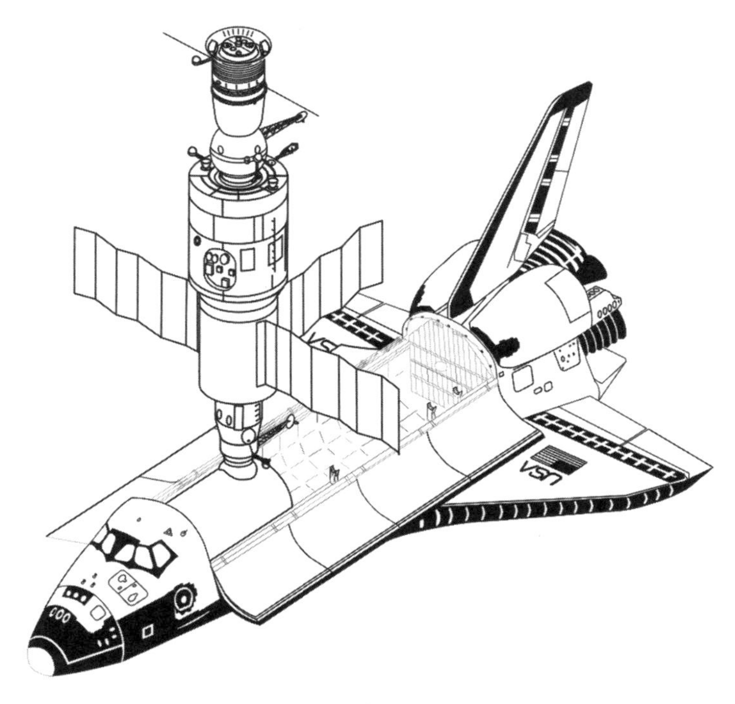

NASA 提出的航天飞机 & 礼炮号空间站对接设想

在苏联反对阿波罗 & 礼炮号对接任务一年之后，1973 年，苏联保持自己的节奏，开始建造第二代礼炮号空间站。新的礼炮号空间站两端各配置一个对接接口，可支持出舱活动（苏联首次 EVA 于 1969 年完成）以及货运飞船对接停靠实现加注与物资补给。货运飞船计划于 1978 年启动，充分继承了联盟号飞船的研制基础。苏联的空间站计划随后保持平稳推进的节奏，于 1977 年 9 月完成礼炮 6 号空间站任务实施。作为第二代礼炮号空间站的首次任务，礼炮 6 号一直运行到 1981 年，相比此前所有空间站任务各项工作的完成效果都是最好的。礼炮 7 号空间站于 1982 年发射，在轨运行至 1986 年。此时，苏联第三代空间站同步启动在轨部署工作，并被命名为众所周知的“和平号空间站”。

进入 20 世纪 80 年代，美苏两国都在加快推进各自的空间计划。苏联主要关注礼炮号空间站的乘组最长达 6 个月的长期驻留飞行任务。美国则聚焦于航天飞机的研制与应用。航天飞机首飞是在 1981 年 4 月，截至 1985 年年底陆续开展了 23 次飞行任务。如前所述，航天飞机研制任务在计划、可靠性、系统更改等方面遭遇多个挑战，在系统设计方面也并非预期的那样可靠和经济，但总体上其系统满足相关要求。同时，NASA 希望借助多次飞行任务实施，不断改进其在可靠性和经济性方面的不足。

20 世纪 80 年代初期，美苏两国的航天飞机与礼炮号计划都在按照各自的规划推进。最终，两个全新的航天器于 20 世纪 90 年代中期完成在轨对接。

2.2　联合任务论证

1974 年 6 月 6 日，苏联科学院院长姆斯季斯拉夫 · V. 克尔德什院士就空间研究合作计划致函 NASA 副局长乔治 · M. 洛。乔治 · M. 洛则在回信中进行了积极的反馈。两人计划于当年 10 月或 11 月举行联合会议，随后乔治建议提前会谈，以确保双方在研制初期聚焦于优先合作事项。

通过休斯敦约翰逊航天中心（JSC）电话会议系统，1974 年 8 月 NASA 召开华盛顿特区工作人员会议，重点讨论了“空间站国际合作”。8 月 29 日，NASA 再次召开会议并发布了关于苏联空间计划进展的公告。公告介绍苏联正在规划与实施载人航天任务，其中包括一项空间站建造计划。苏联拟建空间站重达 110 250 磅（5 000 千克），计划利用质子号和能源号运载火箭以及进步号货运飞船等运输系统。经过会议研讨，欧洲空间研究组织（ESRO，即 ESA 前身）表示愿意加入载人航天任务，但更倾向于商业合作，而非独自开发运载火箭或载人飞船。NASA 通过会议重申，尽管当前暂无类似土星 5 号重型运载火箭的开发计划，但是将研制航天飞机系统以支撑实施新的载人航天任务。此外，日本也表示愿意共同参与。

从事后任务发展来看，上述会议公告预示了和平号空间站的建设规划。此外，基于苏联当时空间站（礼炮 1 号和礼炮 3 号）的有限配置，各国共同倡议将数个礼炮号进行在轨组装从而形成适应多人驻留的大型空间站。与会各方表示，争取在 1980 年前进行连续的资金支持，共同努力建立一个或多个永久性的空间站系统。公告还介绍到，拟建空间站组合体包括核心舱、大量的临时性或永久性的服务舱，同时将共同打造一支 30 名左右经过专业化培训的航天员队伍。空间站系统可以短期停靠载人飞船、提供货物和补给的各类货运飞船。根据早期规划，航天飞机将在模块化空间站的建造和运行过程中发挥重要作用。

公告最后强调包括欧洲、日本以及苏联在内的国际合作的重要性，并期望通过后续更加稳定的国际合作以及空间站开发经验的积累，在 1990 年之前推动构建一个真正的国际型空间站。

会议商定以下进度安排，并补充说明需要各国努力推动项目获批以及在 1980 年之前获得充足的资金支持。

- 1975：举行多边研讨，各自开展系统概念研究。
- 1976：联合开展系统概念研讨，并进行初步的合作管理模式研究。
- 1977：确定系统设计思路，签署合作管理协议。
- 1978：开展进一步的技术研究，明确合作的责任界面。
- 1979：完成研究总结，具备启动硬件研制的准备。
- 1980：签订设计和开发合同，项目正式启动。

按照系统规划，空间站的核心舱和欧洲舱（即后来的 Spacelab 货舱模块）拟通过无人运输系统发射。针对大规模的运输需求，运输系统拟采用质子号运载火箭、改进的无人航天飞机（即类似于挑战者号失事之后规划使用的专用于货物运输的 C 型航天飞机）。

1974 年年底，NASA 将上述会议文件转交苏联，并希望得到积极回应。在一切都顺利的情况下，NASA 计划在 1975 年春天确定任务时间表，并将举行一系列会议研讨 ASTP 计划完成后空间站任务的推进举措。

2.2.1　NASA 的准备

1975 年 6 月底，有关美苏空间站联合的计划不断引发关注，此时距离 ASTP 任务发射仅有一个月。在 6 月早些时候，乔治 · M. 洛访问 NASA 约翰逊航天中心期间，前飞行主任、现任 ASTP 任务技术总监格林 · S. 伦尼针对联合任务提出了一些观点。虽然乔治与伦尼针对反馈苏联有关事项达成一致意见，但两人在其他议题方面仍存有分歧。对此，双方针对上述事项商定召开研讨会。

伦尼认为，国际空间站合作各参与方存在较大的不确定性，因此当时美国在规划的航天飞机任务以外需要补充其他独立的任务。事实上，美国在 20 世纪 80 年代确实没有明确的空间任务目标以及具体的任务方案。同时，伦尼还建议政府与 NASA 重点考虑与合作国家及组织的沟通协作方式，政府对于航天飞机与空间站任务的最终批复进展，以及美国和其他伙伴的合作深度等问题。伦尼的建议具有广泛性，他特意为联合任务准备了多项备选方案，包括应对空间站任务推迟、合理分解合作伙伴各自任务与目标、分析相关风险及其应对举措等。尽管当时 NASA 已提出 ASTP 计划的后续任务建议，包括航天飞机与礼炮号对接、逐步推进长期飞行的国际空间站建设等，伦尼仍然提醒 NASA 及时分析相关风险。其中，伦尼重点提及苏联对于上述大规模任务的持续支持能力、持久的合作意愿以及苏联如何兼顾其国内其他的空间计划等。

伦尼提议，1975 年秋季研讨会应首先聚焦航天飞机与礼炮号空间站的系统兼容性，以支撑确定相关任务的目标、合作范围和时间表。除此之外，伦尼提醒 NASA 须提前评估当前系统状态对于未来任务需求的匹配性。对于国际空间站计划，伦尼建议详细制定系统的配套方案，以便于各合作方商定实施方案以及具体的合作事项，合理协调苏联大型助推器领域相对敏感的合作计划。

尽管包括伦尼在内的相关专家提出了各自关切，1975 年 11 月，NASA 和苏联科学院的联合会议仍如期举行。会议研讨主题的一部分基于来自 NASA 国际事务副主任阿诺德 · W. 弗鲁特金于 1975 年 8 月 13 日的信件。当时这封信是发送给苏联科学院国际探索与合作委员会副主席阿恩 · E. 弗拉德伦的。信中针对美苏感兴趣的空间探索与开发任务合作，双方在航天飞机 & 礼炮号对接以及国际空间站初步规划方面达成了共识。

1）航天飞机 & 礼炮号 & 联盟号飞船联合计划：建议成立由双方人员组成的载人飞行联合工作组，以促进具体任务规划、目标确定、方案实施、计划管理等。弗鲁特金介绍 NASA 正在尝试与苏联建立一种类似于 ASTP 任务的合作伙伴关系。其中，双方合作队伍的稳定性对于双方合作实施以及未来任务规划都将发挥重要作用。

2）苏联有效载荷对于美国空间运输系统的潜在应用需求：NASA 明确自 1976 年开始可向苏联提供发射机会，以满足特定任务的各类需求。弗鲁特金同时提议，NASA 可借助礼炮号空间站或者苏联其他空间计划的机会，由苏联的运输系统搭载美国的有效载荷。对于美苏航天员参与任务的安排，弗鲁特金建议在满足联合任务需求前提下尽可能做到双方的机会对等。

3）未来国际型的空间站：后续美苏关于空间站任务规划，都建立在任何一方不单独发展空间站的基础之上。双方需要构建新的空间站联合开发框架，根据双方协议共同开展工作。对于联合工作组，其首要任务是确定空间站概念、开发目标以及详细的进度表。在此基础上，双方各自独立开展工作，并在必要时通过联合工作组协调处理任务推进过程中的各类分歧。每次联合会议需要形成会议纪要以作备忘，通过制定待办事项及其工作计划，督促双方按计划推进。

双方都在期待即将举行的合作研讨会议，不仅期待第一阶段合作的问题得以解决，同时还计划商定其他更高级别合作项目的可行性。双方预计在第二阶段将合作启动大型空间站的初步设计，具体将由双方平分承研或邀请其他国际伙伴协同完成。双方认为美苏坚持合作并规划更为长远的联合计划，这些都将促进更大范围的国际合作。对此，弗鲁特金再次致信苏方以确认上述相关提议的可行性，并倡议借助 ASTP 计划的良好基础，双方聚焦航天飞机 & 礼炮号 & 联盟号飞船联合计划并加速推进航天飞机兼容性对接机构的开发工作。

NASA 和苏联科学院会议原计划于 1975 年年底召开，最终在经历数次推迟后于 1976 年 10 月 19 日至 22 日在华盛顿顺利召开。苏联代表团由国际宇航理事会主席鲍里斯 · N. 彼得罗夫院士领衔，NASA 代表团团长则是副局长艾伦 · M. 洛夫莱斯。会议成立了一个联合工作组，重点事项包括明确相对合理的科学目标、确定各项具体工作、研究提升航天飞机的应用灵活性、延长礼炮号空间站的驻留任务周期以及论证国际空间站计划的可行性与主要目标。

由于此前的推迟导致会议临近美国 11 月的总统大选，NASA 面临着来自政府层面较大的不确定性。对于会议达成的各项共识，NASA 的积极性远不如苏联，其甚至建议双方等大选过后再另行安排签署协议。在吉米·卡特赢得总统大选之后，11 月 27 日，美苏重启协议草案的商讨工作。事后分析可以看出，NASA 对于航天飞机 & 礼炮号联合计划的申报更容易为政府所接受，其看起来更像是苏联基于 ASTP 联合计划的延续性提议，而非 NASA 主张的航天飞机任务拓展。最终，经与国务院、新成立的国家安全委员会（NSC）讨论，NASA 与苏联的联合协议于 1977 年 5 月完成签署。

2.2.2　联合协议签署

1977 年 5 月 17 日，NASA 公布了双方于 5 月 11 日签署协议，并突出介绍了美苏基于成功的 ASTP 联合任务将开展新的空间计划合作。协议规定双方将联合设立三个工作组，其中两个工作组主要关注地球轨道载人航天任务，第三个工作组聚焦于国际空间站的立项论证。

第一个工作组主要是评估确定 20 世纪 80 年代初航天飞机 & 礼炮号联合计划中可能开展的科学试验和应用项目。第二个工作组则负责制定有关的发射计划。考虑到上述任务的开发周期预计为 18～24 个月，双方都建议以科学目标为重，因此商定航天飞机的首飞计划安排在 1979 年，航天飞机 & 礼炮号对接任务预计于 1981 年实施。对于各项任务的具体细节，双方允许在联合任务推进过程中择机确定。第三个联合工作组商议将国际空间站任务的实施周期进行细分，即根据前期开发进展以及双方阶段性共识，迭代优化空间站具体方案以及推进计划。

2.2.3　任务推进与规划

NASA 计划 7 月底之前组织召开联席会议，邀请所有工作组一起参加。与此同时，苏联基于对上述专题的浓厚兴趣提出了有关会议议程的建议。NASA 很快予以积极回应，既重申了各项共识又制定了一份简要而灵活的议程反馈给苏联科学院。在此过程中，NASA 权衡考虑了航天飞机首飞计划仍需一段时间等影响因素。NASA 初步提出的研究领域内容广泛，包括红外干涉测量、生命科学、大气化学和气候学等。苏联回应时建议采用分组交叉方式推动相关研究，确保在航天飞机 & 礼炮号联合任务中落实相关研究工作。

NASA 一直强调愿意与苏方交换必要的研究信息，以不断完善航天飞机 & 礼炮号联合任务的设计方案进而优化任务目标。NASA 表示可以对苏方完全公开相关数据和文件，同时希望苏联也能有所实际行动。NASA 认为，尤其是与任务关系紧密的礼炮号的部分设计状态应考虑共享，因为这些信息对于西方国家来说处于完全封闭状态。同时，NASA 相信此次合作的彼此诚意，因为此前已有 ASTP 计划及其苏方对于联盟号飞船信息的开放。

空间计划的规划与实施一直受限于经费因素。NASA 坚持认为实施美苏合作的航天飞机 & 礼炮号联合任务，相对于单纯的航天飞机任务并不会造成开发成本增加。按计划，基于航天飞机的大规模应用仍需要 NASA 在对接舱段等系统开发方面补充投入，但对于科学实验项目规划，NASA 坚持航天飞机成本需求的稳定性。NASA 认为此前的综合评估已经证实，规划的航天飞机 & 礼炮号联合任务不需要增加额外的有关硬件与程序方面的飞行验证。与此同时，NASA 认识到有关对接系统的验证风险，即在实施联合任务之前并不需要安排对接系统的专项飞行验证。在后续和平号联合任务中同样如此，NASA 坚持对于任务规划与风险、成本等各方面的统筹兼顾。

NASA 提醒合作双方应及时、定期评估政治因素的动态影响，以确保计划如期实施。如果一切顺利，NASA 期待在 20 世纪 80 年代能够实施更为广泛的航天飞机 & 礼炮号联合任务。

2.2.4　争取长期合作

在 1977 年 11 月联席会议召开之前，美苏合作规划逐步得到更多的支持。第 28 届国际宇航联合会大会于同年 9 月在捷克斯洛伐克布拉格举行，会议主席为法国的马塞尔・巴尔教授。会议期间，巴尔将此前出席苏联发射第一枚人造卫星 20 周年庆祝活动的情况告知与会代表，并表达了对美苏合作实施航天飞机 & 礼炮号联合任务的期待。

多个报道表明，苏联支持并渴望尽快实施联合任务，并且苏方强调礼炮号任务的出发点就是面向全体地球人的利益。美国似乎倾向于将 ASTP 和航天飞机等联合计划仅仅作为美苏长期合作的第一阶段。1977 年 10 月 20 日，白宫科学技术顾问弗兰克・普莱斯致信苏联科学技术委员会主席、部长会议副主席弗拉基米尔・A. 基里林院士，再次表态美方正在积极推动合作议题，并强调航天飞机联合任务对美苏双方在太空领域的全面合作具有重要意义。普莱斯还谈及未来十年的各项行星际探测计划、正在进行的生命科学领域、太阳系其他星际空间探索等。从上述内容可以看出，NASA 对于美苏长期合作的愿景早已远超航天飞机与国际空间站等常规任务。

2.2.5　联合会议及其成果

苏联科学院和 NASA 商定会议于 1977 年 11 月 14 日至 17 日在莫斯科举行。美国代表团由 NASA 总部空间科学局副局长诺埃尔・W. 辛纳斯博士领衔，苏联代表团则由科学院国际宇航委员会主席鲍里斯・彼得罗夫博士牵头。NASA 发布公告将此次会议定性为探索与研讨，旨在确定 20 世纪 80 年代基于航天飞机和礼炮号空间站开展联合实验计划的可选研究领域。

按照会议安排，科学与应用工作组（SAWG）由辛纳斯博士担任主席，运营工作组（OWG）由格林・S. 伦尼博士担任主席。伦尼博士当时已是约翰逊航天中心航天飞机有效载荷集成与发展项目办公室主任。基于航天飞机的巨大运载、灵活运输能力以及联合任务长期在轨特点，会议期间各工作组将共同商议确定联合飞行的科学研究领域。

莫斯科会议的重要性使得 NASA 新闻稿的另一件事几乎被忽视。当时的 11 月 19 日至 25 日，位于弗吉尼亚州 NASA 瓦勒普斯飞行研究中心举办了 NASA -苏联空间生物学和医学工作组第八次年度会议。该会议最早由 NASA 与苏联科学院基于 1971 年《科学与应用协议》所发起。此次会议之前，双方于 11 月 16 日至 18 日在马里兰州贝塞斯达举行了模拟失重研讨会。在年度会议上，双方针对近期的多项任务及其成功展开了详细研讨。相关信息包括搭载美国实验项目的苏联宇宙 936 卫星任务及其生物医学实验结果、苏联礼炮 5 号空间站与联盟 21 号和 24 号飞船的长期飞行任务总结、NASA 第三次 Spacelab 货舱试验（SMD - III）总结等。除此之外，与会代表还讨论了航天员长期飞行引起的健康状态变化、相关领域研究及其应用前景等内容。

1978 年 1 月，NASA 发布了这两次会议的综合简报。作为会议共识之一，联合工作组（JWG）同意美苏在 1978 年召开更多会议，并将于当年晚些时候在苏联举行第九届空间生物学和医学工作组会议。为推动双方进一步合作，苏联邀请美国参与正在实施的两个生物卫星任务，按计划分别将在 1980 年和 1981 年发射。

此外，负责基础和应用科学实验的科学实验联合工作组（JWG）评估了基于航天飞机 & 礼炮号项目框架的科学研究任务，初步选定以下 12 个方向。

1）基于合成孔径系统的射电天文研究；

2）红外干涉仪研究；

3）X 射线天文学研究；

4）伽马射线天文学研究；

5）宇宙射线研究；

6）太阳活动区物理环境研究；

7）空间生物学和医学研究；

8）面向高层大气污染的激光吸收光谱研究；

9）面向地球天体圈物理环境的无线电探测研究；

10）空间处理方法研究；

11）地球磁层和电离层的主动受控实验；

12）空间气象学和地球资源研究。

可以看出，美苏在大部分领域都明确了合作方向，并就下一次在美国举行联席会议之前双方加快推进相关研究达成共识。

运营工作组认为，联合任务有多项实验是以单个航天器为平台，但需要两个航天器在对接操作以后进行一定程度的交互协同。按照任务规划，航天飞机负责运送大量的科学仪器，在轨安装在礼炮号空间站的舱内或外部。其中，小型实验设备可以直接在礼炮号内部应用于各项实验。对此，工作组确定三种可能的任务模式，并强调必要情况下应及时实施跨航天器的协同操作。

1）模式 A：礼炮号和航天飞机处于分离状态，但保持一定的相对姿态。

2）模式 B：礼炮号和航天飞机对接形成组合体。

3）模式 C：由航天飞机运送实验设备，在礼炮号上实施实验。

除此之外，美苏首次交换了两架航天器的基本性能参数等相关信息。双方同意编写一部基础手册，以简图和框图形式介绍航天器的技术状态和操作参数。按计划双方将于 1978

年1月1日交换上述手册。双方还将针对可能携带的科学设备、相关实验对于航天器的要求等梳理形成清单，该清单将以“联合任务初步技术要求”为标题进行命名。所有上述文件计划将在春季召开的下次会议上提交审查并进行研讨。根据双方达成的共识，下一轮会谈主题将聚焦航天器系统的兼容性，内容包括各任务阶段、对接系统、组合体飞行动力学、设备安装（包括航天飞机机械臂 RMS 的使用）、供配电系统兼容性、无线电通信、生命保障系统等。事后看来，美苏双方的上述努力将在后续的航天飞机 & 和平号对接任务以及20年后开启的航天飞机 & 国际空间站任务得到拓展应用。

2.2.6 研制计划

对于1978年春季举行的研讨，美苏双方一致认为联合工作组应聚焦已经确定的科学研究方向，并就在轨开展相关实验制定航天飞机或礼炮号空间站的系统开发要求。此外，运营工作组将着重讨论两个航天器的兼容性问题，并和科学与应用工作组开展科学研究项目实施方案方面的交流。

预计在1978年7月，联合工作组确定实验项目筛选意见以及项目实施所需硬件与设备的研制分工，最终支撑科学研究项目的精细费用评估。此时，运营工作组将对科学项目研究设备研制可行性分析进行总结，并将继续推进两种航天器系统兼容性的研究工作。美苏预计科学项目建议书及其技术可行性论证报告将于1978年10月完成。至此，美苏将按商定的联合项目管理计划启动研制工作。

2.3 有效载荷论证

在瓦勒普斯岛和贝塞斯达举行的空间生物学和医学会议中，美方向苏联介绍了航天飞机 & 空间实验室系统的基本组成，包括生命科学模块、通用操作类研究设备、实验室有效载荷。基于一般特征的分享，美方分析了在轨利用上述系统开展医学和生物学实验的可行性。会议发布的简报只是对会议基本情况进行了概括介绍，但是也隐含了一个有趣的问题。对于这些核心系统的技术分享，NASA 已经为俄罗斯在未来空间实验室建设以及在轨开展生命科学实验进行了铺垫。随后，美方联合主席戴维·L. 温特博士邀请苏联参与这些实验任务，并就相关实验方案进行了补充介绍。按照温特的建议，苏联可以着手准备相关实验研究工作，并及时向美方提交参与在轨实验的申请。

第二次会议计划于1978年下半年在苏联召开，并确定会议主题为“空间生物学和医学的联合飞行实验”。美苏计划联合实施航天飞机 & 礼炮号任务，利用一个空间实验室开展联合生物医学项目。在方案论证过程中，有人提议设立一项空间实验室生命科学专项任务。通过广泛的合作参与，航天飞机将先后发射空间实验室有效载荷，分别为双模块的 Spacelab - D 和单模块的 Spacelab - J。两次任务分别由德国和日本牵头负责。当时联合工作组曾规划第三次的空间实验室生命科学任务，搭载有效载荷任务拟由法国牵头，但没能进行详细规划。当时如果一切规划及实施顺利，航天飞机预计将在20世纪80年代中期发射有效载荷 Spacelab－R（俄罗斯负责），并实施空间生命科学实验任务。1978 年 3 月，时任华盛顿立法事务部主任的航天员约瑟夫 · P. 艾伦致信参议员、威斯康星州代理机构拨款委员会主席 E. 威廉 · 普罗米尔。在总结 1977 年 11 月会议基础上，艾伦分析美方应积极回应苏联预计于 1980—1981 年期间发出的邀请美方参与生物卫星任务，以加速推进美苏基于航天飞机搭载空间实验室开展相应的科学实验任务。

作为科学与应用工作组主席的诺埃尔 · 辛纳斯，同时还担任航天飞机 & 礼炮号有效载荷项目规划的总负责人。整个实验研究任务由天体物理学部门和 NASA 空间科学办公室联合实施，富兰克林 · D. 马丁博士负责实验任务的管理工作。对于联合任务的有效载荷项目，是由位于马里兰州格林贝尔特的戈达德航天飞行中心提供支持。位于休斯敦的约翰逊航天中心则负责管理航天飞机 & 礼炮号项目的所有任务需求。此外，ORI 公司是支持上述实验研究项目的主要承包商之一。NASA 预计随着项目的论证与广泛实施，其下属每个研究中心都将设立专门的支持团队。NASA 总部各项目办公室则负责协调各项工作。

航天飞机 & 礼炮号有效载荷研究由八个小组具体负责，包括高能天体物理学、天文学、空间等离子体物理、太阳物理学、生命科学、大气研究、材料加工和地球观测。根据各个研究项目的具体特点，各小组制定项目研究的科学依据、研究目标、特殊试验清单、设备运行模式以及每项试验的特殊要求等。有效载荷研究第一次会议于 1978 年 1 月 16 日在戈达德举行。巧合的是，NASA 在当天宣布了航天飞机第一批候选航天员，包括罗伯特 · L. 吉布森（17 年后担任指令长实施和平号对接任务）、诺曼 · 塔加德和香农 · 露西。在航天飞机 & 和平号任务中，后两位成为首批进驻和平号空间站的美国航天员。

2.4　联合任务终止

1978 年 1 月，美苏双方在戈达德举行会议研讨航天飞机 & 礼炮号任务。此时，苏联首个配置双对接接口的礼炮号空间站已经在轨运行四个月。

礼炮 6 号空间站于 1977 年 9 月发射，苏联原计划在 10 月份实施首批航天员入驻。联盟 25 号飞船在轨与礼炮号前端接口进行对接时出现故障，导致飞船更改任务程序返回地球，因此苏联空间站对接技术验证等只能推迟。12 月 11 日，联盟 26 号成功停靠于礼炮号后端接口。12 月 20 日，尤里 · V. 罗曼年科和乔治 · M. 格列柯执行 EVA 任务，成为苏联自 1969 年以来的首次出舱。两名航天员重点对礼炮号的前端接口进行了检查，确认联盟 25 号飞船的对接故障并没有造成硬件损伤。在美苏召开会议的四天前，1 月 12 日，联盟 27 号通过前向端口成功与礼炮号完成对接。在驻站一周之后，联盟 27 号的两名航天员搭乘联盟 26 号返回地球。联盟 27 号则继续停靠，保障驻站航天员继续执行飞行任务。

2 月份，苏联发射基于联盟号改进的首个无人货船“进步 1 号”并顺利停靠在礼炮 6 号的后端接口。驻站乘组顺利完成礼炮号空间站的推进剂补加工作，并将空间站各类废弃物转移至货运飞船。按计划，这些废弃物将会跟随货运飞船在进入大气时一起销毁。此次任务为未来国际空间站的物资补给奠定了常规的飞行程序基础。经历几十年的发展，进步

配置双对接接口的礼炮 6 号是第一个真正的国际空间站，在轨飞行周期为 1977—1982 年。图左可见空间站后端接口和停靠的联盟号飞船，图右则显示空间站前端接口与下方停靠的联盟号飞船。美苏希望在 20 世纪 80 年代初利用这种配置的礼炮号空间站实施与航天飞机的联合任务（图片来源：SpaceFacts. de)

号货运飞船的补给工作从未有失，时至今日仍在为国际空间站的稳定运行提供重要支撑。

1978 年 3 月，联盟 28 号飞船将捷克斯洛伐克航天员弗拉基米尔·雷梅克送入礼炮 6 号空间站，雷梅克因此成为进入太空的首位美苏之外的地球人。雷梅克为期一周的飞行标志着国际宇航项目的启动，苏联按照该项目计划成功将社会主义其他国家的航天员送入太空。随后，格列柯等航天员在轨飞行 96 天后返回地球，超越 1974 年年初美国天空实验室最后一批乘组 84 天的在轨时间，从而创下新的在轨飞行纪录。

通过仅仅三个月的时间，苏联证明了他们已经克服空间站初期的种种飞行挑战困难，并验证了早期提出的阿波罗 & 联盟号 & 礼炮号联合任务的可行性。在接下来的 22 年里，依托苏联主导的空间站项目，更多航天员和进步号货船重复执行了上述程序，确保了各项技术达到成熟。此外，苏联通过礼炮 6 号、7 号以及和平号空间站，成功实施了一系列更具挑战的出舱任务。对于航天员轮换方案设计，苏联曾规划通过新发射的联盟号飞船与空间站进行对接，以实施驻站乘组轮换以及紧急情况下营救驻站航天员。实际直到 1985 年，礼炮 7 号空间站任务期间才首次实现了驻站乘组的完整轮换。

礼炮号空间站一系列任务的成功实施，证明苏联有能力规划与实施一批航天员在轨执行相应的驻站飞行任务、保证空间站物资补给与长期稳定运行等。按照美苏双方的联合任务规划，苏联上述经验将在 20 世纪 80 年代中期通过航天飞机加以拓展，美方则逐渐侧重于联合实施自由号空间站计划，以实现航天飞机 & 和平号任务向国际空间站构建的顺利过渡。尽管任务发展出现了不同程度的变更，但是自 2000 年以来，联盟号载人飞船和进步号货运飞船一直是国际空间站任务的重要组成部分。

1977 年发射的礼炮 6 号成为第一个国际型的空间站。到 1981 年，其已累计完成了五次长期驻留飞行任务（最长为 185 天）和 8 次航天器对接任务。

与此同时，NASA 坚持提议美苏联合，实施航天飞机 & 礼炮 7 号或其后续空间站系统的联合对接任务。1978 年 3 月 1 日，NASA 对航天飞机 & 礼炮号联合任务进行了一次内部审查。审查小组成员包括诺埃尔·辛纳斯，弗兰克·D. 马丁和诺曼·特雷尔，并在次日提交审查结果。审查小组同意苏联有关 5 月 22 日举行下一次联合工作组会议的建议。最终批复情况将于 4 月 5 日之前由高级管理层提交总统办公室，最晚将于 4 月 26 日获批。正当这项紧张的工作有序推进、联合工作组即将迎来任务获批的重大进展时，航天飞机 & 礼炮号联合任务遭遇重大变故。

1978 年 7 月 17 日，《航空与空间技术周刊》在华盛顿发布新闻综合报道，宣称航天飞机 & 礼炮号联合任务已经或即将终止。报道简述由于美苏两国近期的紧张政治气氛导致美国加剧了对技术转让的担忧。国家安全理事会委员会此前经历六周时间对联合任务计划进行了重新评估。同时，由于对苏联政府反对派及其处理方式表示不满，美国总统科学顾问弗兰克·普莱斯取消了访苏行程。

随后，国际社会不断变化的政治因素、各类国际政治事件以及航天飞机项目特别是首飞多次推迟等，都给航天飞机 & 礼炮号任务带来更多的不利影响。此前美苏规划的苏联空间实验室专项任务也随之搁置①。事后来看，美苏联合任务自此暂停长达 15 年。

1982 年美国参议院发布 1976—1980 年苏联空间任务研究报告。该报告由商业、科学和运输委员会负责具体编制，委员会主席哈里森·H. 施密特担任负责人。施密特此前曾参与阿波罗计划，成为唯一完成登月的资深科学家。报告详细阐述了当时美苏合作的困难，分析了导致航天飞机 & 礼炮号任务中止的紧张的国际局势。

报告剖析了 1976—1980 年间美苏关系改善的显著趋势。关于苏联空间任务发展，报告指出当时苏联已不仅能维持礼炮号空间站计划，而且通过改进的第二代设计及其基础设施配套，有效提升了空间站运营质量。报告将苏联进展与美国在同时期空间领域进行对比，强调美国在阿波罗计划与航天飞机任务之间并没有合理安排好相关的过渡计划。报告还介绍在登月竞赛结束后，美国对于太空领域竞争与合作平衡的追求一直没有实质性进展。实际上，当时美苏关系恶化的关键原因主要还是两个超级大国间的政治分歧，特别是 1979 年 12 月苏联对阿富汗发起的军事行动。

报告客观介绍了美苏各自的政治特点，认为政治因素过多地影响到航天飞机 & 礼炮号等各类合作任务。报告甚至强调双方原本有着良好的合作优势，但是由于政治因素导致

① 17 年后，1995 年 7 月 STS-71 航天飞机实施首次与和平号对接任务。亚特兰蒂斯号航天飞机有效载荷舱配置了 Spacelab 实验室模块。两名 Mir-19 驻站乘组的航天员进入模块参与了一系列的医学实验操作。此次任务实施，一定程度上也是表达对于早期苏联 Spacelab 实验室设想的敬意。

彼此均受损失。报告总结指出美苏空间领域合作完全取决于政治层面，在短期内改善的可能性很小。美苏双方的合作可能仅限在一定程度上的学术交流，比如生命科学研究方向、联合举行国际会议等。对于技术领域的非正式会谈同样难以实施，因为在议程制定、项目商讨和合作项目资金批准等诸多方面都面临各种限制。

对于空间领域的美苏合作，这次任务中止出乎意料地持续了近十年。1991 年 12 月，苏联解体，俄罗斯在严重的经济危机条件下继承了苏联的太空计划。俄罗斯难以承担庞大的空间任务财政支出，因此当时的和平号空间站计划似乎只能提前终止，而且俄罗斯在短期内也无法启动和平 2 号的研制工作。

与此同时，美国专注于解决自由号空间站成本及其系统复杂性难题，然而相关进展并不顺利。美苏在太空领域特别是大型空间系统任务上开展合作显然可以实现互利共赢，然而大国间的合作关系要比空间系统本身复杂很多。

礼炮 6 号空间站的成功让国际社会普遍感到惊讶，美国的感触最为深刻。国际社会甚至评估当时美国在太空领域已再次落后于苏联。对此，NASA 笑言在 20 世纪 60 年代初就已经处于落后状态。1981 年 4 月，美国一位发言人表示期待航天飞机首飞成功让美国再次振作起来。美联社国家统计局在首飞结束后开展的民意调查显示，当时的国际形势下美国人已普遍显示出对空间任务的强烈支持。具体来说，60％的民众认为美国需要在航天飞机项目上增加投入，有多达 66％的民众称赞政府对于航天飞机任务的推动与实施。

1978 年航天飞机 & 礼炮号联合任务的论证已接近成熟，美苏双方都做出了一定的努力，并且都期望通过合作为各自的空间任务提供帮助。相关研究表明，苏联对联合任务的规划表现出更大的热情，NASA 则相对比较谨慎。在每次论证研讨中，NASA 都主张明确可行的科学试验和空间应用成果，以避免合作项目陷于无意义和应用前景不佳的舆论。

如前所述，1978 和 1979 年，美苏明显的政治分歧直接导致联合任务论证风险陡增。除阿富汗战争以外，当时还有几项国际重大政治事件对此产生影响。

1979 年 2 月 29 日，NASA 局长罗伯特 · A. 弗罗斯博士向国会汇报了航天飞机 & 礼炮号任务进展。由于联合任务已接近停滞，因此报告内容极为有限。NASA 当时已推迟原计划于上一年举行的所有联合工作组会议。1980 年 2 月，弗罗斯再次向参议院报告联合任务时，联合工作实际已暂停长达一年半。苏联则认为航天飞机首飞计划从 1979 年推迟至 1981 年，基于苏方当时空间任务进展，联合任务要到 1985 年左右才会纳入规划。

航天飞机 & 礼炮号联合任务自 1977 年提出时充满前景，逐渐发展为停滞甚至完全终止。直到 15 年以后，美俄类似的合作提案再次提出。如上所述，苏联认为航天飞机首飞推迟将导致联合任务超出礼炮 6 号运行寿命，甚至礼炮 7 号计划也难以与联合任务计划匹配。时至 1986 年 2 月，苏联已成功发射和平号空间站的核心舱模块。

事后来看，如果没有 20 世纪 70 年代末国际政治事件的影响，苏联有关航天员与空间实验室方面的研究计划，有可能会通过国际合作得以顺利完成。

2.5　天空实验室计划重启

NASA 在与苏联开展航天飞机 & 礼炮号联合任务论证时，也在同步考虑重返天空实验室的可行性。

2.5.1　最后一次任务

1974 年 2 月 8 日，天空实验室 4 号的航天员杰拉尔德 · P. 卡尔、爱德华 · G. 吉布森和威廉 · R. 波格在经历创纪录的 84 天飞行后，搭乘阿波罗飞船返回地球。在舱门关闭前，航天员为空间站后续访客留下一个装满物品的袋子，固定在舱口附近。袋子里面有些照片和一张清单，还包括一些其他物品。指令长杰里 · 卡尔告诉地面指挥中心，尽管并没有后续任务的规划，但他们把空间站的“钥匙”放在了前舱门后面。随后，乘组关闭气闸舱准备返回。

2.5.2　对接任务提出

由于低轨航天器会受到轻微的大气阻力，进而影响轨道高度，最后甚至会坠入大气层烧毁。NASA 当时预计天空实验室可在轨飞行至 1983 年。

1977 年 6 月 10 日，天空实验室项目前副主任、时任 NASA 高级项目总监的约翰 · H. 迪瑟提议由马歇尔航天飞行中心主持一项内部研究，探讨天空实验室的重复利用可行性。研究团队预示分析了系统健康状况以及 80 年代初潜在的升级改造计划。11 月 16 日，NASA 太空飞行副主任约翰 · F. 亚德利收到上述研究报告。

研究报告显示，天空实验室重启计划预计分为四个阶段。首先，需要重新进行升轨操作，确保系统轨道寿命延长至 1990 年。在此之后，NASA 预计将在 1978 年 6 月至 1979 年 3 月期间，择机上注指令对天空实验室的轨道工作站进行重启测试。如果进展顺利，NASA 将在 1980 年 2 月航天飞机第五次飞行测试时实施与天空实验室交会接近。在近距离确认天空实验室状态正常后，航天飞机乘组将从有效载荷舱释放一架无人飞行器。这个飞行器继承阿波罗飞船技术，将对接停靠在天空实验室的轴向对接接口。通过航天飞机乘组的遥操作，飞行器推进系统启动从而实现组合体轨道抬升。随后，飞行器与天空实验室分离，确保对接接口处于正常闲置状态。

2.5.3　第二阶段任务设想

对于天空实验室计划重启的第二阶段，NASA 主要是开发一系列设备并安装至实验室实现更新升级。相关设备主要包括一个配置电池阵的功率达 25 千瓦的电源模块（PM），一个长约 10 英尺（3.48 米）的航天飞机对接适配器（DA）。由于天空实验室继承了阿波罗飞船设计，在安装对接适配器之后，实验室一端可以适应基于阿波罗改造的无人飞行器对接，另一端则满足航天飞机 ASTP 式异体同构系统的对接需求。

NASA 在第二阶段计划执行两次航天飞机任务。第一次飞行预计在 1982 年 1 月实施，主要目的是为天空实验室运送各类改造升级的设备以及对接适配器。按照任务规划，航天飞机乘组将执行 EVA 操作。首先，乘组将实验室的两组太阳电池阵（一共配置有四组）收拢并转移安装至阿波罗望远镜底座，从而为后续航天飞机停靠提供足够的包络空间。此外，乘组还将重启望远镜的流星体观测实验，上一次实验是在 8 年前由天空实验室 4 号的航天员实施。第二次航天飞机任务将为天空实验室带来更多的设备。首先，乘组将对损坏的冷却系统进行维修。其次，航天员在轨将开展一些简单失效实验，具体内容有待确定。再次，在实验室驻留期间，航天员将回收有关空间站结构实验的样品。在回到地球时 NASA 将开展联合评估，以确定近地轨道 10 年周期（约 58 400 个昼夜）对航天器结构与材料的影响。通过上述研究，未来长周期航天器在结构设计时将开展更为合理的设计，以适应结构与材料在轨性能退化的挑战。

航天领域一直重视类似的实验研究，目的是为后续长周期航天器任务提供基础性能。这里简述其他类似的长周期任务。和平号空间站在其 15 年任务期间经历了大约 87 600 个昼夜。哈勃太空望远镜自 1990 年 4 月部署以来，截至 2009 年 5 月最后一次服务任务时，已经历 110 900 个昼日夜周期，目前其仍在正常工作。国际空间站的曙光号功能舱自 1998 年 11 月发射以来，截至 2016 年 5 月已经历超过 102 000 个昼夜飞行。

2.5.4 第三阶段任务设想

第三阶段将于 1984 年 3 月实施，主要任务是为实验室运送电源模块，功率指标为 25 千瓦。此次模块的突出特征是配置了三组异体同构的对接装置。电源模块的安装对接流程与国际空间站的通用节点舱类似。首先，航天飞机机械臂 RMS 抓取位于有效载荷舱支架的电源模块，在完成翻转后与有效载荷舱前方的异体同构单元进行对接。其次，乘组对轨道器进行机动，实现电源模块通过其远端的对接系统与天空实验室轨道工作站的对接适配器完成对接。再次，机械臂 RMS 为实验室转移其他的配套维修设备。航天员通过 EVA 操作对电源模块的两组电池阵以及热辐射器进行展开锁定，并妥善安装电缆实现新配置的电池阵与天空实验室的电源系统完成连接。最后，航天员对天空实验室的控制力矩陀螺（CMG）重新加电，经过测试，在必要时更换故障的姿态控制设备。得益于电源模块三组对接装置的特殊配置，当航天飞机离开时，电源模块及其电池阵组件将继续保持与对接适配器的安装状态，而对接适配器闲置的另外两处对接端口可为后续到访的飞船提供停靠服务。如果上述操作一切顺利，天空实验室 4 号的轨道工作站将再次正常运行，此时距离其驻站航天员搭乘阿波罗飞船离开已经长达 10 年。

第三阶段的对接任务将持续 30～90 天。航天飞机每次任务都将在有效载荷舱搭载一个 Spacelab 模块。在完成对接停靠后，由天空实验室为轨道器提供电源支持。在轨期间除非实验工作需要在轨道工作站上实施，乘组在其余时间都将返回至居住条件要相对舒适的轨道器。轨道工作站尽管有些类似于洞穴般的构型，但可以为航天员在轨工作提供支撑，包括科学实验实施、新的 EVA 设备测试以及失重条件建造方法试验等。基于连续来访的航天飞机，天空实验室将迎来充足的物资储备，既保障在轨实验实施，同时又可以兼顾部分老旧设备升级替换。在两次航天飞机任务之间，轨道工作站将维持无人值守的运行状态。

马歇尔航天飞行中心的研究报告显示，除了为天空实验室安装外部模块或平台舱段以外，并不考虑实施第四阶段的计划。据报告介绍，上述平台舱段很可能类似于后来应用于国际空间站的欧洲哥伦布号和日本希望号实验室等加压舱段，也有可能是一些非加压的实验装载平台。对于天空实验室未来进一步的扩展设想，报告给出了补充论证。首先，基于实验室现有配套，后续 NASA 可以增配机械臂和更大功率的电源模块等。通过安装类似航天飞机外部贮箱的扩展加压模块，可以显著扩大在轨可居住空间，以满足更大规模的在轨建造试验需求。其次，该报告还建议在轨道工作站上端新增一层硬件模块，形成实验室的第二套设施，最终实现九名航天员同时驻留。作为支撑系统，报告没有公布轨道器是否为航天员运输提供保障，但显然需要在阿波罗飞船之外开发一种应急救援运输系统。实际上，在此之前如果国际形势允许，借助苏联联盟号载人飞船则可显著简化上述救援方案，正如后来国际空间站的应用配置一样。

除了上述关于天空实验室的重启、升级和再利用方案论证之外，马歇尔航天飞行中心的研究报告还评估了第二、第三阶段的成本，分别为 1 400 万美元和 4 120 万美元，并给出了 1980—1985 年期间的经费支持方案。此外，报告并没有介绍第一个阶段和第三个阶段之后的经费分析，包括航天飞机及其运输硬件设备与航天员的费用等。对此，太空作家大卫·F. 波特评论认为项目团队有些过于乐观。

经审阅上述研究报告，约翰·亚德利命令麦克唐奈·道格拉斯公司和马丁·玛丽埃塔公司在 1978 年通过 9 个月的时间确定详细的任务承包商。两个公司的承研任务分别由 NASA 约翰逊航天中心和马歇尔航天飞行中心进行统一协调。

1978 年 3 月 31 日，NASA 发布了一份关于遥操作系统的报告，并介绍该系统将于 1979 年对天空实验室进行轨道调整。

2.5.5　遥操作系统

1977 年 10 月，NASA 正式启动遥操作系统开发，具体由马歇尔航天飞行中心负责管理。11 月，NASA 确定由马丁·玛丽埃塔公司负责系统设计工作。NASA 最早于 20 世纪 60 年代中期提出过遥操作系统概念，并规划了有效载荷测量、安装、回收和转移等多个应用场景。遥操作系统包含中心主体结构、独立的推进系统以及最多可配置四组的捆绑式发动机，以根据任务需要调整推进系统能力。为实现 6 个自由度的姿态控制，遥操作系统的姿态控制系统配置了 24 个推力器，可通过预先编程指令控制或由航天飞机乘组手动操作。借助专用的控制器以及布局于对接系统旁边的视频监视器，航天员可对遥操作系统进行控制。

对于天空实验室的轨道调整任务，NASA 计划由航天飞机实施完成，主要包括以下步骤。首先，航天飞机发射入轨并与轨道工作站进行交会，在接近至一定距离时，安装在航天飞机有效载荷舱的遥操作系统启动工作并与航天飞机分离。其次，借助之前由阿波罗无人飞行器提供的对接端口，遥操作系统与天空实验室实现对接形成刚性组合体。最后，遥操作系统姿控系统工作，将组合体姿态进行必要的调整，紧接着遥操作系统四台捆绑发动机启动，实现组合体的轨道调整。据测算，组合体轨道抬高时需要遥操作系统发动机工作2次共计13.5分钟，而降轨需要工作1次长达27分钟。在轨道调整结束后，遥操作系统即与天空实验室的轨道工作站解锁分离，并择机由航天飞机进行回收。遥操作系统未来的潜在应用是通过配置机械臂进而实现大型结构在轨组装任务。

航天飞机释放遥操作系统并实现天空实验室的轨道调整（概念图）

2.5.6　任务取消

1977年年底，NASA约翰逊航天中心对天空实验室在轨运行以及航天飞机研制状态进行调研。分析认为，航天飞机在1979年年底实施第五次轨道飞行测试之前难以实现任何类型的交会对接验证。当时航天飞机飞行测试尚未开始，着陆测试的进展虽相对顺利，但关于航天飞机与空间站对接的研究工作仍有较大差距。

1977年9月，天空实验室重启计划正式获批。然而，此时天空实验室面临着新的巨大挑战，观测数据显示太阳活动要显著强于预期的状态。1974年，天空实验室4号的航天员返回地球时，NASA预计太阳活动将在1980—1981年达到顶峰，进而导致地球上层大气显著膨胀。1977年新的研究表明，天空实验室在轨运行阻力即将迅速增大。如果不采取主动措施，天空实验室将会提前坠入大气层。因此，天空实验室重启任务需要与时间“赛跑”。

针对航天飞机的六次轨道飞行测试任务，1978年3月，NASA确定了执行前四次飞行任务的两名航天员。其中，第三次任务由弗雷德·W. 海斯担任指令长，与其搭档的是杰克·R. 罗斯玛，备份乘组为万斯·D. 布兰德和C. 戈登·富勒顿。按计划，此次飞行预计将实施天空实验室轨道调整任务，由哥伦比亚号航天飞机（预计当时唯一可用）与天空实验室进行为期四天的对接。然而，航天飞机研制进度并不理想，NASA预计其在1979年9月28日之前首次发射的概率仅为50%。此后，航天飞机研制任务不断遭遇新的问题，使得首飞计划推迟至1980年年初，其第三次发射任务相应甚至可能推迟至1981年。

1978年12月，北美防空联合司令部（NORAD）预测天空实验室将于1979年7月至8月出现降轨直至进入大气层。经过综合评估，NASA随后宣布取消天空实验室重启计划，同时暂停遥操作系统这一新型航天器的开发任务。

1979年7月11日，在经历6年1个月27天、共计34 981个轨道周期、飞行距离长达9.3亿英里之后，天空实验室进入大气层解体。

同年年底，NASA暂停了所有有关1985年前后实现航天飞机与礼炮号空间站对接的计划。此时航天飞机的研制与首飞工作仍在进展中。航天飞机与空间站在轨对接最终将在16年后才能得以实施，即航天飞机&和平号联合任务。

参考文献

[1] The Proposed USSR Mir and US Shuttle Docking Mission circa 1981, David J. Shayler, Journal of the British Interplanetary Society, vol. 44, pp. 553-562, 1991.

[2] The Partnership: A History of the Apollo Soyuz Test Project, Edward C. Ezell and Linda N. Ezell, NASA SP-4209, 1978, pp. 153-157.

[3] The Partnership: A History of the Apollo Soyuz Test Project, Edward C. Ezell and Linda N. Ezell, NASA SP-4209, 1978, pp. 111-118.

[4] The Partnership: A History of the Apollo Soyuz Test Project, Edward C. Ezell and Linda N. Ezell, NASA SP-4209, 1978, Chapter IV Mission to Moscow, Chapter V Proposals for a Test Flight and Chapter VI Forging a Partnership pp. 99-193.

[5] Salyut: The First Space Station, Triumph and Tragedy, Grujica S. Ivanovich, Springer-Praxis, 2008.

[6] The Partnership: A History of the Apollo Soyuz Test Project, Edward C. Ezell and Linda N. Ezell, NASA SP-4209, 1978, p. 185.

[7] Letter to Academician M. V. Keldysh from Deputy Administrator George M. Low June 21, 1974, original copy on file Foreign Relations, NASA/USSR Relations, NASA History Office Washington DC. Copy on file, AIS Archives.

[8] An International Space Activity, a presentation by Spacecraft Design Division, JSC, August 29, 1974, AIS Archives.

[9] Memo dated June 24, 1975, subject US/USSR Space Station Discussions, to Arnold Frutkin, Assistant Administrator for International Affairs from George Low Deputy Administrator with copy of Glynn Lenny's handout, NASA Headquarters History Office US/USSR files. Copy on file, AIS Archive.

[10] Letter from Arnold W. Frutkin to Vladlen E. Vereshchetin dated August 13, 1975.

[11] Background paper of NASA/Soviet Academy of Sciences Agreement on Cooperation in Manned Flight, May 11, 1977, dated June 13, 1977, filed in International Space Studies, NASA History Office, copy in AIS archives.

[12] NASA News 77-98, May 17, 1977.

[13] Letter from Frank Press to Vladimir A. Kirillin, October 20, 1977, Copy on file AIS Archives.

[14] United States, Soviet Space Talks Scheduled, NASA News 77-234, November 14, 1977.

[15] Summaries of the US-Soviet Meetings Issued, NASA News 78-10, January 25, 1978.

[16] Letter from J. P. Allen to W. Proxmire, ref: LC-5: JVC: mdk, March 1978, NASA history Archives, copy on file AIS Archives.

[17] Shuttle/Salyut Program Experiment Concepts, for the Study of Possible USA/USSR Joint Missions, April 1978, NASA, prepared for the Office of Space Science by ORI, Inc. Copy in AIS Archives.

[18] Interkosmos, The Eastern Bloc's Early Space Program, Colin Burgess and Bert Vis, Springer - Praxis, 2016.

[19] Aviation Week & Space Technology, Washington Roundup July 17, 1978, p. 13.

[20] Soviet Space Programs 1976 - 1980, Part 1, December 1982 US Senate, 97th Congress 2nd Session.

[21] Around the World in 84 Days. The Authorized Biography of Skylab astronaut Jerry Carr, David J. Shayler, p 182, Apogee Books, 2008.

[22] NASA Marshall's Skylab Reuse Study (1977) David S. F. Portree, Science Wired. com July 24, 2012, http://www.wired.com/2012/07/nasa-marshalls-skylab-reuse-study-1977/ last accessed May 9, 2016.

[23] Skylab Reuse Study Final Report, McDonnell Douglas Astronautics Company, Huntington Beach, California, MDC G7556, December 1978, NASA CR - 161187.

[24] NASA Studies Possibilities for Skylab Re - Use, NASA News 78 - 38, March 8, 1978.

[25] NASA Fact Sheet 78 - 49, NASA Develops Teleoperator Retrieval System, March 31, 1978.

[26] Skylab: America's Space Station, David J. Shayler, Springer - Praxis 2001, pp. 305 - 31.

第3章　自由号空间站论证

一旦具备天地往返货物运输能力的系统得以开发与验证，
接下来的十年即可聚焦空间站的建造任务。

——肯尼斯·W. 加特兰与安东尼·M. 库内

《太空旅行》

1953年出版

通过一套运输系统将货物往返于空间轨道运输以支撑建造空间站，这早已并非新概念。从上述《太空旅行》摘录来看，这一设想至今已有60年的历史，甚至更长时间。这种运输系统一旦开发成功，乐观来看，再需十年就能完成一座空间站的建造。然而，航天飞机及相关系统的实际开发将充满挑战和曲折，整个研制过程可能会远超十年的时间，直至其发射前往建造空间站。

3.1　航天飞机开发完成

通过1981年4月和11月的两次飞行验证，航天飞机系统真正由概念成为现实。11月的飞行成功完成了航天飞机机械臂系统RMS的验证。前两次飞行试验成功坚定了NASA对于后续应用任务的规划信心，同时NASA也在对系统各项性能不断开展分析与总结。航天飞机的飞行试验最初规划了六次任务，后来调整为四次。NASA在四次飞行顺利结束后宣布航天飞机投入使用。然而，航天飞机的设计理念决定了它需要经常维护和升级，加上不断攀升的成本投入，导致航天飞机系统一直处于设计完善与维护升级状态。类似的系统还有美国的X-15火箭飞行项目，在经历1959年至1968年共计199次飞行后，系统仍处于研究状态导致其无法百分百投入应用。有分析显示，早在1986年挑战者号失事之前，航天飞机的军事应用前景已不如此前乐观，甚至在1988年的复飞顺利也未能恢复航天飞机良好的商业应用前景。此后，航天飞机的应用重点逐渐转向一些科学性质的项目，包括失重条件材料性能演进、失重环境人类适应能力、对地观测设备性能、运输深空探测器，以及众所周知的哈勃太空望远镜部署与在轨服务等。与此同时，NASA及其国际合作伙伴也在加大投入，以研究大型空间站在轨建造的支撑技术和任务程序。这项工作表明自概念提出至开发落地，工程人员一直在坚持航天飞机的最初应用设想。

航天飞机对于空间站的价值在1984年迎来突破，NASA正式获批建造空间站任务。1988年7月18日，里根总统将空间站命名为“自由号”，以突出美国与加拿大、欧洲和日本等合作伙伴所具有的共同价值观。即使在20世纪90年代初空间站遭遇重大调整，但这一命名仍得以保留。随后，这一庞大系统以国际空间站的名义保持延续，并迎来与俄罗斯的合作。对于所有这些过程，本章将继续阐述其漫长而艰难的历史。

3.2 自由号空间站论证

基于航天飞机和空间站经费无法兼顾的形势，1970 年，NASA 决定对相关任务进行优化。针对空间站建造任务，开发一种运载工具发射各类组件与设备是必备条件。因此，NASA 倾向于侧重航天飞机方面的投入，以满足包括国家航天工程在内的多种任务发射需求，并促进未来 20 年内的空间任务规划与实施。

尽管相关计划在推进过程中遭遇挑战，NASA 最终将航天飞机确定为一种独立的运输系统。由于无须借助其他运载器可单独往返于太空，因此航天飞机在系统开发过程中具有独特的灵活性，确保其可以按计划在 80 到 90 年代持续执行发射任务。基于上述优势，航天飞机可以在空间站研制推迟以及空间站在轨建造过程中兼顾其他发射任务。对于空间站任务，航天飞机自建造规划开始一直是整个任务的必要组成部分。除非研制计划发生重大更改，NASA 认为空间站每个组成舱段或模块的设计都必须适应航天飞机的设计要求。具体来说，空间站各模块尺寸以及安装接口都需要与航天飞机有效载荷舱兼容。

NASA 最初提出的建造一座大型空间站设想，实际是作为阿波罗项目的后续任务予以规划。按照初始设计状态，空间站直径 33 英尺（10.06 米），可保证 12 名航天员驻站飞行，并由“土星 5 号”火箭发射至高度 250 海里（463 千米）、倾角 55°的轨道。至此，NASA 认为已实现太空基地建设的第一步，其远期目标将实现空间站驻留航天员超过 100 人。空间站在零重力环境下长期运行，可提供人工重力条件，并将在合适的时机配置核电系统。

基于模块化设计思路，1972 年，空间站方案论证出现较大调整。空间站电源系统更新为太阳电池阵方案，其设计尺寸适应航天飞机有效载荷舱。按照当时的最新系统方案，预计空间站最大发射重量为 20 000 磅（44 100 千克），由航天飞机每月发射一次，系统运行的补给维护周期则为 120 天。

模块化设计是空间站方案优化的重要理念，经过模块化设计的空间站组件或模块可顺利通过航天飞机运输并由航天员完成在轨组装。基于上述设计思路，空间站任务为航天飞机衍生出应用型研究模块这一特殊配置。依托航天飞机有效载荷舱，航天飞机搭载上述模块可按需执行一周左右的短期任务。同样是根据上述方案，欧洲开发出加压和非加压类型的 Spacelab 货舱模块系统，并为国际空间站提供了哥伦布实验舱。

自由号空间站设计方案在 20 世纪 70 年代至 80 年代初进行了多次更改，但其中唯一相对确定的方案仍然是依托航天飞机发射模块化的舱段组件。1986 年挑战者号航天飞机失事后，NASA 决定采取一系列的应用改进措施，具体包括增加安全检查项目、减少每年飞行次数、降低运输重量以及避免复杂的 EVA 任务等。上述更改一定程度上对空间站系统开发与建造实施造成不利影响。随后，美国空军项目、相关的科学实验任务也都相继取

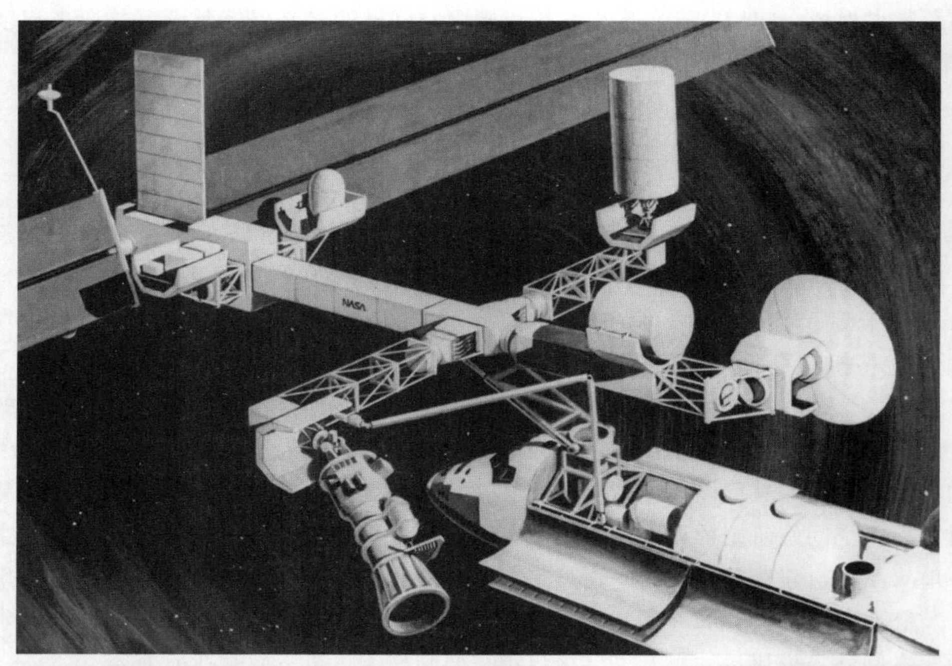

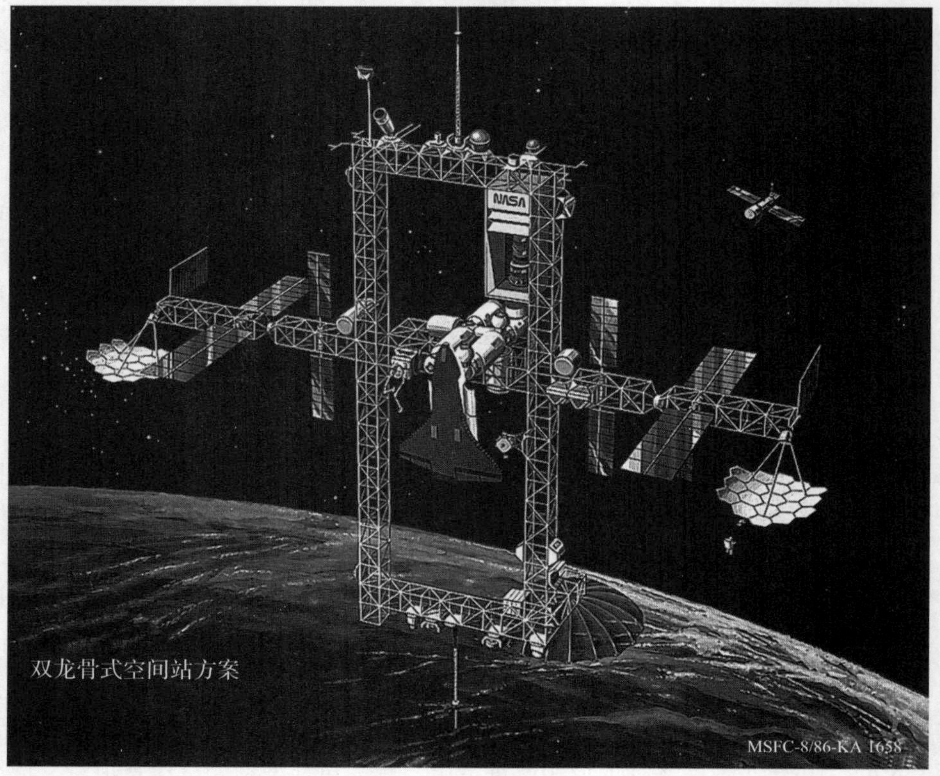

上图：早期的空间站组装概念；下图：1986 年发布的
空间站双龙骨构型方案（图片来源：英国行星际协会）

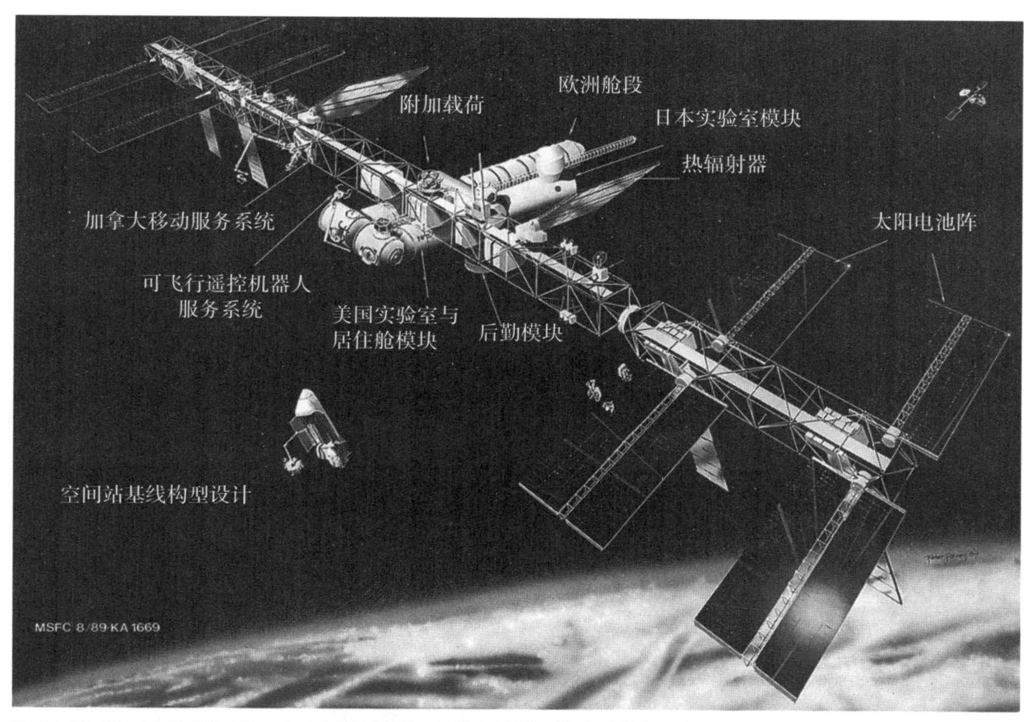

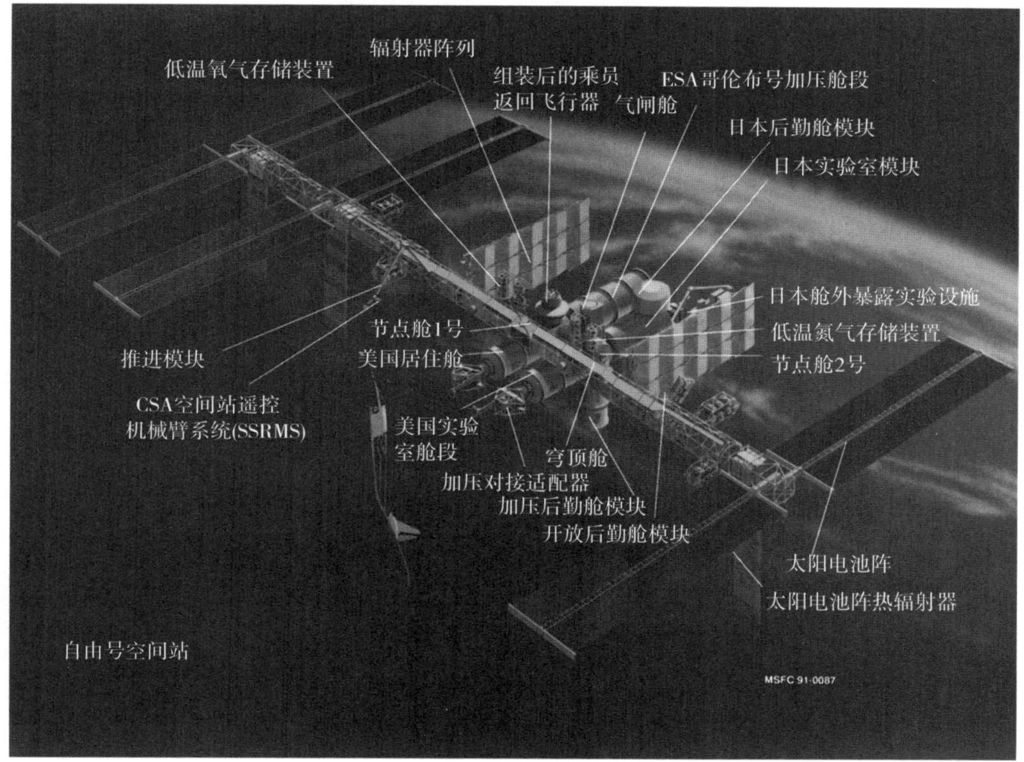

上图：1989 年空间站基线方案；下图：1991 年自由号

空间站构型方案（图片来源：英国行星际协会）

消或压缩规模。与此同时，空间站系统设计及其与航天飞机相匹配的建造规划仍在不断迭代。围绕在轨 EVA 操作的航天飞机乘组选拔与培训工作也在同步推进。按照当时的规划，航天飞机将是空间站在轨构建以及后期运行任务的主要运输载体。

1992 年提出的航天飞机与自由号空间站对接停靠设想，图示可见处于开启状态的有效载荷舱中的 Spacelab 货舱长模块 LM 以及轨道器扩展驻留模块 EDO（图片来源：英国行星际协会）

3.2.1 研制经费统筹

经费保障一直是研制任务的核心要素。NASA 在向白宫行政管理和预算局（OMB）提交 1984 年经费需求报告时提出 3000 万美元将用于空间站研制，该计划早在 1982 年就已规划。针对增长的军事卫星部署需求，美国空军要求增加航天飞机的配置数量。因此，NASA 同步申请 2 亿美元经费用于支持第五架航天飞机轨道器的研制任务。相比之下，空间站任务的经费需求规模要小很多。

对于当时紧张的经费形势，NASA 局长詹姆斯·M. 贝格斯提醒人们做好长期准备。NASA 开展的任务经费专题分析显示，预计获批的财政支持无法同时支撑两个新项目的立项实施。对于提交的经费需求报告，贝格斯相信其中一项至少能够获批。最终，空间站项目获得 2 800 万美元的支持，计划在 1984 和 1985 财年平均分配。尽管空间站建造计划并没有正式获批，但 NASA 坚持提前开展相关工作并争取一定规模的经费支持，同时调整内部其他项目资金来统筹支撑空间站任务。实际上，这种方式并非首次使用。NASA 早期在为“阿波罗应用项目”（AAP）的天空实验室任务筹集资金时，就是通过统筹阿波罗工程经费来兼顾实施的。NASA 认为，在当时的财政形势下，政府不可能在阿波罗计划之外重新立项一个新的大规模系统任务，因此容易导致新项目被过早放弃。事后来看，NASA 对于空间站任务的这种经费统筹方式持续了近 20 余年。

为满足航天飞机数量增长需求，NASA 提出另一种经费解决方法。针对当时在建的四个轨道器的研制需求，NASA 申请关于四个轨道器备份部件研制的经费需求，预算约 1 亿美元。这一方案替代了直接向政府申请第五架轨道器研制经费的计划。事实证明，NASA 这一决定至关重要。直至挑战者号失事数年后，NASA 仍有充足的备份部件直接应用于新立项的替代型轨道器研制任务，即后来的奋进号轨道器（编号为 OV－105）。

20 世纪 90 年代末，根据国际空间站的构建方案，OV－102 哥伦比亚号由于自身重量过大而无法满足国际空间站主要舱段的运输需求。因此，航天飞机序列中由奋进号、亚特兰蒂斯号和发现号进行组合，成为国际空间站在轨构建任务的“运输车队”。其中，国际空间站首次任务 STS－88 由奋进号航天飞机执行，拉开了在轨构建任务的序幕。

80 年代后期，奋进号的加入使得 NASA 恢复了四架轨道器的运营状态，并一直持续至 2003 年。在奋进号建成后，NASA 不再规划研制新的备份轨道器，甚至在哥伦比亚号失事后也未曾考虑。与之相反的是，NASA 决定保持三个轨道器的运行方案支撑国际空间站构建任务，并宣告所有航天飞机将在 2011 年任务完成后退役①。

3.2.2 轨道器适应性设计

为满足自由号空间站各模块的发射、组装和维护任务，轨道器需要进行一系列的适应性改进设计。由于自由号空间站方案不断调整，20 世纪 80 年代后期，航天飞机已有设计

① 尽管哥伦比亚号航天飞机没有直接参与构建任务，但初期规划是安排其执行有关的应用型飞行计划，而这对于整个国际空间站任务来说也是重要的组成部分。

面临诸多调整。航天飞机与空间站两个独立的项目办公室对此进行了反复的协调研讨，以解决兼容性设计问题。尽管自在轨构建启动与运行实施以来，国际空间站已接受多种航天器的到访停靠，但在25年前方案设计过程中，航天飞机是支撑其绝大部分组装和维修任务的唯一运输工具。

20世纪90年代初，自由号空间站因其设计复杂性以及高昂的成本引起广泛的质疑，以至于航天飞机的适应性设计、任务规划以及专用硬件设备研制等方面被迫进行重新审查。80年代末和90年代初的公开会议文件和技术报告显示，NASA在有限的预算和人才储备条件下，仍开展了有关空间站建造任务规划的深入研究。

航天飞机与自由号空间站对接的一个关键问题是，在组装阶段空间站系统的重量将超过轨道器，加上空间站庞大的设计尺寸，导致对接停靠的两个航天器在重量及质心位置方面都存在较大差异。在此之前，NASA多次在轨对接任务都是关于两个类似重量的航天器。针对空间站的两种方案，即国际空间站与自由号空间站，1992年NASA将与之匹配的航天飞机对接任务分别定义为组装飞行（AF）和建造飞行（MB）。在建造飞行的前五次任务中，NASA计划利用机械臂操作实现轨道器停靠至空间站。从第六次建造飞行MB－6开始，专用对接系统投入使用。随后，所有四个轨道器即哥伦比亚号、亚特兰蒂斯号、发现号和奋进号都将进行适应性改进，以兼顾两类任务。与此同时，对接系统开发以及机械臂系统RMS的升级将最为重要。

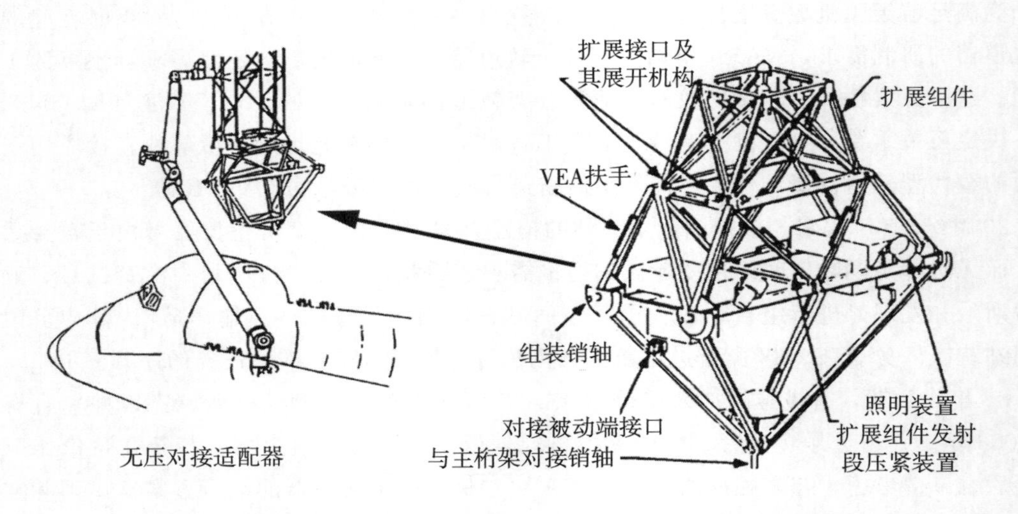

应用于航天飞机建造飞行MB－2至MB－5任务的停靠装置

针对停靠、对接、电力传输和停靠周期延长等典型动作或任务，轨道器需要在对接机构、机械臂系统等多个方面进行适应性设计甚至新增软硬件配置方案。

（1）停靠

当轨道器交会接近至空间站时，首先是指令长在驾驶舱指挥轨道器的飞行控制，以确

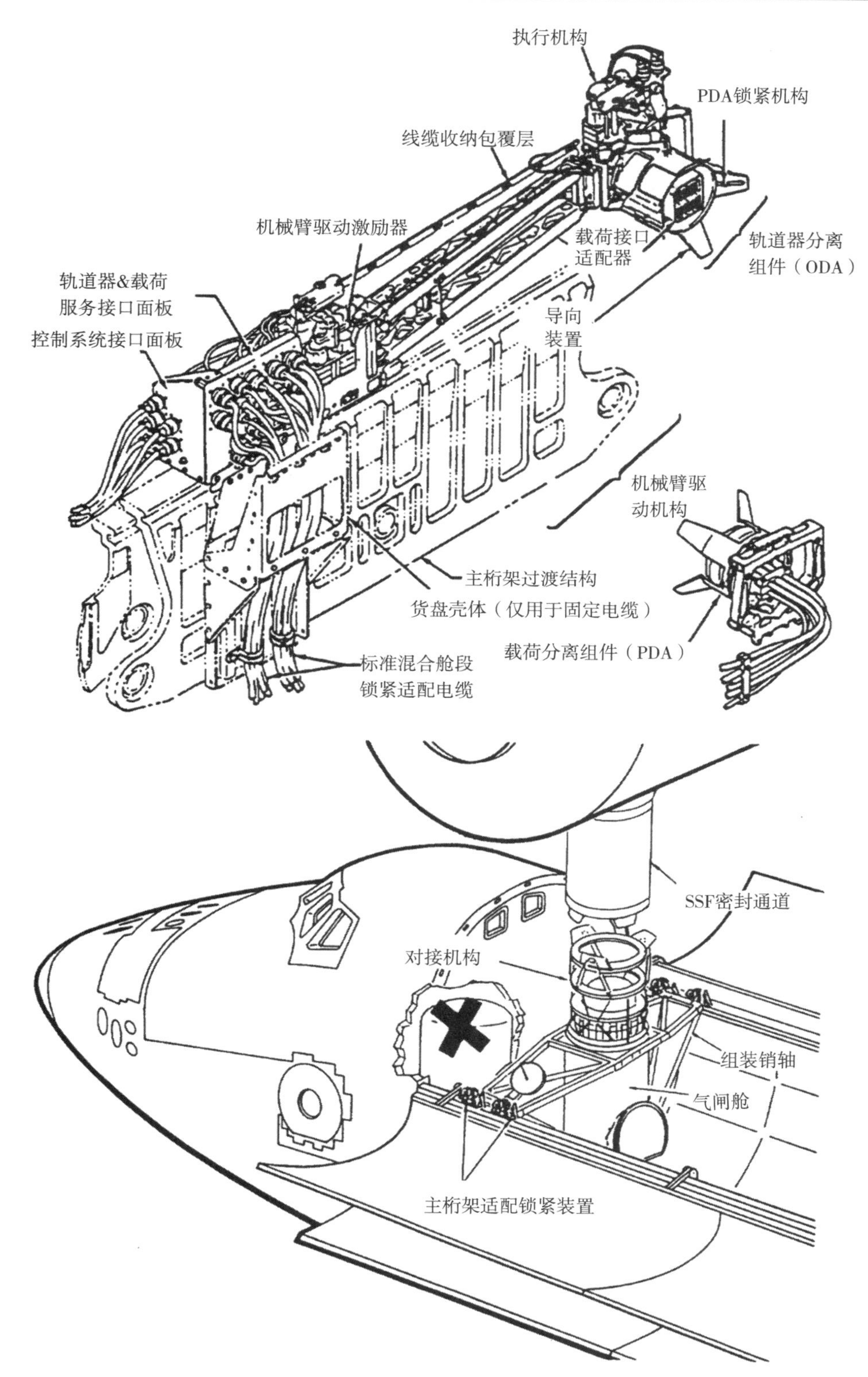

上图：自由号空间站的遥操作脐缆；下图：ASTP 式对接系统以及外置型气闸舱构型，在航天飞机建造飞行 MB－6 任务中投入使用并将支持后续对接任务。原始图稿质量有限，此处引用以帮助介绍相关设计状态

保两个航天器的相对运动尽可能消除即保持相对静止。然后，由操作员控制机械臂 RMS 抓取空间站的无压对接适配器（UBA）缓慢与有效载荷舱内的移动过渡装置进行捕获对接。最后，无压对接适配器的顶轴完成与有效载荷舱的锁紧连接，从而将整个轨道器固定于空间站。该对接装置采用了标准轻量化的有效载荷稳定紧固方式，由载荷锁紧机构、龙骨锁紧机构、过渡梁和 V 形导向装置组成。基于这种对接方式，航天员可以在局部位置开展 EVA 操作，但由于该局部完全开放而无法提供压力环境，导致航天员难以进行相对远距离的转移以进入空间站。经统计，从完成交会开始接近到最终对接停靠，整个过程预计约 90 分钟，即相当于空间站绕地球飞行一个轨道周期。在对接过程中，借助安装在龙骨结构上的摄像机和驾驶舱内的航天员光学对准瞄准镜（COAS），可以对停靠目标进行辅助定位。

为适应上述对接停靠设计，NASA 经综合评估后决定对机械臂 RMS 软件进行改进设计，以将其负载能力从 65 000 磅（29 484 千克）提高到 270 000 磅（122 470 千克）。另外，改进设计还包括位置方向保持功能（POHS），确保在轨操作时未触发动作的安全保护，在安全前提下尽可能缩短对接停靠时间。

（2）对接

自由号空间站的对接系统设计后来继承应用于航天飞机 & 和平号和国际空间站构建任务。从 MB－6 建造飞行任务开始，NASA 将应用 ASTP 式对接系统实现轨道器与空间站之间的刚性连接。该对接系统最初布局于二号节点舱，在 MB－7 任务之后将重新安装至实验室 A 模块，这是一个直接针对国际空间站建造关键技术的验证实验室。按照程序设计，整个对接过程大约需要 26 分钟。为了实现这一加压对接方案（不同于前述机械臂抓取方式的无压式对接适配方案），任务团队需要对轨道器有效载荷舱进行较大的更改设计。首先是轨道器内的气闸舱需要整体拆下、设计改造以及重新安装，其次需要将轨道器的对接系统重置于舱体顶部。针对更改设计状态的结构承载方式，任务团队将气闸舱和对接系统安装于顶轴式支撑结构。通过桁架连接的硬点和龙骨顶轴的过渡连接，可将载荷传递至支撑结构，最终可显著降低对接时的局部结构冲击载荷。此外，在轨道器中舱的连接部位设计了一种类似于 Spacelab 模块的柔性波纹管传输过渡结构，以便于轨道器维护等特殊操作。

当轨道器停泊在空间站时，出舱活动既可以通过有效载荷舱中的气闸舱，也可以借助自由号空间站配置的专用气闸舱。后者在空间站方案更新后继承应用于国际空间站。由于对接系统捕获环一体化配置了直流电源和数据接口，因此不再需要配置遥操作脐缆（ROEU）系统。

（3）电力传输

在早期建造飞行 MB－2 和 MB－3 任务中，NASA 的设计是由轨道器为空间站提供初始启动电源。对此，有效载荷舱中的两个辅助电源控制单元（APCU）需要将轨道器 28 伏直流电转换为空间站的 120 伏规格直流电。通过有效载荷舱纵梁配置的遥操作脐缆（ROEU），可以完成轨道器和空间站之间的电源和数据接口适配并按指令及时进行断接。

（4）停靠周期延长

20 世纪 90 年代初，NASA 组织开展了一项专题研究，目的是对航天飞机进行适应性改进设计以满足与自由号空间站长达 45 天的对接停靠需求。除此之外，轨道器还需要新增一项拓展计划，即在轨执行长达 14～18 天的独立任务。对此，首先需要在航天飞机燃料电池后面新增一套制冷贮箱或部署更大尺寸的太阳电池阵。其次，轨道器的管路系统需要进行更改并安装相应的截止阀，以便于航天员在舱内外均能兼顾饮用水系统的手动断接操作，实现轨道器对自由号空间站的饮用水供应。再次，任务团队还计划在有效载荷舱新增安装功率转换单元（OPCU）。借助对接系统中的脐缆与 OPCU，轨道器可从自由号空间站 120 伏直流电转换获得满足自身运行的 28 伏直流电。最后，基于上述设备新增状态，任务团队需要统筹有效载荷舱的可用空间布局与发射重量。

除上述几个典型方面以外，航天飞机轨道器还需要多个细节方面的适应性设计。其中，开发团队为其新增配置了一个新的废物收集系统，通过调整对接局部的过渡通道及其连接设计固定装置以更好地装载 Spacelab 货舱模块并减缓对接冲击载荷，此外还包括对轨道器的综合电子系统进行重大升级等。按照 NASA 关于自由号空间站的研制计划，航天飞机后续改进工作还将关注提高主发动机（SSME）、外部贮箱（ET）及固体助推器（SRB）等推进系统的核心能力。推力增大将直接提升自由号空间站建造任务所需的更大更重有效载荷的运输效率。航天飞机上述所有的适应性设计尽管并非都很快投入应用，但是自 90 年代以来的二十年里，在各项任务规划与实施中发挥了重要的支撑作用。

1992 年发表的一篇会议论文介绍到，自由号空间站在轨构建以及运行维护需要大规模的航天飞机任务支持，因此预测自由号空间站计划将占据未来十年很大比例的航天飞机任务。自由号空间站的建设与运行将直接影响美国甚至国际载人航天领域发展，而航天飞机上述改进设计是其任务实现的必要基础。论文揭示了航天飞机在空间站建设中的重要作用，这一点与自由号空间站当时所面临的巨大挑战并无直接关联。

3.2.3　组装任务规划

按照自由号空间站任务规划，其所有加压模块和桁架结构都需要与航天飞机有效载荷舱进行匹配设计，以满足发射运输要求。这一点在空间站方案更迭为国际空间站后仍然保持不变，并且空间站组成模块形式首选为桁架结构。在支撑安装太阳电池阵以及支撑连接各种实验室模块和居住舱段等诸多方面，桁架结构有其独有的构型优势。

截至 1992 年，自由号空间站预计实施至少 7 次飞行任务，以实现航天员长期驻站飞行的目标。对于第一次任务，航天飞机乘组将组装四个太阳电池阵模块及其附件，并为空间站安装机械臂系统。第二次任务主要是补充组装支撑桁架模块，热辐射器组件将随同一起完成配置。第三次任务将完成一个居住舱段的组装，此时空间站初步实现三名航天员驻留飞行。第四次任务将完成第二个居住舱段的组装，此时驻站乘组规模将增至 6 人。此次任务还将组装舱外暴露平台，以支持后续舱外实验任务。对于第五次任务，将补充组装新的太阳电池阵模块，此时空间站供电能力将提升至 75 千瓦。除此之外，一个后勤补给舱段也将完成组装，更换补给的周期为 90 天。另外两次任务都将聚焦科学实验室模块的组装。根据初始任务规划，自由号空间站将在接下来几年陆续补充更多的舱段、桁架模块以及电池阵模块等。

自由号空间站所有上述任务规划的前提，将是持续充足的经费支持以及稳定的研制进度。然而，这一复杂且庞大的空间任务需要面临两个方面的挑战。首先是航天飞机发射任务的推迟，挑战者号失事则加剧了这一风险。此外，自由号空间站系统方案在详细设计过程中，任务团队发现其复杂程度远超预期，从而导致经费规模不断攀升。在尚无一次建造任务实施的情况下，90 年代初，自由号空间站计划已面临被迫取消的巨大风险。最终在经历方案重新设计以及俄罗斯加入合作等关键保障下，空间站任务得以延续并更名为国际空间站。与此同时，航天飞机支撑空间站在轨构建与补给维护的任务规划也在并行继承。

NASA 早在 80 年代就开展了多项研究以评估大型结构在轨组装的 EVA 任务量。基于航天飞机的 EVA 任务评估成为研究工作的重中之重，上述研究大多与 NASA“大型空间系统技术”长期项目相关，目标是不断支撑大型空间系统发展的关键技术验证。主要的大型空间系统及相关技术包括大型天线、大型空间平台、组装设备和装置、型面测量与控制、状态稳定控制以及集成设计与分析等。

3.2.4 组装结构研究

对于航天飞机轨道器连接与扩展以及大型空间系统构建，初步研究表明四面体桁架是在轨组装上述大型结构的合理构型方式。由于轨道器有效载荷舱难以装载大型空间系统的基础组装单元，因此大型结构组装单元的构型选择以及组装方式成为首先需要研究解决的问题。

1979 年 1 月，洛克希德导弹与航天公司承研的“可扩展空间结构的组装与连接概念研究”项目获批。此项研究最初由位于弗吉尼亚州的 NASA 兰利中心发起，主要面向四面体桁架等结构的在轨组装结构技术。

亚拉巴马州的 NASA 马歇尔航天飞行中心完成了一系列有关结构组装的试验研究工作，包括水下操作测试、飞机模拟失重环境测试、基于多自由度模拟平台的组装验证以及计算机仿真等。在 1980 财年，马歇尔航天飞行中心与麻省理工学院联合开展了四项关键的模拟组装验证。其中，一部分试验是借助马歇尔航天中心的中性浮力模拟器和机械臂对沃特公司提供的桁架结构进行了展开测试，其他的数据则来自失重飞机的相关测试。主要试验任务包括：1）基于大型空间结构部件级组装的失重飞机测试：5 月 6 日—7 日、6 月 9 日—13 日；2）中性浮力模拟器环境的测试：7 月 7 日—31 日（基于 EVA 操作的模拟组装），8 月 11 日—27 日（梁结构模拟组装），1980 年 9 月 2 日—10 月 8 日（基于电机驱动的结构展开操作）。上述研究结果进展顺利，NASA 获得了预期的在轨组装模拟验证数据，因此计划安排两项飞行验证，分别是 1985 年 STS - 61B 任务期间实施 EASE - ACCESS（Experimental Assembly of Structures in EVA and the Assembly Concept for Construction of Erectable Space Structures）项目以及 1992 年 STS - 49 任务期间实施 ASEM

（Assembly of Station by Extravehicular Activity Methods）项目。

基于轨道器的大型空间结构在轨组装设想（图片来源：英国行星际协会）

3.2.5　关键要素分析

1980 年 11 月，大型空间系统技术研讨会在 NASA 兰利研究中心举行。罗克韦尔公司空间操作和卫星系统部的小约翰·A. 罗巴克的一篇论文引起关注。在约翰逊航天中心航天器设计部的空间建造系统研究合同（NAS9－15718）支持下，罗巴克详细总结了大型空间系统设计的关键要素。事后来看，这些研究成果在 20 年后仍然与国际空间站在轨构建任务密切相关。该论文发表于航天飞机首飞的前一年，明确了轨道器自身设计以及基于此的大型空间系统设计的主要约束因素。尽管当时围绕大型系统论证仅处于概念阶段，但这一研究成果具有标志性的意义。结合航天飞机相关标准，论文通过六个部分详细描述了轨道器、系统基础资源以及航天员等支撑实现在轨组装、系统构建与在轨服务方面的能力体系。

1）轨道器的有效载荷及其任务类型。轨道器应用的程度和范围直接反映空间技术的先进性。大多数航天飞机任务都是聚焦于短期的科学研究以及卫星部署与在轨回收等。航天飞机的最初应用设想是直接关联于空间站任务。空间站任务的庞大经费需求易于导致其论证周期过长和方案调整过大，由此使得航天飞机的长期任务规划难以与不确定的空间站任务相匹配。上述因素引起的连锁反应则是航天飞机的开发需求会发生显著变化，极有可能导致载荷安装接口和空间约束严重偏离于空间站任务。在此不利形势下，得益于大型空间结构在轨组装任务，航天飞机对于空间站任务的支撑性功能设计得以延续并不断优化。上述研究表明，轨道器对于有效载荷及其任务类型无论是在数量或复杂性方面都将达到良好的适应效果。

客观来看，这篇论文发表距离国际空间站建设实施长达 18 年之久，但其超前分析了航天飞机设计的灵活性并预示将在多任务适应方面发挥关键作用。正如论文所描述，在空间站建设任务中轨道器将扮演“多面手”角色，包括运输工具、建造任务的控制中心、基于机械臂 RMS 进行模块组装的起吊系统、航天员工作区、居住场所、在轨餐饮服务区、在轨通信系统以及在轨电力供应与管理系统等①。

2）大型结构在轨组装任务对航天飞机系统研制的潜在要求。相关要求包括以下几个方面，分别是轨道高度与倾角的极限值、发射窗口、发射与返回时的时序与任务剖面、复杂的轨道衰减、空间辐照环境与再入气动热环境。

3）有效载荷发射时的安装方式及其适应性设计。大型空间系统一般来说都具有远超轨道器的尺寸包络，尤其是空间站。因此，大型空间系统需要进行多次发射的适应性设计。首先，需要进行合理的任务规划，包括多次发射时系统如何拆分、在轨如何组装与部署。其次，每次发射的部组件必须适应航天飞机有效载荷舱设计。再次，随着大型空间系统尺寸不断增大，机械臂 RMS 可达包络逐渐接近并超出极限，需要对系统组装方案与航天飞机运输方案进行相应设计。论文在本部分还讨论了其他几个方面的内容。大型系统是在轨道器外部建造或者其部组件在有效载荷舱内完成操作再行部署，这将直接影响系统构型及其部组件的尺寸设计。对于需要在驾驶舱内开展的一部分工作，相应的电源和内部空间匹配性在设计时应予考虑。此外，需要合理规划航天飞机发射与返回着陆安排，以确保系统质量特性符合安全性要求。具体来说，轨道器的有效载荷安装在满足可靠连接的同时还应兼顾系统质心位置在其几何约束范围内。

航天飞机在满足有效载荷安装之外，还需要提供必要的空间用于航天员进出气闸舱、各种 EVA 工具箱和固定装置的布局。有效载荷舱门关闭之前，Ku 波段雷达和通信天线需要进行收拢，机械臂 RMS 则是借助紧固装置收拢固定于舱体主梁。随着轨道器配置种类增多，后续任务还需要为长期飞行所需制冷器装置 EDO、Spacelab 货舱模块及其过渡通

① 对于轨道器，还需要补充航天员长期驻站飞行所必需的一项生活配套，即浴室设施。

道、对接系统等提供足够的布局空间。某种意义上来说，美国空军提出的大尺寸载荷舱设计最终可实现轨道器的丰富装载空间以及多种类型任务支撑能力。

4）在轨组装任务相关的空间要求。这项研究涉及的方面较多，包括组装结构的几何形状、机械臂可达范围，以及驾驶舱、顶部舷窗、有效载荷舱照相机和星敏感器等视场空间。任何可能对运动空间造成的约束都需要分析识别与准确记录，包括支持设备及其安装位置、实验托盘、安装支架、对接系统等。针对空间站构建任务中的对接停靠以及发动机工作等特殊时刻，开发团队还需要特别关注轨道器结构受力、羽流冲击和电源需求变化等情况。

论文在本部分还分析了航天飞机姿态控制带来的潜在影响，包括有效载荷、对接目标、在轨通信以及在轨温度环境等。除此之外，对于在轨任务期间轨道器有效载荷舱门长时间开启的影响也需要关注，包括载荷舱热辐射器的工作情况、相关设备的热控极限要求以及由此评估获得的对接阶段的最佳姿态等。

5）任务乘组的相关要求。这项研究需要涵盖自航天员从发射平台进入轨道器到返回着陆后离开的完整过程。对于乘组在轨最有效的作息周期，任务规划团队需要兼顾多方面的因素。首先，在轨不同任务期间的工作平台特点、有限的睡眠空间等需要作为主要分析对象。其次，食品准备、废物处理、舱内日常管理等也需要兼顾，以有序维持轨道器飞行状态。航天员在主要工作间歇，往往需要兼顾处理多达数十项的琐碎操作，包括更换氢氧化锂罐，以确保舱内二氧化碳含量处于合理水平等。这些处置工作与建造任务没有直接关系，但对于整个飞行任务来说却是不可或缺的。再次，EVA操作的辅助准备时间需要量化，这方面的时间消耗规模大且容易被忽视，主要包括驾驶舱座椅操作、航天服更换等。最后，需要关注舱内有限的储存空间和居住空间，这些对于琐碎工作的约束极易导致原本紧凑的时间表变得更为紧凑。

随着航天飞机任务的不断发展，上述一些因素最终在系统开发与硬件升级过程中成为现实。从1997年STS-82任务开始，轨道器气闸舱重新布局在驾驶舱外侧，从而将驾驶舱内的过渡通道空间释放至有效载荷舱。1993年轨道器装载Spacehab货舱模块执行任务，显著提升了轨道器货物装载与在轨转移能力，这对于和平号对接任务以及后续国际空间站任务都至关重要。NASA相继开展了在轨工作空间分配、航天员在轨工作调配、控制与显示设备的直观显示能力以及操作便捷性、航天员综合技能等方面的研究，使得航天员作息效率不断得到改善。上述研究成果通过地面培训最终实现了良好的在轨应用效果，而且相关优化工作还涉及EVA操作的交叉安排、机械臂RMS的轮岗操作、舱内生活管理流程、在轨工作噪声与照明系统工作时序等。针对国际空间站构建任务初期航天飞机乘组一度与驻站乘组出现的显著作息差异，上述研究与培训实践最终也让问题得以顺利解决。

6）基于航天飞机的空间建造任务设想。通过分析未来应用场景，论文在最后提出了航天飞机的广泛适用性及其对于大系统的相关约束和解决途径。事后来看，报告研究成果完全适用于NASA在接下来三十年中所实施的135次任务。在任务实施与大系统协作方面，NASA不断在任务实践中优化相关程序与升级技术，包括肯尼迪航天中心设施改造、轨道器发射准备、有效载荷配置、主/备份及应急着陆场工作实施与管理保障等。

3.3 早期的商业化探索

随着自由号空间站任务正式立项，近地轨道的商业开发前景逐步显现。当时有数家公司开展了深入的研究，而且有关商业开发与应用不仅限于自由号任务。Spacehab 公司起步较早，其最为突出的成就是为航天飞机开发了专门的货舱模块，并应用于多种类型的货物运输和空间实验任务。早期 Spacehab 模块瞄准的是商业化的空间实验平台，但在和平号空间站中的规模化运输应用超出了预期，并且一定程度上也为后续国际空间站构建任务提供了支持。

空间工业公司（Space Industries，Inc，SII）的主要成员有着良好的航天背景。其联合创始人之一为 NASA 前飞船设计师马克西姆·法吉特，合伙人包括 ASTP 任务中美国对接系统首席设计师考德威尔·约翰逊以及 1985 年入选 NASA 航天员梯队的任务专家约瑟夫·P. 艾伦。

1984 年，空间工业公司与 NASA 签署备忘录，明确将承研该公司的首个载人平台 ISF（Industrial Space Facility）系统，并计划于 1989 年发射投入使用。ISF 系统并非定位于载人空间站，而是侧重在独立于空间站任务之外提供一个具有同等微重力环境的经济型实验平台，成为无人照料的自动化空间实验室。按照任务规划，ISF 系统将由航天飞机运输至任务轨道，并由其每年定期访问两次。在总计持续 7～10 天的停靠期间，航天飞机乘组将收集实验结果、重新配置实验并在分离之前启动实验。ISF 系统采用模块化设计思路，通过配置扩展端口可根据实验规模将系统增配至最大六个单元。最后，在必要情况下，通过新增生命支持系统可满足一位驻留航天员的实验管理需求。ISF 系统的每个模块长 10.67 米，直径 4.42 米，并配置两组面积合计 140 平方米、预计提供 20 千瓦电能的太阳电池阵。通过配置重力梯度吊杆，ISF 系统可实现被动式的姿态控制，吊杆最大将延伸至系统下方 30.5 米。ISF 系统单个模块最多可配置 31 个与空间站规格兼容的有效载荷存储机柜，最大承载为 11 000 千克。

商业化探索在很大程度上依赖于外界环境的变化。80 年代后期商业航天投资出现明显下滑，加上挑战者号失事影响，上述依托航天飞机的商业系统开发与应用受到严重阻碍。此外，商业化相关的投资、成本核算、效益分析以及较长的回报周期等方面，也都处于初期探索阶段。因此，尽管国会支持 NASA 重视 ISF 系统开发并将其作为空间站任务优化的技术基础，但 NASA 自身紧张的经费规模决定其难以兼顾 ISF 项目。等到国际空间站接纳新的合作伙伴时，NASA 已经开始聚焦国际空间站构建任务实施以及后期运营，导致 80 年代以来提出的多项基于航天飞机的商业系统开发项目被迫取消，其中就包括一度雄心勃勃的 ISF 系统开发及其应用计划。

3.4 联合任务确定

NASA在20世纪60年代后期曾加大投入聚焦于完全可重复使用的空间运输系统，以此作为阿波罗计划之后的又一重大任务。随后由于探月计划规模压缩、天空实验室预算削减，航天飞机的论证任务节奏变缓。因此，NASA建立完整空间基础设施的宏伟计划最终仅保留了很小一部分，所幸航天飞机任务得以延续。航天飞机紧密关联的空间站计划也遭遇了多次推迟、系统方案迭代和预算削减等严重挑战，导致空间站在1984年获批后一段时间内都没有获得实际的经费支持。加上挑战者号失事以及STS-26复飞计划反复推迟，导致NASA国际合作伙伴的参与效果远不如预期。幸运的是，如前所述，NASA内部的经费统筹一定程度上保障了空间站任务。

尽管任务得以保留，自由号空间站研制进入90年代后仍面临方案重大变化、经费严重削减等多项挑战。当NASA确定增加俄罗斯作为合作伙伴时，尽管有着强烈的讽刺意味，因为美苏错过了70年代礼炮号空间站对接任务，但任务团队必须客观考虑航天飞机对于空间站任务的支撑作用。随着自由号空间站最终演变为国际空间站，多个合作伙伴以及建造方式多样化的态势，使得航天飞机项目逐步聚焦于空间交会、航天员EVA操作以及机械臂转移大型有效载荷等相关技术的先期开发与验证。至此，美俄联合开展航天飞机&和平号任务并启动国际空间站构建任务的时机已经成熟。

整个空间站任务预计分三个阶段实施：

- 第一阶段（1994—1997年，实际为1994—1998年）：规划7～10次航天飞机任务与和平号空间站进行对接，其中包括美国航天员5次中长期驻站飞行任务（实际实施包括1次交会接近和9次对接，其中7次为驻站飞行），俄罗斯航天员至少参加2次航天飞机任务。
- 第二阶段（1997—1998年，实际为1998—2001年）：发射来自美国、俄罗斯、加拿大研制的国际空间站核心部件，以实现空间站具备支持三名航天员驻留的飞行条件。在航天飞机之外，需要联盟号飞船作为救援航天器加入规划。
- 第三阶段（1998—2002年，后来修改为2002—2004年，最终实施为2005—2011年）：完成国际空间站在轨构建，包括欧洲和日本等合作伙伴承研的部件。

根据这一计划，俄罗斯原计划用于和平2号空间站的部件将应用于国际空间站，同时俄罗斯还需要出资建造其他部件并按时发射完成组装。最终在国际空间站构建过程中，俄罗斯及时完成“控制模块”和“服务模块”的研制与发射，一定程度上消除了NASA此前对于俄罗斯计划无法实现的担忧①。

① 具体可参见《国际空间站在轨构建》。

航天飞机 & 和平号空间站在轨对接任务最终成为现实

3.5 小结

回顾空间站任务的发展历程，20 世纪 80 年代中期是由美国主导，并期望欧洲空间局、加拿大和日本参与研制。到 90 年代初期，NASA 在这一段时间主要聚焦自由号空间站，但任务推进效果并不理想。随着深入论证以及关键系统方案的详细设计，自由号空间站任务的复杂程度与经费需求远超预期。在此背景下，NASA 正式将其更名为国际空间站，既简化系统设计、缩减任务目标和降低预算规模，又努力争取多个合作伙伴参与研制。

此时相对于 70 年代末美苏联合任务被迫取消，国际形势因苏联解体再次发生显著变化，这最终顺利促成俄罗斯加入国际空间站任务。苏联自 70 年代初以来一直在空间站领域处于领先地位，因此俄罗斯的参与不仅可以提供先进的硬件设备，还可以为国际空间站构建任务实施与运行带来丰富的经验[①]。

NASA 与俄罗斯联合论证，最终商定通过实施航天飞机 & 和平号空间站联合任务，以验证交会对接系统开发与在轨实施技术。NASA 基于阿波罗计划地面硬件设备改进设计，完成了联合任务一系列的关键硬件。最终，美俄双方将共同实施这一历史性的联合任务，并逐步迈向国际空间站时代。

① 关于自由号空间站至国际空间站的方案演进过程、系统设计状态与在轨构建的差异等，不作为本书的重点内容，读者可参考相关参考书目。关于国际空间站的具体方案，可参见《国际空间站在轨构建》。

参考文献

[1] The Space Station, An Idea Whose Time Has Come, Theodore R. Simpson (Editor), IEEE Press, 1985.

[2] The Space Station Decision, Increment Politics and Technological Choice, Howard E. McCurdy John Hopkins University Press, New Series in NASA History, 1990.

[3] The Continuing Story of the International Space Station, Peter Bond, Springer - Praxis, 2002.

[4] Creating the International Space Station, David M. Harland and John E. Catchpole, Springer - Praxis, 2002.

[5] The Space Station Decision, pp. 118 - 123.

[6] Space Shuttle Orbiter Modifications to Support Space Station Liberty, Randall Segert, Program Manager, Space Shuttle Orbiter Vehicle Systems, NASA Headquarters, Washington D. C. , and Allyson Lichtenfels, McDonnell, Senior Engineer, SSF Avionics Integrated Verification, Douglas Space Systems Company, Houston, Texas, delivered at the World space Congress 1992, 43rd Congress of the International Astronautical Federation, August 28 - September 5, 1992, Washington D. C. IAF - 92 - 0689, NASA - TM - 108050.

[7] Stretching the Shuttle, Developing the Extended Duration Orbiter Programme, David J. Shayler, Orbiter No. 83 (1992 - A year in review) March 1995, AIS Publications pp. 45 - 68.

[8] Large Space Systems Technology, vol. 1 (System Technology), NASA Second Annual Technical Review, Langley Research Center, Hampton, Virginia, November 18 - 20, 1980, NASA Conference Publication 2168/1 1980. Compiled by Frank Kopriva III, System Management Associated, Hampton, Virginia; vol. 2 (Base Technology), NASA Conference Publication 2168/2.

[9] NASA's Scientist Astronauts, David J. Shayler and Colin Burgess, Springer - Praxis, 2007, pp. 435 - 43.

第4章　和平号联合任务研制实施

在氙气灯的照射下，

亚特兰蒂斯号航天飞机即将离开发射平台，

轨道飞行器、外部贮箱和固体火箭助推器的组合体，实际也是一枚庞大的火箭。

还有比这场面更壮观的吗？

——杰里·林格

STS－81任务专家，《飞离地球》

按照NASA的传统，航天飞机共计135次飞行任务都由任务团队以音频、视频和文件资料的形式进行详细记录。近年来，休斯敦任务控制中心的采访和报道出现增多趋势，但其关注的焦点更多与飞行任务有关。然而，介于返回舱着陆与下一次发射之间的地面准备工作同样重要，这与太空飞行一样都属于航天任务的一部分。地面工作顺利与否直接影响飞行任务发射计划。因此，本章介绍两次任务之间衔接的地面准备工作，作为完整的航天飞机历史的补充。从长远角度来看航天飞机&和平号联合任务的所有环节，都将为国际空间站更为复杂的任务提供经验参考。

4.1　制定计划

针对复杂系统开展任务规划，其本身就是一件复杂的工作。航天飞机&和平号联合任务的规划耗费了数年时间。其中，任务规划团队要考虑多个方面的因素，包括系统复杂性、国际合作伙伴的不同进度、预算方面的约束，还需兼顾联合任务以外的航天飞机任务计划等。

按照航天飞机&和平号联合任务规划，预计将完成以下目标：

1）学习与俄罗斯专家开展合作，包括地面阶段的系统集成、地面培训、在轨操作以及科学实验等。20多年前，NASA曾与苏联合作开展了ASTP项目，但此后双方均未有过实质性合作，且此前联合任务的核心人员都已经更新。

2）针对空间站任务第二和第三阶段即国际空间站构建实施（参见本书3.4节）任务，基于此次联合任务开展在轨操作相关技术的飞行验证。

3）开展长期驻站任务的飞行验证（1995—1997年期间，和平号空间站的5次驻站飞行平均达到三至五个月，共计579天，持续22个月）。

4）联合实施科学实验研究，包括微重力环境心血管特性、代谢和神经生理学、基础生物学、材料制备和环境监测等领域。

除了驻留和平号空间站期间的相关工作以外，NASA 还将围绕航天飞机与空间站开展交会对接、后勤补给转移、释放分离与绕飞试验，以积累与国际空间站任务相关的飞行经验。

截至 1994 年 12 月，美俄已联合制定了两个阶段共计 7 次对接任务。按照双方约定，任务上限可达 10 次。

1）阶段 IA（编号 1A）：STS－60 任务将成为首个有俄罗斯航天员参与的航天飞机任务。STS－63 任务将执行和平号接近飞行，任务期间，航天飞机通过交会不断接近和平号，最小间距将达到仅 10 米。在俄罗斯主导的 Mir－18 任务中，将由一名美国航天员和两名俄罗斯航天员一起搭乘联盟号飞船抵达和平号空间站，并驻站飞行 90 天。首次对接任务代号为 STS－71，乘组将应用 Spacelab 货舱模块开展物资补给以及科学实验工作，为后续 Mir－19 任务积累经验。

2）阶段 IB（编号 2A）：STS－74 任务将为和平号安装由俄罗斯承研的对接模块，此次乘组不包含美国航天员。随后 NASA 将实施一系列的航天飞机任务，STS－76 将携带 Spacehab 单货舱模块，STS－79、STS－81 和 STS－86 则装载 Spacehab 双货舱模块。STS－84 原计划在轨开展有关太阳动力学的科学实验，实际任务同样调整为 Spacehab 双货舱模块运输任务。上述每项任务都为和平号空间站运送水和其他物资补给以及美国承研的实验设施，并为和平号组装两个装载了美国制造的实验设备的大型模块。在 STS－79 任务停靠期间，美国航天员将会实施 EVA 操作。STS－81 任务中后期，航天员将借助美国开发的设备实施一次 EVA 任务，此次 EVA 乘组将由两名俄罗斯航天员或者一名俄罗斯航天员和一名美国航天员组成。STS－84 任务期间将由两名美国航天员与两名俄罗斯航天员联合开展 EVA 操作。在最终的任务实施过程中，美俄仅联合实施了两次 EVA 任务。其中，STS－76 由两名美国航天员完成 EVA 操作，STS－86 则由一名美国航天员和一名俄罗斯航天员联合执行。

在制定具体任务规划时，双方需要考虑一系列的影响因素，因此，无论从成本投入还是技术难度方面来说，将有效载荷运输至太空都不是一件容易的事，甚至还伴随着很大的风险。这种风险特性对于载人航天任务则更为突出。任务规划过程中，任务团队需要尽可能识别风险并制定详细的可行措施，以尽最大可能避免任何风险所导致的任务出现问题甚至失败。

各类硬件设备的可用性范围在任务规划中必须合理考虑。对于航天飞机任务，主要涉及轨道器地面准备以及两次任务之间长达数月的例行检修与维护。具体来说，地面团队首先需要解决此前任务中已经出现的故障或风险，确保在下次任务之前完成维修和复测。航天飞机任务还有一项与众不同的工作，涉及范围包括三组主发动机、两个固体火箭推进器、巨大的外部贮箱、机械臂 RMS、EVA 装置、运输设备以及乘组专业设备等。

轨道器的每个有效载荷都是任务拼图的一部分，并且都有特殊的专项配套清单。有效载荷一般需要独立的仿真、检测与试验。有效载荷交付齐套之后需要按特定顺序集成至轨道器以开展包括兼容性在内的系统级测试验证。除上述硬件任务之外，航天飞机更大规模的准备工作其实在于全球跟踪与通信、发射和控制、科学实验规划以及产品开发等。一旦空间站计划启动实施，数以吨计的大量后勤物资与补给准备也将是一项庞大的专项任务。整个任务团队组成方面，将涵盖包括航天员在内的多个群体，此外还包括安全团队、管理人员、机关行政人员、政府办公室、培训人员以及地面支持人员等。每次载人飞行的地面准备、在轨实施以及返回后恢复等，都需要航天员家属的付出与支持，这其中也包括家属需要参与的一些宣传等公关活动。

基于设备集成计划，NASA 针对设备交付制定了详细的时间表以及相应的应急方案。在设备交付过程中，航天员和地面控制人员将按计划参与相关的集成测试和必要的应急处置。

对于国际空间站任务的庞大“拼图”，NASA 需要进行系统性的统筹规划设计，既要符合美国的空间站任务利益，还需要兼顾国际合作伙伴的诉求，此外预算约束、发射及返回时反复无常的天气因素也都不容忽视。国际空间站任务庞大的体量特点，决定其每一次飞行任务规划都必须考虑此前任务的实际执行情况，以确保任务衔接过渡顺利。任务团队在必要时还需灵活进行应急的计划调整，在发射窗口、系统配套允许的情况下实现既定任务的有序切分与流转。

4.2 协同工作

航天飞机在 1981 年至 2011 年间共执行了 135 次任务。从 1995 年开始，航天飞机先后为和平号空间站与国际空间站共实施了 47 次与空间站有关的任务。在任务背后，位于佛罗里达州的肯尼迪航天中心在硬件准备方面做出了努力。在发射主管带领下，数百名成员一起协同完成了各类硬件的地面测试、仿真分析、复测以及最终的集成。

4.2.1 发射主管

担任肯尼迪航天中心航天飞机任务第三任发射主管的是罗伯特·希克，此前两位分别是乔治·F. 佩奇和阿尔·奥哈拉之。希克在第二个任期（1988—1994 年）时恰逢航天飞机开始执行空间站任务。第四位主管是詹姆斯·F. 哈灵顿三世（1995—1997 年），在他带领下顺利实施和平号联合任务的首次飞行任务以及 STS－63、STS－74、STS－76、STS－79、STS－81、STS－84 和 STS－86 任务，后五次任务都完成了航天员乘组的在轨交接。戴维·A. 金作为第五位主管负责实施了航天飞机 & 和平号计划的最后两次任务 STS－89 和 STS－91 以及国际空间站的前两次飞行任务 STS－101 和 STS－106。

4.2.2 多因素约束

相对于庞大的任务团队，航天员只是航天飞机计划的冰山一角。任务团队的每一名成员都发挥了自己的作用，集成各项程序、硬件设备以及任务所需的全部要素。正是得益于

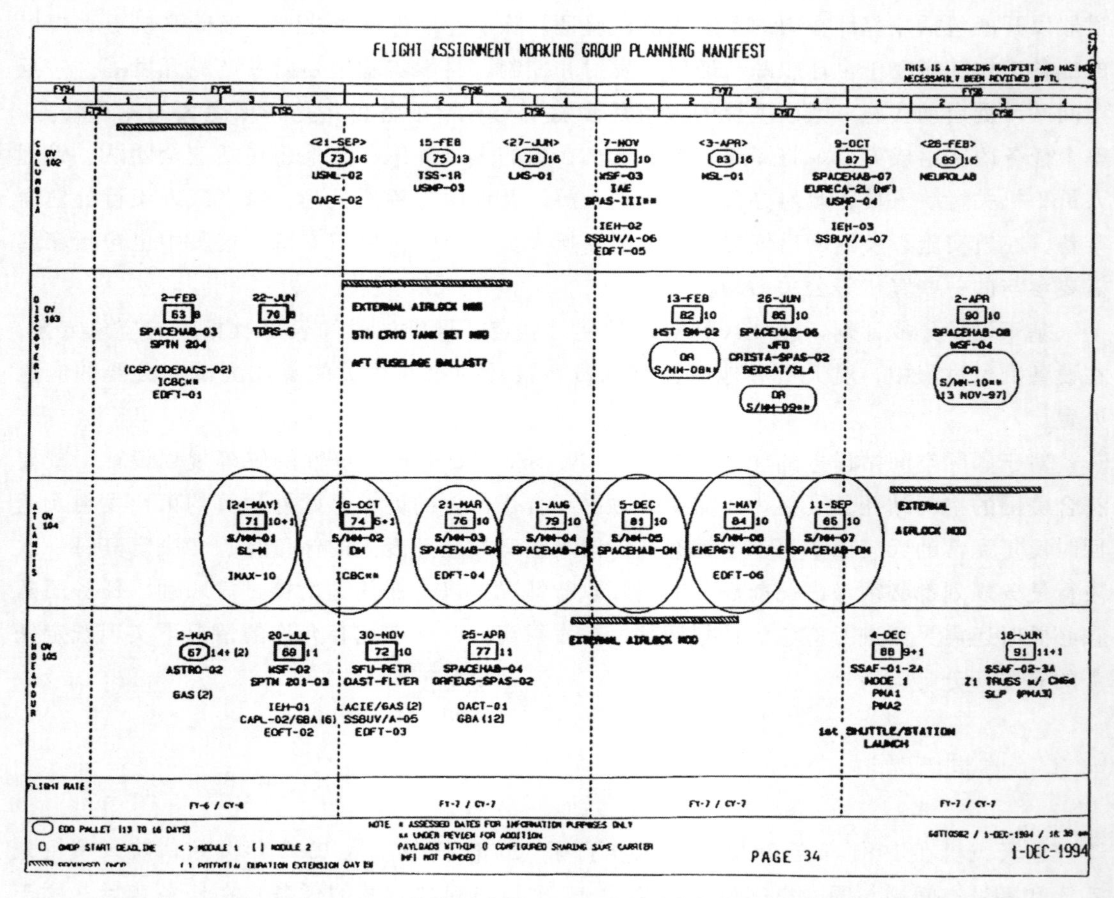

1994 年 12 月 14 日飞行任务工作组的计划清单，可以看出联合任务规划的亚特兰蒂斯号及其他三个轨道器的复杂程度。任务规划时需要兼顾轨道器的可用性、必要的维修测试时间等，最终权衡确定联合任务仅应用三个轨道器。在联合任务实施过程中，计划清单也会根据任务执行情况进行更新调整。原图质量有限，此处引用以作说明，结合项目总监汤米·霍洛韦的陈述以辅助介绍任务规划工作的特点

任务团队的协同工作，航天飞机任务数以百万计的硬件才能在长期飞行过程中正常可靠的工作。在任务规划过程中，即使是最周密的计划和最细致的组织，也不可避免地遭遇系统故障、航天员疾病、计划变更、天气变化和其他细微因素的影响。空间站任务的每次飞行都是如此，对于更为复杂的空间站组装任务则更具挑战，每次任务都无法做到独立飞行，而是与多次任务及多方面因素紧密关联。

4.3　总装集成

航天飞机任务的准备工作通常开始于发射前的几个月甚至数年。相比于硬件设备的制造，乘组培训计划和任务规划的编制往往显得微不足道。然而，正是这些软硬工作的结合，才能实现航天飞机顺利抵达发射平台并发射升空。

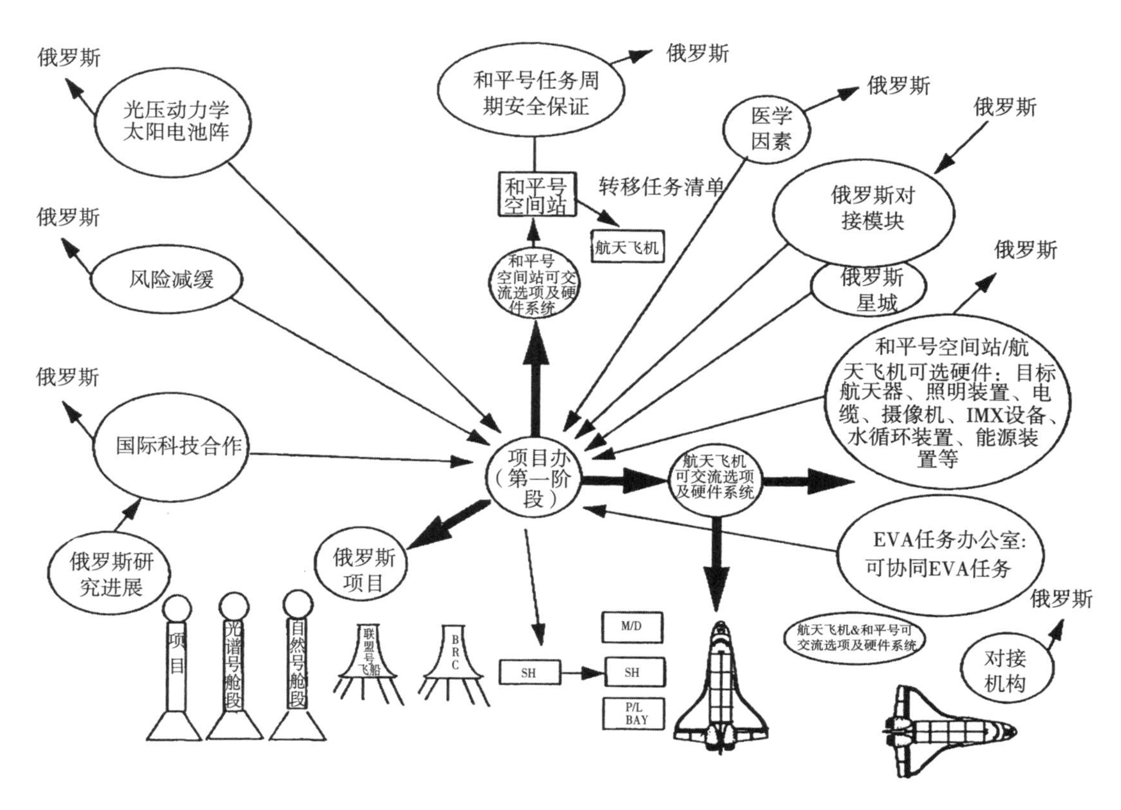

航天飞机 & 和平号任务准备的各方面概况，可以看出每次飞行任务准备工作的复杂性。这些工作都是后续国际空间站任务实施的重要经验

肯尼迪航天中心 LC－39 区的东北方向鸟瞰图。图右是总装大楼，图左是承担轨道器总装工作的 1 号与 2 号大厅，3 号大厅则处于远处中心位置

考虑到航天飞机地面准备期间的巨大任务量，本书仅简要介绍肯尼迪航天中心的主要工作，同时总结发射任务的主要影响因素，包括计划变更、硬件延迟交付、前序任务调整、乘组健康状况、天气变化等。关于上述因素的风险应对，任务规划团队一般都会制定每次飞行任务的主线计划、应急处置计划以及必要时的备选计划等。

1997 年 1 月 1 日发现号航天飞机从轨道器总装 3 号大厅转移至航天器总装大楼进行临时存储，以为 STS－81 任务返回的亚特兰蒂斯号腾出空间

4.3.1 轨道器集成

轨道器总装 1 号和 2 号大厅始建于 1977 年，专门应用于航天飞机轨道器的集成与测试。1982 年，1 号大厅首先建成投入使用，2 号大厅则在 1983 年建成。3 号大厅最初定位于轨道器维修和维护设施（OMRF），最初建造开始于 1986—1987 年。由于 1986 年 1 月挑战者号失事，原计划从加利福尼亚州范登堡空军基地发射军用航天飞机任务的计划取消，NASA 决定 OMRF 设施建设任务调整为轨道器总装 3 号大厅，并充分继承范登堡基地在支持航天飞机运营中的经验。3 号大厅改造工作在 1989—1991 年期间取得新进展。3 号大厅配置了一套完整的基于计算机控制的冷却系统，通过一组液压泵装置极大简化了轨道器总装工作。1998 年，NASA 完成 3 号大厅附属的航天飞机主发动机维护厂房（SSMEPF）的建设，确保在主发动机安装之前与返回之后都能够便利地检查和维护。在航天飞机任务初期，主发动机每次都是在位于加利福尼亚州卡诺加公园的洛克达因进行组装，其点火试验地点则是在位于密西西比州的斯坦尼斯航天中心。主发动机的飞行检查安

排在卡角完成。但从 2002 年开始，主发动机的组装和检查工作都转移至肯尼迪航天中心的 SSMEPF。

轨道器通过运输飞机抵达肯尼迪航天中心之后，首项工作即为将其转运至航天器总装大厅（VAB）西北侧 LC－39 区的轨道器总装大厅进行相应的处置工作。

轨道器进入总装大厅

轨道器总装 1 号与 2 号大厅 OPF 位于航天器总装大厅 VAB 以西，核心架构为两个大型的混凝土钢架结构，形成整个大楼的高段区。大厅入口则与大楼低段区相邻，北侧配置了服务区和辅助设施。轨道器总装 3 号大厅则位于航天器总装大厅的北侧，大厅由带接入平台的高段区、低段区、办公区和存储区组成。大楼的高段区长 197 英尺（60 米），宽 150 英尺（45.7 米），体积为 280 万立方英尺（79，457 立方米）。轨道器总装 1 号和 2 号大厅的低段区长 236 英尺（71.9 米），宽 98 英尺（29.9 米）。轨道器总装 3 号大厅的低段区长 189 英尺（57.6 米），宽 230 英尺（70.10 米）。低段区为两层架构，可容纳 87 000 平方英尺（8 082.3 平方米）的辅助设施配套，具体包括一系列的制造车间、仓储区、物流区和办公室等。轨道器总装的每个大厅都配置了两个推进剂服务区、一个泵室以及氧气和

STS－71 任务有效载荷舱内状态，图示可见 Spacelab 货舱长模块体、航天员过渡通道以及轨道器对接系统

氢气存储库。

轨道器总装大厅高段区主要用于轨道器在发射前的测试以及着陆后的维护。具体工作主要包括轨道器推进剂排放与推进系统清理、点火装置拆除、故障零件修理或更换、热保护系统TPS详细检查和更换，以及轨道器各子系统的检查测试。相关子系统分别包括起落架、主/备份推进系统、动力单元、液压装置、飞行仪表以及通信系统。除此之外，总装大厅还需要承担有效载荷舱配置和测试任务以及有效载荷工装的相关处置工作。

在着陆场及其配套设施SLF中完成着陆与及时性的处置后，轨道器转移进入总装大厅高段区开始接受返回后的常规处置。首先，轨道器起吊后完成调平，并完成有效载荷舱门打开操作。基于多个可展收的工作平台，地面处置团队可以在维修航天器的同时，进行飞行故障检查以及热防护系统的目视检查。其次，主要针对水平放置的有效载荷和相关飞行设备进行维护。再次，根据处置工作需要，将对轨道器反应控制系统和前向反应控制系统的各个发动机进行拆装，并转移至肯尼迪航天中心的维护厂房进行处置。最后，对于航天飞机的三组主发动机，需要在下一次飞行之前及时拆除送至主发动机维修厂房进行检查和维修，然后再次安装至执行下一次任务的轨道器。

轨道器的相关处置工作完成后，将对有效载荷舱进行状态确认，包括有关的特殊测试、必要的加载实验和包覆物移除等。此时，地面处置团队将关闭有效载荷舱门。轨道器在接下来将进行称重和质测，转移至航天器总装大厅VAB以准备整个航天器系统的集成与测试。移动发射平台将为轨道器、固体火箭推进器SRB和外部贮箱ET提供垂直装配的基础平台。根据发射计划与操作经验，轨道器总装大厅的工作上限为100天。

下方表格汇总了航天飞机 & 和平号的10次联合任务的地面处置工作。相关内容包括在航天器总装大厅VAB、发射平台上的准备时间以及与后续国际空间站任务有关的任务数据。关于日期的汇总是工作日的统计数据。通常情况下，轨道器需要在轨道器总装大厅OPF和航天器总装大厅VAB分别进行处置操作。在2003年哥伦比亚号失事之前，轨道器总装大厅高段区是作为轨道器进入总装阶段的第一个工作区，在完成重定位及相关处置后，轨道器再进入VAB大厅直至最终转移至发射平台。同时，航天器总装大厅还需要为发射延迟情况下的航天飞机组合体及时提供存贮与处置空间。2003年之后，发现号、奋进号及亚特兰蒂斯号这三架剩下的轨道器在地面的准备工作都进行了重新安排。NASA为每个轨道器配置了特定的集成大厅，上述三个轨道器分别位于3号、2号和1号。

轨道器总装大厅工作完成后，所有地面工装和测试设备都将拆除。此后，轨道器转运通过高段区的北门进入航天器总装大厅。

航天飞机 & 和平号联合任务的地面处置工作总结

任务代号	轨道器编号	OPF大厅编号	工作总天数	高段区编号	VAB大厅工作总天数	LC-39发射平台编号	发射平台工作总天数	整个准备工作总天数	移动发射平台编号
STS-63	103	2	71	1	5	Pad B	25	101	2
STS-71	104	3	115	1	6	Pad A	44	165	3

续表

任务代号	轨道器编号	OPF 大厅编号	工作总天数	高段区编号	VAB 大厅工作总天数	LC-39 发射平台编号	发射平台工作总天数	整个准备工作总天数	移动发射平台编号
STS-74	104	2	76	1	8	Pad A	23	107	2
STS-76	104	1	68	3	6	Pad B	22	96	2
STS-79	104	1/3	73	1/3	17	Pad A	25	115	1
STS-81	104	3	62	1	5	Pad B	24	91	2
STS-84	104	3	76	3	4	Pad A	21	101	2
STS-86	104	3	60	1	5	Pad A	29	94	2
STS-89	105	3/1	202	1	7	Pad A	26	235	3
STS-91	105	2	168	1	4	Pad A	29	201	1

数据来源：Space Shuttle Mission Summary，NASA/TM-20111-216142，compiled by Robert D. Legler and Floyd V. Bennett，Mission Operations，Johnson Space Center，Houston，Texas，September 2011.

俄罗斯承研的和平号的对接模块正在吊装进入执行此次 STS-74 任务的亚特兰蒂斯号有效载荷舱

执行 STS－89 任务的奋进号航天飞机有效载荷舱正在装载过渡通道适配器

4.3.2　组合体集成

肯尼迪航天中心高大的航天器总装大厅 VAB 是美国太空时代最具代表性的建筑之一，起初是服务于阿波罗登月计划并在 1965 年投入使用。航天器总装大厅自 1976 年开始为航天飞机任务进行改造。2011 年航天飞机退役之后，NASA 将大楼转用于其他任务。目前，它仍然是世界上最大的建筑之一。

VAB 大厅里所有的设备都具有不一般的尺寸，整个建筑占地面积约 8 英亩（3.24 公顷），高 525 英尺（160 米），长 716 英尺（218 米），宽 518 英尺（158 米），内部空间约 129 482 000 立方英尺（3 664 460 立方米）。考虑到佛罗里达州特别是飓风多发的气象条件以及发射场的地形条件，航天器总装大厅的地基由 4 200 根钢管支撑，每根钢管直径为 16 英寸（40.6 厘米），长度为 160 英尺（49 米）。因此，大厅结构足够坚固，最大可承受 125 英里/小时（201 千米/小时）的风力载荷。

VAB 大厅的显著特点之一是专门设置了高段区（525 英尺，即 160 米高）和低段区（210 英尺，即 64 米高），并在高低段之间建有专门的连接通道。整个大厅朝东，直接通过履带式转运通道与 39A 及 39B 发射平台相连。高段区的 1 号和 3 号大厅主要用于在移动发射平台上进行航天飞机总装，利用履带运输车将组合体转移至发射平台。组合体的集成顺序为两个固体火箭发动机、外部贮箱以及轨道器，最后再对整个系统进行综合测试。

转移通道将 VAB 大厅的四个高段架区域隔开，依次从北向南排列。位于西侧的是 2

执行 STS-91 任务的发现号正在转移至 VAB 大厅，即将与外部贮箱和两个固体火箭发动机进行集成。这是 1998 年实施的和平号联合任务的最后一次飞行

号区和 4 号区，前者主要用于存储和处理外部贮箱，并且在 1 号区和 2 号区被占用的情况下作为第三个轨道器的临时存放区，4 号区则仅用于存储贮箱。整个高段区由六座塔式结构进行连接，以便于装载包括两台 325 吨（295 公吨）起重机在内的起吊设施。低段区则设置了多个工作区，代号包括 K、L、M 和 N 区。对于航天飞机任务来说，这些细分区域则用于主发动机的维护以及固体火箭发动机部组件的存储。

在高段 1 号区或 3 号区，发射平台的组合体集成工作开始于将固体火箭发动机安装于移动发射平台。高段 2 号或 4 号区的贮箱检查工作一旦完成，则即将与两组固体火箭发动机分别进行对接。此后，任务指定的轨道器从 OPF 大厅转移至过渡通道，然后地面处置团队将通过起重机将其起吊至发射平台。在完成轨道器状态检查后，组合体集成结束。当高段 1 号或 3 号区的大门打开后，履带运输车将运送航天飞机移动发射平台至发射区的 39A 或 39B 发射平台。

首个超轻外部贮箱正在转移至航天器总装大厅，即将用于和平号联合任务的最后一次对接任务 STS - 91

4.4　复杂的总装工作

本节概述了航天飞机在多任务并举情况下的地面准备工作。航天飞机梯队既承担了和平号联合任务，同时又要兼顾其他空间站以外的飞行计划，以此介绍航天飞机地面准备工作的流程以及复杂的任务规划设计。

1993 年 9 月 22 日，发现号在完成 STS - 51 任务后安全着陆。轨道器在当晚转移至 3 号 OPF 大厅，并开始下一次任务 STS - 60 的准备工作，这也是美俄 18 年来的首次联合任务，而且相关工作将直接应用于后续国际空间站任务的系统开发、组装和运行。比较滑稽的是，美国参议院在当天以 59 票对 40 票的结果同意支持 NASA 国际空间站任务的预算计划。

自此开始，航天飞机 & 和平号计划的前五个任务在轨道器总装大厅的准备工作都非常顺利。直到 1996 年 7 月 10 日，实施 STS - 79 任务的亚特兰蒂斯号因飓风“伯莎”临近

STS－91 航天飞机的外部贮箱在总装大厅中进行垂直吊装，即将与两组固体火箭发动机进行集成

以及固体火箭发动机的故障被迫从发射平台返回至总装大厅。地面处置团队对组合体进行拆解，在新的固体火箭发动机和外部贮箱准备就绪之前，轨道器暂存至 OPF 大厅。此时，地面处置团队面临着多项任务的约束与挑战。自 STS－78 任务返回的哥伦比亚号轨道器正在 1 号 OPF 大厅进行处置，奋进号轨道器则在 2 号 OPF 大厅。直至奋进号进入 3 号大厅完成处置，并即将转移至位于加州的罗克韦尔基地进行为期 8 个月的轨道器维修处置(OMDP)，因此亚特兰蒂斯号一直等到 7 月 29 日才进入 2 号 OPF 大厅接受处置，并在 8 月 2 日进入 3 号 OPF 大厅。此后，亚特兰蒂斯号在 3 号 OPF 大厅先后进行了重启操作并接受了易损部件更换。8 月 13 日，亚特兰蒂斯号转移回 VAB 大厅先后与新的固体火箭发动机和贮箱完成集成。8 月 20 日，亚特兰蒂斯号组合体第二次返回至发射平台。然而，发射任务因飓风“弗兰”再次推迟，地面处置团队需要在 24 小时内将组合体转移回总装大厅。次日，航天飞机第三次运至发射平台并在月底成功发射。

执行 STS－89 任务的奋进号航天飞机正在通过总装大厅的转移通道

外部贮箱和两个固体火箭发动机已可靠安装于移动发射平台，此时轨道器正在进行吊装并实施组合体的最后集成工作。照片实际情况则相反，1996 年 STS－79 任务因故推迟，亚特兰蒂斯号轨道器正在拆解及吊装转移

1997 年 3 月，奋进号从加州完成维修处置返回至肯尼迪航天中心。4 月初，奋进号轨道器转移至 1 号 OPF 大厅，开始为执行 STS-86 任务进行准备。由于哥伦比亚号轨道器在执行 STS-83 任务时遭遇燃料电池故障而提前四天返回，因此任务团队决定将奋进号处置任务由 1 号 OPF 大厅调整至 2 号 OPF 大厅的高段区。4 月 8 日，奋进号腾出空间，哥伦比亚号进入 1 号 OPF 大厅。直到亚特兰蒂斯号于 5 月离开 3 号 OPF 大厅，奋进号处置任务才获得正常的处置空间。4 月 28 日，肯尼迪航天中心决定由亚特兰蒂斯号代替奋进号执行 STS-86 任务，以保证 9 月发射的计划，同时改由奋进号执行国际空间站构建计划的首次飞行即 STS-88 任务。1997 年 5 月 22 日，管理层再次调整计划，在奋进号于 1998 年 7 月执行 STS-88 任务之前新增执行另外一项额外的任务，后者原计划由发现号实施。按照联合任务规划，此时发现号正在准备 1998 年 1 月的 STS-89 任务，即第八次航天飞机 & 和平号任务。5 月 23 日奋进号轨道器由 3 号 OPF 大厅转移至 1 号，为执行 STS-84 任务返回的亚特兰蒂斯号腾出空间（即第六次联合任务）。此时奋进号处于暂存状态，并一直到哥伦比亚号离开 1 号 OPF 大厅进入 VAB 大厅以实施 STS-94 任务（担负着 STS-83 任务未完成的飞行计划）。奋进号最后于 6 月 4 日进入 1 号 OPF 大厅，至此 STS-89 任务准备才算进入正轨。在多个轨道器、多次飞行任务以及有限的总装大厅等各种因素之间来回切换与资源统筹，这是 NASA 空间站任务地面准备阶段的一个经典场景。

1997 年 8 月 19 日，在完成 STS-85 任务后，发现号航天飞机轨道器转移进入 OPF 大厅，开始进行 STS-91 任务的地面准备工作。STS-91 任务将是航天飞机 & 和平号的最后一次飞行。与此同时，航天飞机的三个轨道器正在为联合任务进行着不同节奏的准备。其中，亚特兰蒂斯号已位于发射平台即将发射执行 STS-86 任务，奋进号在 OPF 大厅为 STS-89 任务做准备。此外，哥伦比亚号则正在准备 STS-87 任务，这是与和平号空间站任务无关的一项任务。

上述有关轨道器及其地面准备工作的机动调整，其实只是肯尼迪航天中心常规工作的一部分。2003 年哥伦比亚号失事之后，一直到 2011 年航天飞机退役，剩余的三个轨道器承担着国际空间站构建任务以及少量的其他飞行计划，其相应的地面准备工作及其规划实施一直都很繁重且复杂。

1994—1998 年航天飞机 & 和平号任务的航天飞机配套汇总

任务代号	轨道器及其编号		外部贮箱代号	固体火箭发动机代号	重新设计的固体发动机编号	主发动机 #1 编号	主发动机 #2 编号	主发动机 #3 编号
STS-63	发现号	OV-103	68	BI-070	42	2035	2109	2029
STS-71	亚特兰蒂斯号	OV-104	70	BI-072	45	2028	2034	2032
STS-74	亚特兰蒂斯号	OV-104	74	BI-076	51	2012	2026	2032
STS-76	亚特兰蒂斯号	OV-104	77	BI-079	46	2035	2109	2119
STS-79	亚特兰蒂斯号	OV-104	82	BI-083	56	2012	2031	2033
STS-81	亚特兰蒂斯号	OV-104	83	BI-082	54	2041	2034	2042

续表

任务代号	轨道器及其编号		外部贮箱代号	固体火箭发动机代号	重新设计的固体发动机编号	主发动机#1编号	主发动机#2编号	主发动机#3编号
STS-84	亚特兰蒂斯号	OV-104	85	BI-087	60	2032	2031	2029
STS-86	亚特兰蒂斯号	OV-104	88	BI-090	61	2012	2040	2019
STS-89	奋进号	OV-105	90	BI-093	64	2043	2044	2045
STS-91	发现号	OV-103	96	BI-091	66	2047	2040	2042

数据来源：Space Shuttle Mission Summary，NASA/TM-20111-216142，compiled by Robert D. Legler and Floyd V. Bennett，Mission Operations，Johnson Space Center，Houston，Texas，September 2011.

4.5 航天发射平台

航天飞机组合体在VAB大厅工作完成后，接下来将转移至发射平台。发射前所需的准备工作主要包括最后的载荷集成以及推进剂加注。

4.5.1 推出总装大厅

航天飞机组合体从航天器总装大厅通过履带运输车最终转移至肯尼迪航天中心的39号发射场。中心一共配置了两辆履带运输车。

履带运输车系统最早于1962年开发完成。两辆履带运输车已经成为肯尼迪航天中心50多年历史的标志性设施。履带运输车长131英尺（39.98米），宽约13英尺（3.96米），每辆车自身重量超过550万磅（249万千克）。装载航天飞机时，重量增加到1 200万磅（544万千克）。履带运输车的速度并不快，空载时的速度为每小时2英里（每小时3.21千米），装载后的速度则为每小时1英里（每小时1.69千米）。

肯尼迪航天中心一共建设有3个移动发射平台MLP。前两个移动发射平台是在阿波罗计划土星5号运载火箭的移动平台基础上完成的改造，最初目的即瞄准航天飞机发射任务。1986年第三个移动发射平台完成建设。移动发射平台是一个两层的钢结构，高25英尺（7.6米），长160英尺（48.8米），宽135英尺（41.1米）。平台自重823万磅（376万千克），装载未加注的航天飞机组合体时的平台重量约1 200万磅（544万千克）。航天飞机在完成加注推进剂后，平台总重量约为1 270万磅（576万千克）。

4.5.2 39号发射场

肯尼迪航天中心的39号发射场始建于阿波罗计划时期，是20世纪60年代NASA在梅里特岛完成的重要建设项目。1975年，美苏ASTP联合任务中，NASA完成最后一次土星5号发射任务后，中心启动改造以适应航天飞机发射任务。在组合体抵达发射场之前，航天飞机将在航天器总装大厅进行总装。如前所述，两套移动发射平台可以兼顾发射平台的任务实施。对于此前的阿波罗计划，发射平台主要的可维护设施都是设计成可移动

航天器总装大厅已打开大门，完成组装的 STS－89 任务航天飞机即将推出

STS－81 任务航天飞机通过履带运输车从总装大厅中推出，图左为航天飞机发射任务控制中心

的，但对于航天飞机则不同，发射平台改造形成两套永久性建筑体，即固定维护结构（FSS）与旋转维护结构（RSS），分别可接受发射任务所需的固定状态以及旋转状态的维护处置。

两组发射平台分别标记为 A 和 B，呈八边形。除此之外，中心还有两个计划建设的发射平台区域。发射平台区域的中心主要是一座混凝土平台，尺寸为 390 英尺×325 英尺（118.87 米×99.06 米）。

关于发射平台的固定维护结构（FSS），共设计有 12 层，高 347 英尺（105.76 米），每层结构高 20 英尺（6.09 米）。该结构有三个悬臂用于和发射平台上的航天飞机进行连接，形成稳定的回转固定平台。在空闲情况下，悬臂结构将收回固定。在发射平台 147 英尺（44.80 米）的高度位置，轨道器将转移至称为“白色房间”发射平台专用的总装设施。操作区位于轨道器的左侧，以便连接轨道器侧舱门。固定维护结构还配有贮箱氢气排放管、贮箱连接管路、贮箱氧气排放管以及应急逃生系统。

关于发射平台的旋转维护结构（RSS），主要是为了将有效载荷通过垂直吊装形式放置于轨道器有效载荷舱内。旋转维护结构半径 160 英尺（48.76 米），最大可以旋转 120°，在最终发射前需要收拢处置。这些有效载荷之所以需要通过这种方式吊装，一方面是为了适应其特殊的设计要求，另一方面是为了便于在发射场工作流程后期实施吊装。旋转维护结构的核心部分是环境与外界隔离的有效载荷处理室，主要用于有效载荷的特殊处置，在必要情况下可以有效避免暴露于空气中。通常情况下，有效载荷在特殊包覆处理条件下依

STS－79 任务航天飞机通过履带运输车沿着导轨缓慢朝远处的 39 号发射平台移动

次进行运输、转移，最终通过有效载荷地面处理机构（PGHM）完成安装。该机构长102英尺（31.08米），宽50英尺（15.24米），高130英尺（39.62米）。

在移动发射平台正下方，建有一个火焰导流系统，俗称“导流槽”。发射平台西北角设置了一个液氧存贮罐，最大可以存贮900 000加仑（4 091 400升）的液氧，可为航天飞机的三个主发动机提供氧化剂。发射平台东北角则是液氢存贮罐，最大容积为850 000加仑（3 864 100升）。轨道器的机动发动机和反作用力控制系统推力器的推进剂也都需要从这里加注，其中单甲基肼燃料存储在发射平台西南角，四氧化二氮则存储在发射平台东南角。发射平台下面设置有终端通信室，采用了20英尺（6.09米）厚的混凝土进行加固处理。发射平台终端通信室将连接发射平台、移动发射平台以及发射区域其他设施的通信信号，并与总装大厅旁的发射信号处理系统以及发射控制中心（LCC）进行连接。发射平台其他设施还包括隔音系统，借助充满300 000加仑（136.38万升）水的隔音功能，有效保护轨道器及其有效载荷免受发射过程中移动平台反射的声波冲击。

参考以往飞行任务经验，航天飞机任务以及正在规划的国际空间站任务都必须考虑发射平台的维护和改造问题。基于航天飞机任务支持需求，发射平台每隔三到五年都要接受维护处置。

发射区域配置了39A和39B两个发射平台。39A发射平台的海拔为48英尺（14.63米），执行了1981年的航天飞机首飞任务。在挑战者号失事后，39A发射平台于1990年1月在STS－32任务中重新启用。1994年STS－60任务中，第一架搭载俄罗斯航天员的航天飞机从39A发射平台发射升空。据统计，在航天飞机&和平号联合任务中，总计有7次任务是从这个发射平台出发，包括第一次任务STS－71和最后一次任务STS－91。

执行航天飞机发射任务的39号发射平台

39B 发射平台的海拔为 55 英尺（16.76 米），首次任务是 1986 年的 STS－51L 挑战者号任务。该平台于 1988 年 9 月在 STS－26 任务中重新启用。除了执行联合计划中的 STS－63 接近任务之外，39B 发射平台还完成了另外联合任务的发射，包括 STS－76 和 STS－81。

39A 发射平台上的 STS－79 任务航天飞机正在进行发射前的最终检测

关于有效载荷包装箱运输车，通过配置自推进系统以及 12 个转向架和 24 个车轮，可以满足有效载荷在发射场载荷处置区、垂直吊装区、轨道器总装大厅和发射平台之间的转移运输需求。车身长 65 英尺（19.81 米），宽 23 英尺（7.01 米），可调平板升降台自身高度在 5 英尺 3 英寸（1.60 米）至 7 英尺±3 英寸（21.3 米±7.62 厘米）之间。每辆运输车在空载时重 23 万磅（104 328 千克），满载时重 258 320 磅（117 174 千克）。空载时运输车的最高时速为每小时 10 英里（16.09 千米/小时），满载时为每小时 5 英里（8.04 千米/小时）。此外，运输车还可以设置为 0.014 英里/小时或 0.25 英寸/秒（0.022 千米/小时或 6.35 毫米/秒）的缓进模式，主要是应用于精密仪器载荷的运输。

有效载荷包装箱主要目的是确保装载的有效载荷与外界环境有效隔离。在地面准备工作期间，可满足肯尼迪航天中心不同区域之间的有效载荷转移运输任务需求。比如，借助包装箱以及上述运输车，可将垂直安装的载荷及时运送到发射平台，也可以将具有高精度装配需求的载荷转移至轨道器装配车间。包装箱最大可装载载荷重量达 65 000 磅（29 484 千克）。包装箱装载空间尺寸与轨道器有效载荷舱尺寸相匹配，最大直径 15 英尺（4.6 米），长 60 英尺（18.3 米）。

1995—1998 年期间航天飞机 & 和平号联合任务轨道器搭载的主要有效载荷汇总

任务代号	轨道器编号	年份	空间站	空间站飞行编号	有效载荷	转移重量	是否转移至空间站	是否转移至轨道器	是否返回地球
STS-71	104	1995	和平号	SMM-01	Spacelab 验证模块(SL-M)	留在轨道器	N/A	N/A	是
STS-74	104	1995	和平号	SMM-02	对接模块	94 812 磅/4 300 千克	1995 年 11 月 15 日	否	否
STS-76	104	1996	和平号	SMM-03	Spacehab 模块-4/SM-4	留在轨道器	N/A	N/A	是
STS-79	104	1996	和平号	SMM-04	Spacehab 模块-6/DM-1	留在轨道器	N/A	N/A	是
STS-81	104	1997	和平号	SMM-05	Spacehab 模块-7/DM-2	留在轨道器	N/A	N/A	是
STS-84	104	1997	和平号	SMM-06	Spacehab 模块-8/DM-3	留在轨道器	N/A	N/A	是
STS-86	104	1997	和平号	SMM-07	Spacehab 模块-9/DM-4	留在轨道器	N/A	N/A	是
STS-89	105	1998	和平号	SMM-08	Spacehab 模块-10/DM-5	留在轨道器	N/A	N/A	是
STS-91	103	1998	和平号	SMM-09	Spacehab 模块-11/DM-6	留在轨道器	N/A	N/A	是

在安装至 STS－89 奋进号轨道器有效载荷舱之前，有效载荷正在连同包装箱一起吊装转入有效载荷处理室

STS－91 航天飞机有效载荷舱门正在关闭

4.5.3 应急撤回

“撤回”是 NASA 空间任务实施领域的一个术语。撤回操作具体指的是航天飞机组合体通过履带运输车从 39 号发射场转移回到航天器总装大厅 VAB 的过程。撤回过程与正常程序中的推出操作正好相反。在航天飞机 30 年执行的 135 次飞行任务中，自 1993 年 10 月至 2010 年 12 月共经历 19 次撤回，其中有 6 次与空间站任务相关。通过总结分析，撤回操作最主要的原因包括恶劣天气、相关设备操作无法在发射平台进行、飞行计划临时变更等。

航天飞机 & 和平号联合任务曾出现过 2 次撤回操作，是执行 STS - 79 任务的亚特兰蒂斯号航天飞机在 1996 年 7 月 10 日和 9 月 4 日分别因飓风“伯莎”和“弗兰”天气影响而先后由发射平台进行的撤回操作。

4.6 发射计划调整

受限于各种因素的影响，即使航天飞机组合体已安全地转移至发射平台，也无法保证每次能够按时发射。本节概略介绍和平号联合任务的发射推迟情况。

1）STS - 60：原计划发射日期为 1992 年 7 月 31 日，最早因故推迟到 10 月 21 日，随后又再次推迟到 11 月 10 日。由于肯尼迪航天中心工作流程无法同时兼顾 STS - 60 和 STS -61 两个任务，STS - 60 最终晚于 STS - 61 发射，时间为 1994 年 2 月 3 日。STS - 61 任务则是举世瞩目的哈勃太空望远镜首次在轨服务任务。

2）STS - 63：这次发射从 1994 年 5 月 19 日推迟到 1995 年 1 月 26 日，随后又推迟到 2 月 2 日。由于 IMU - 2 设备故障导致发射暂停，在设备维修完成后的第二天完成了发射。

3）STS - 71：原定于 1995 年 5 月 30 日进行的发射最初提前至 5 月 24 日，随后由于俄罗斯的和平号光学舱发射计划推迟，STS - 71 任务被迫推迟至 6 月 19 日，由此导致 STS - 70 任务将在 STS - 71 任务之前发射。为了确保和平号航天员有充足时间通过 EVA 操作以重置对接端口和太阳电池阵，STS - 71 任务再次推迟。此后，6 月 23 日的发射计划由于天气因素暂停，等到第二天确定其天气仍不符合条件。最终，STS - 71 任务在 6 月 27 日完成发射。

4）STS - 74：原计划于 1995 年 10 月 26 日进行发射。由于 STS - 69、STS - 73 和 STS -74 的固体火箭发动机需要维修，STS - 74 任务推迟至 11 月 2 日。随后，发射任务因故提前至 11 月 1 日。在 STS - 73 完成发射后，STS - 74 任务再次推迟。由于跨大西洋的三个着陆场都出现天气异常，11 月 11 日 STS - 74 发射在 T - 4 分钟被临时取消。最终，任务于第二天完成发射。

5）STS - 76：原计划定于 1996 年 3 月 21 日发射。由于天气因素，3 月 20 日在加注过程中临时决定推迟发射。最终，任务于 3 月 22 日完成发射。

6）STS - 79：原计划于 1996 年 8 月 1 日发射。飓风“伯莎”的逼近导致发射推迟，航天飞机组合体在5月4日撤回至VAB总装大厅。由于应用新胶粘剂的STS－78固体火箭发动机存在风险，STS－79需要接受补充处置，导致发射任务重新安排至9月12日。随后提前至8月30日的发射计划因9月4日飓风“弗兰”的影响而再度推迟。最终，任务于9月16日完成发射。

发射平台上的STS－84亚特兰蒂斯号即将执行和平号联合任务

7）STS－81：原计划定于 1996 年 12 月 5 日发射，由于固体火箭发动机出现点火问题，随后 STS－79 和 STS－80 回收的固体火箭发动机经检测确定有喷嘴腐蚀的异常情况，STS－81发射推迟至 1997 年 1 月 16 日。最终，任务发射提前至 1 月 12 日完成。

8）STS－84：最初定于 1997 年 5 月 1 日发射。由于早先实施的其他飞行任务出现固体火箭发动机设备故障，STS－84 发射推迟至 5 月 15 日完成。

9）STS－86：最初定于 1997 年 9 月 11 日，由于飞行计划的几次变化，发射推迟至 9 月 18 日。在同年 3 月 27 日，STS－86 任务由亚特兰蒂斯号改为奋进号。在 STS－94 任务结束之后，STS－86 发射推迟至 9 月 25 日，随后又提前至 9 月 18 日，接下来临时计划调整，STS－86 任务改回由亚特兰蒂斯号执行。最终，任务于 9 月 25 日完成发射。

10）STS－89：原计划于 1998 年 1 月 15 日发射。1997 年 5 月 22 日任务由发现号改为奋进号执行。最终，为了配合俄罗斯在和平号空间站的在轨任务进展，该任务推迟至 1 月 22 日完成。

11）STS－91：最初定于 1998 年 5 月 28 日发射。为了阿尔法磁谱仪 AMS 载荷的处置工作具备充足时间，任务再次推迟至 6 月 2 日完成。

4.7　准备就绪

STS－63 任务在确认设备检查完成之后，推进剂加注工作有序进行。航天员即将出发执行和平号交会接近任务。指令长吉姆·韦瑟比曾介绍当时激动的心情，不仅任务团队期待任务顺利实施，还包括联合任务以及即将实施的国际空间站任务的所有合作伙伴。航天飞机 & 和平号联合任务的影响深远，对于国际空间站任务及其参与的美国、俄罗斯、加拿大、欧洲和日本的航天任务，都具有重要意义。

参考文献

[1] Space Shuttle Mission Summary, Robert D. Legler and Floyd V. Bennett, Mission Operations, Johnson Space Center, NASA, TM-2011-216142, September 2011.

第5章 联合任务乘组

空间飞行任务要求航天员具有大学以上学历。
航天员需要熟练掌握各种相关知识和技能，
以沉着应对在轨任务期间遇到的各类问题。

——小弗兰克·罗斯
《宇宙飞船和空间飞行》
1956年出版

60多年前人类太空飞行时代尚未开启，但当时出版的这些文字仍然适用。从最初的少数进入太空的航天员到最近入选的任务乘组，太空飞行要求每一名航天员都具有广泛的教育背景、丰富的操作技能、多年的地面培训经历以及极强的忍耐力。对于航天飞机任务来说，这些素质同样属于基本要求。

20世纪70年代末的航天员培训计划主要聚焦于航天飞机任务，涵盖系统发射、空间操作、再入大气层和着陆返回全过程。随着航天飞机任务的持续实施，航天员积累的飞行经验也不断得以拓展。截至1994年年底，航天飞机成功完成了65次飞行。任务期间，数名航天员对在轨卫星和哈勃太空望远镜开展了在轨维护，并且借助于机械臂完成了多个目标航天器的在轨捕获。然而，航天飞机未曾实施过一次对接任务。

5.1 航天员能力需求

1975年，ASTP联合计划的末次任务是最近的一次空间对接飞行，当时是由美国航天员操控阿波罗18号与联盟19号飞船进行物理对接。关于最近一次飞船与类似于空间站的庞大航天器对接，则是追溯至1973年三次天空实验室任务。1995年，位于休斯敦约翰逊航天中心的NASA航天员办公室却呈现一个尴尬的事实，当时所有的在役航天员都不具备航天器在轨对接的飞行经验。在此之前的双子星座飞船与阿波罗飞船长达十年的任务期间，参与过交会对接任务的航天员早已退休。因此，新一代的航天员梯队在此领域都是“新手上路”，需要根据和平号空间站以及国际空间站任务需求，接受交会对接相关的技能培训。

航天飞机&和平号联合任务预计将实施数次EVA操作。航天飞机乘组培训涵盖了各类应用EVA操作，比如载荷舱故障导致舱门自动关闭异常时，需要航天员实施EVA进行手动关闭。航天员培训同时还涉及复杂的空间操作任务，包括对目标卫星实施救援、维修和服务，或者在轨开展系统或硬件测试等。和平号联合任务为国际空间站建造积累了丰富的在轨操作经验，任务期间，航天员EVA操作也由之前常规的任务逐步拓展至空间站舱外硬件或设备状态的检查及操作。随着机械臂 RMS 的新增配置，任务团队将继续拓展联合任务乘组的培训内容[①]。

基于地面培训，联合任务乘组在轨按计划高效、安全地完成了数以吨计的物资补给操作。所有这一切都成为国际空间站在轨构建任务的良好基础。

NASA 对航天员的另一个要求是开展广泛的国际交流，以应对国际空间站各合作伙伴的联合飞行。国际交流最初限于欧洲范围，后来逐步拓宽至加拿大、日本以及俄罗斯。

5.2 乘组配置与训练

本节概括介绍了航天飞机 & 和平号联合任务的乘组训练内容，相关训练同样应用于航天飞机支撑国际空间站在轨构建任务。相比较而言，国际空间站任务需要涉及更大范围的 EVA 操作以及机械臂协同训练。航天飞机任务乘组培训的标称周期为一年，具体时间根据目标任务的复杂程度进行适当调整。当出舱活动占比较大时，EVA 航天员需要更早地开始训练，以完整掌握各项操作技能。航天飞机乘组指令长、驾驶员和飞行工程师通常会同时确定，并且在大多数情况下会一起参加地面训练，以便在飞行任务过程中高效合作，从而顺利完成发射、对接和返回着陆等各项关键任务。

5.2.1 乘组配置

指令长：其座位在驾驶舱左前侧，对整个飞行任务期间的航天员安全与任务顺利实施负责。在航天飞机支撑空间站的任务中，指令长通常负责交会对接以及着陆任务。在大多数交会对接任务中，指令长也需要具备机械臂操控能力。

1）驾驶员：其座位在驾驶舱指令长的右侧，负责在发射、在轨飞行、再入返回各个阶段配合指令长操作。在对接操作过程中，驾驶员是指令长的备岗，通常需要负责轨道器的控制，以完成对接分离和绕飞机动操作。驾驶员的上述操作也是便于为其今后成为指令长积累飞行经验。在轨任务期间，驾驶员通常会协助进行机械臂操作，并且在 EVA 操作任务中担任四号出舱航天员。驾驶员在着陆阶段可以在较短时间内操控轨道器，以积累在空气动力载荷下操控轨道器的经验。

2）飞行工程师（2 号任务专家）：其座位在指令长和驾驶员后面，负责在航天飞机上升和返回时为指令长和驾驶员相关操作提供协助。如果在上升或返回过程中发生问题而需要紧急着陆时，飞行工程师会根据飞行计划和故障手册采取必要的措施以保障安全着陆。在发射过程中，飞行工程师还需关注指令长和驾驶员的各项操作，并及时通报各项关键事件。

3）其他任务专家：航天飞机乘组一般还会配置 1 号、3 号、4 号甚至 5 号任务专家，主要担任空间站任务的 EVA 航天员，同时也根据任务需要负责机械臂操作，包括各项物资补给的转移等。在发射阶段需要一名任务专家坐在驾驶员后面，返回阶段则与其他航天

---

① 关于国际空间站机械臂 RMS 与 EVA 操作方面的具体内容，请参见本书姊妹篇《国际空间站在轨构建》。

员进行位置交换，其他航天员座位安排于驾驶舱中部。航天飞机发射或返回过程中，任务专家均需要承担一定的职责。在进入轨道后，一名任务专家负责配置航天员各项设备，包括压力服准备、可折叠座椅收拢处置等，同时还需按照指令长要求及时配置在轨任务期间以及返回前的飞行参数。

5.2.2 职责划分

航天飞机在 1981 年和 1982 年实施的四次飞行测试任务乘组均由两名航天员组成，此后，航天飞机任务的乘组配置均超过四人。对于航天飞机支撑空间站任务的大多数飞行，航天飞机乘组均配置了 7 人，且往往由多个国家的航天员组成。

对于 1995 年至 1998 年期间实施的航天飞机 & 和平号联合任务、2001 年至 2002 年国际空间站早期的构建任务以及之后的 2006 年至 2009 年的后期构建任务，空间站驻站乘组可以搭乘航天飞机往返飞行。航天员在轨任务安排不断得到优化，并且在发射与返回过程中的操作尽可能地进行了压缩。在返回过程中，航天员通常会斜倚在座位上，以帮助其提前适应返回地面后的重力环境。根据在轨任务设计，航天员在航天飞机上的实际驻留时间相对有限，主要聚焦于在轨各项主操作任务以及摄影、内务和辅助物资转移等次要任务。在联合任务和后来的国际空间站任务中，NASA 及其国际合作伙伴的航天员协作担任任务专家，以承担在轨任务期间的机械臂操作和 EVA 任务。

接下来，本节介绍航天飞机任务乘组在轨任务期间的不同角色及其具体分工。

(1) 轨道器驾驶舱航天员

指令长、驾驶员和飞行工程师的主要任务是在发射和返回阶段对轨道器进行操控。在国际空间站构建任务中，驾驶舱航天员需要在其他乘组人员支持下完成交会对接和释放分离操作。

(2) EVA 航天员

EVA 航天员是专门为在轨 EVA 操作以及应急任务设置的任务专家。在国际空间站任务中，轨道器 EVA 乘组通常包括两人或四人，有时还会增加一名维修操作的航天员。EVA 操作实施过程中，航天员成对配置主要是基于安全因素考虑。针对一个给定的空间站 EVA 任务，通常由两对航天员协作完成。此时，在舱外执行操作的一对航天员互相支撑，同时由舱内另一对航天员辅助支持。舱内航天员主要是负责任务指导、乘组备份以及摄影记录，并提前为下一次 EVA 任务进行舱内准备工作。为了最大限度地提高乘组执行 EVA 任务的灵活性，任务乘组在地面培训期间需要接受大量的交叉协作，以便在轨的任何一次任务都可以按需调整航天员配置。

(3) 机械臂操作航天员

航天飞机任务期间，由经过专门培训的任务专家承担机械臂的操作任务，包括有效载荷转移或辅助支持 EVA 操作等。当航天飞机 EVA 操作位置超出机械臂 RMS 的可达范围时，任务乘组可以借助国际空间站机械臂 SSRMS 进行联合操作，有时也可能需要两个航天器乘组协同完成。

航天飞机 & 和平号联合任务乘组汇总（1995—1998 年）

航天飞机任务代号	联合任务代号	指令长	驾驶员	MS-1	MS-2	MS-3	MS-4	MS-5
STS-63	交会接近任务	韦瑟比	E. 柯林斯	哈伯格	福阿莱	J·E. 沃斯	蒂托夫	—
STS-71	SMM-01	R. 吉布森	普雷科特	E. 贝克	哈伯格	邓巴	N/A [U] *塔加德*[D]	*索洛维约夫*[1](MS-5)[U]/ *布达林*[1](MS-6)[U] *德朱洛夫*[1](MS-5)[D]/ *斯特雷卡洛夫*[1](MS-6)[D]
STS-74	SMM-02	卡梅伦	哈尔塞尔	哈德菲尔德[2]	罗斯	W. 麦克阿瑟	—	—
STS-76	SMM-03	奇尔顿	西尔福斯	塞加	克利福德	戈德温	*露西*[U]	—
STS-79	SMM-04	雷迪	威尔卡特	阿普特	埃克斯	沃尔兹	*布拉*[U] *露西*[D]	—
STS-81	SMM-05	M. 贝克	杰特	威索夫	格伦斯菲尔德	艾文斯	*布根机*[U] *布拉*[D]	—
STS-84	SMM-06	普雷科特	E. 柯林斯	克莱沃[3]	诺列加	卢	康达科娃[1]	*福阿莱*[U] *林恩格*[D]
STS-86	SMM-07	韦瑟比	布卢姆菲尔德	蒂托夫[1]	帕拉津斯基	克雷蒂安[4]	劳伦斯	*沃尔夫*[U] *福阿莱*[D]
STS-89	SMM-08	威尔卡特	爱德华兹	赖利	M. 安德森	邓巴	沙里波夫[1]	*托马斯·A*[U] *沃尔夫*[D]
STS-91	SMM-09	普雷科特	格里	昌迪亚兹	劳伦斯	卡万迪	留明[1]	*托马斯·A*[D]

备注：

1)MS:任务专家；

2)角标说明:[1] RSA =俄罗斯航天局;[2] CSA =加拿大航天局；[3] ESA =欧洲空间局；[4] CNES =法国航天局；

3)斜体的航天员姓名,表示空间站驻站乘组；

4)U = Up [仅在发射过程担任任务专家]；D= Down [仅在返回过程担任任务专家]；

5)在 STS-71 任务期间,只有布达林(U)和斯特雷卡洛夫(D)担任 MS-6 岗位。

(4) 装卸主管

在其他乘组人员的支持下，一名任务专家负责记录轨道器和空间站之间的货物搬运数据。相比于 EVA 乘组和机械臂操作航天员，装卸主管的角色容易被忽视，但却很重要。装卸主管需要确保设备和补给顺利转移，并最终正确地放置于空间站。同时，装卸主管还需要确保空间站相关的废弃物件顺利转移至航天飞机，并分析确认轨道器返回中的质量特性。每一件物品转移都需要经过编码，因此在轨数日内完成大量的硬件转移操作对于航天员来说是一项艰巨的任务。装卸主管需要确保上述转移操作按照正确的顺序、时间和方向进行，这就像现场指挥一场精心编排的芭蕾舞剧。

STS－71 任务乘组：后排从左至右分别为诺曼·塔加德（Mir－18 任务指令长）、根纳季·斯特雷卡洛夫（Mir－18 飞行工程师）、格雷格·哈伯格（2 号任务专家），艾伦·贝克（1 号任务专家）、查尔斯·普雷科特（驾驶员）、邦妮·邓巴（3 号任务专家）和尼古拉·布达林（Mir－19 飞行工程师）；前排从左至右分别为弗拉基米尔·德朱洛夫（Mir－18 任务指令长）、罗伯特·吉布森（STS－71 任务指令长）和阿纳托利·索洛维约夫（Mir－19 任务指令长）

5.2.3　训练内容

在 30 多年的时间里，航天飞机乘组训练计划培养了一批经验丰富的航天员，同时也使六七十年代开始的航天员备份机制逐渐取消。在一些特定情况下，比如航天员出现伤病或者无法承受过重的训练任务量，任务规划团队会启用为期仅数周的备份航天员代替方案，此时备份航天员一般都不会完整经历既定的地面培训任务。因此，在大多数情况下，航天飞机乘组不会配置备份航天员。这种机制可以有效规避复杂的培训计划，并且能够释放训练模拟器上有限的可用时间，因此也将有助于降低训练成本。

航天飞机系统开发启动于20世纪70年代初，当时在役航天员中有数位曾参加过双子星座和阿波罗任务。等到1981年航天飞机首飞时，这些资深航天员也都已经退役。

从1978年开始，NASA开始在传统航天员之外着手培训一批新型的航天员梯队。这些航天员的工作背景可以是工程师、科学家、技术人员、医生或军官。按照任务规划，他们不会安排有关航天飞机操控的训练，而是聚焦于航天飞机入轨后更为广泛的科学实验、在轨辅助操作等任务。自1983年至2003年，NASA还进行了第三种航天员的选拔和培训工作。这一类航天员被定义为有效载荷专家，他们并非类似于前两种的职业航天员。在具体的飞行任务中，这类航天员通常负责所在国家、企业或机构的有效载荷在轨操作任务，因此，这也决定了其岗位的临时性。自1986年挑战者号失事之后，NASA决定大幅缩减有效载荷专家的任务范围。航天飞机历史上的最后一名有效载荷专家参加的飞行是2003年的哥伦比亚号任务，不幸的是遭遇失事。在和平号联合任务以及国际空间站构建任务中，航天飞机所有乘组均由前两种航天员组成，他们都是NASA的职业航天员或者国际合作伙伴的航天员。

对于新入选的航天员，无论在短期内是否确定参与飞行任务，他们都需要接受航天飞机任务相关的应急救生培训以及基于T-38教练机的飞行操控训练。在教练机训练课上，航天员操控包括驾驶员岗位和非驾驶岗位的辅助角色。此外，NASA为航天员培训开发了航天飞机专用训练机，这是一款基于湾流喷气式商务飞机的改进产品。通过在各种着陆区和天气条件下开展模拟培训，可以为候选的航天飞机驾驶员积累有关再入返回和着陆的技术经验。关于航天飞机系统方面的培训，主要内容包括制导跟踪和导航、数据处理、电源以及环境等。轨道动力学方面的培训则聚焦于交会与对接操作。任务专家的培训仅关注与有效载荷密切相关的特定内容，比如Spacelab和Spacehab货舱模块的托盘支架、各种设备安装与回收处置操作等，后者还包括广泛的机械臂RMS操作和出舱活动培训。

在完成上述常规训练后，NASA航天员梯队还需接受航空电子学、航天员环控生保系统、应急程序、摄影与视频设备等高级课程的学习。课程培训过程中，航天员有机会接触多种飞行模拟器，涵盖了航天飞机发射组合体的集成、发射至返回着陆以及返回后地面处置的全过程模拟操作。同时，航天员还将接受专门针对常规和应急等各类飞行程序的学习。在长达数年的航天飞机任务通用培训期间，航天员需要完成一系列技术培训。在此基础上，NASA还会安排某个特定任务，并模拟配置相应的任务乘组，从而开展“实战性”的任务培训。这里的特定任务与接下来实施的飞行计划并无直接关联。

通过梳理，航天飞机与和平号联合任务以及支撑国际空间站构建任务的航天员培训包括以下具体内容，其中各项内容并无先后顺序要求。

1）T-38教练机的熟练驾驶操作，指令长、驾驶员和后续航天员有关航天飞机训练机的交会对接、返回与着陆操作；

2）航天员系统和飞行程序的课程培训；

3）各种装载系统及其有效载荷培训，装载系统包括Spacehab货舱模块和多功能后勤舱模块；

4）应用于有效载荷部署和回收处置操作的机械臂RMS培训；

5）熟练性和安全性培训，针对大型有效载荷的专门培训，还包括应急培训、基于空间站系统和飞行程序的安全简报培训；

6）专项有效载荷实验培训，包括便捷式试验装置和基于有效载荷舱的科学实验；

7）基于驾驶舱的科学实验；

8）开发测试目标（DTO）、补充测试目标（DSO）和风险减缓实验（RME）。

9）具体飞行动作的操控培训，包括交会、接近操作、对接、释放分离、空间站绕飞和分离等，这些培训由指令长和驾驶员参加，由任务专家辅助支持；

10）计划内、计划外和应急情况下的出舱活动培训，这些培训由任务专家参加，由指令长和驾驶员辅助支持；

11）媒体与联络培训，包括电视、广播、印刷物、访谈、承包商访问等渠道；

12）应急操作、备份方案及其交叉培训；

13）航天员其他事项的介绍，包括官方发布航天员照片、任务标识、组织家庭成员参加发射仪式、任务T恤衫、各种纪念物品以及发射前参加准备活动等。

本节介绍的培训内容适用于航天飞机各任务乘组，包括新手航天员、之前有过飞行经历的航天员以及NASA其他合作方的航天员。

俄罗斯航天员谢尔盖·克里卡列夫和弗拉基米尔·蒂托夫正在通过书籍来熟悉复杂的航天飞机系统

5.2.4 联合培训

随着和平号联合任务纳入航天飞机训练计划，大批外国航天员前往俄罗斯接受培训。航天飞机乘组通过培训学习掌握了和平号空间站的主要系统状态。

在联合任务实施期间，美俄双方成立了一个航天员培训工作组，由两名美国人和两名俄罗斯人组成。工作组的职责是明确航天员与航天飞机、联盟号飞船以及和平号空间站相关的工作内容，由此制定美俄航天员的培训内容和具体计划。为确定工作组上述职责内容，美俄曾举行了一系列的联合会议。这一点容易使人回顾起十多年前美苏双方针对航天飞机 & 礼炮号空间站联合任务的论证。为便于协调明确联合培训计划并监管航天员培训工作，美俄双方均设立了联合任务航天员办公室，分别位于莫斯科星城尤里·加加林航天员训练中心（TsPK）和休斯敦约翰逊航天中心。

航天员弗拉基米尔·蒂托夫正在接受航天飞机水面应急着陆训练

如前所述，联合任务培训计划明确了每一次飞行任务中航天员与联盟号飞船、和平号空间站及航天飞机相关的工作职责。此外，驻站乘组的培训需要单独进行。对于在任务期间需要进入和平号的航天员，还需要在尤里·加加林航天员训练中心接受为期一周的联合训练，此时将借助模拟器熟悉空间站状态并开展相关操作的培训。

联合任务期间，有 5 名俄罗斯航天员搭乘航天飞机发射升空[①]。这些航天员经验丰富，

---

① 他们分别是谢尔盖·K. 克里卡列夫、弗拉基米尔·G. 蒂托夫、叶莲娜·康达科娃、萨利赞·S. 沙里波夫以及瓦莱里·V. 留明。

在培训过程中仅在约翰逊航天中心和肯尼迪航天中心接受了短暂的任务专家专项训练。Mir-20至Mir-25的各个任务乘组及其备份航天员还参加了为期一周的培训。通过六个细分阶段的学习，航天员将熟悉航天飞机的基本状态以支撑在轨执行对接操作。由于驻站工作结束后需要搭乘航天飞机返回地面，Mir-18任务乘组还接受了航天飞机返回阶段的培训。类似的，Mir-19任务乘组则接受了航天飞机发射专题培训。

5.2.5 角色过渡

NASA航天飞机乘组的每名航天员在执行飞行任务之前，一般都是以某种角色在载人航天领域发挥作用。一部分航天员从事行政工作，比如担任行政部门副职或管理委员会成员。相对而言，任务乘组更多的是在航天飞机任务支持团队中担任相应的角色，包括卡角控制中心、发射系统评估与咨询小组（LSEAT）、航天飞机综合电子集成实验室（SAIL）、航天飞机任务模拟实验室（SMS）以及横跨大西洋着陆控制中心（TAL）等。按照任务设置，他们在成为航天员之前将从事与航天员密切相关的工作，包括参与轨道器的发射准备、设置驾驶舱控制参数以及为航天员提供航天服穿戴等帮助等。此外，具体工作还有可能包括通报发射中心和着陆场天气情况、任务期间航天员家属接受采访时的辅助等。尽管上述工作难以和执行飞行任务进行对比，但从任务成功的角度来说同样不可或缺。事实上，这些工作经历恰恰为他们在后续成为航天员以及参加任务提供了丰富的经验基础。

5.3 乘组任务实施

尽管1975年美苏联合实施的ASTP计划取得成功，但随后有关航天飞机&礼炮号联合任务论证进展有限，尚未涉及航天员培训或安排航天员交流甚至参加对方的飞行任务等。在过去长达15年的时间里，航天飞机与俄罗斯空间站的对接任务一直没有突破方案设想的层次。

尽管NASA在马歇尔航天飞行中心的模拟水池中建造了初步的空间模拟设施，并且约翰逊航天中心9号大楼零重力环境设施偶有开展有关居住舱模块的航天员模拟试验，但自由号空间站任务乘组的相关安排一直处于搁置状态。随后，NASA将自由号空间站更改为国际空间站计划，并与俄罗斯确认联合实施航天飞机&和平号计划。直至俄罗斯航天员加入联合任务乘组，NASA才将联合任务乃至国际空间站构建任务的航天员培训计划真正提上日程。

5.3.1 初期计划

1991年7月30日至31日，美国总统乔治·H.W.布什和苏联领导人米哈伊尔·S.戈尔巴乔夫在莫斯科出席两国首脑会议，并就扩大两国在生命科学研究领域的航天合作达成协议。根据协议内容，双方在第一阶段将联合实施航天飞机&和平号飞行任务，实现一名美国航天员在和平号空间站执行长期任务，一名苏联航天员则在航天飞机上进行长期任务。然而，随后的苏联解体导致双方合作中止，直至俄罗斯与美国重启合作。

1992 年，《航空与空间技术周刊》报道声称合作已经取得进展。双方预计由俄罗斯航天员搭乘 STS-60 航天飞机，并可能执行 EVA 操作。此外，由一名美国航天员在 1993 年进驻和平号空间站执行为期 90 天的任务，并最终搭乘联盟号飞船返回地球。当时双方暂未就进一步的合作达成新的协议，但至少已明确将在 1994 年或 1995 年由航天飞机搭载一个 Spacelab 长模块从而为和平号空间站提供物资补给。随后双方协商逐步达成共识，上述计划完成修订，取消了航天员搭乘 STS-60 执行 EVA 的计划。美国航天员前往和平号执行任务最终比原计划推迟了一年，此时航天员确定为搭乘联盟号升空，并随到访的航天飞机返回地球。

5.3.2 任命首批乘组

上述报道四个月后，1992 年 10 月 28 日，NASA 宣布执行 STS-60 任务的美国乘组名单为：小查尔斯·F. 博尔登，指令长；小肯尼斯·S. 赖特勒，驾驶员；简·N. 戴维斯、罗纳德·M. 塞加和富兰克林·R. 陈分别担任 1 号至 3 号任务专家。同时，公告还称乘组将包括一名经验丰富的俄罗斯航天员。

俄罗斯航天局（RSA）此前已宣布谢尔盖·K. 克里卡列夫和弗拉基米尔·G. 蒂托夫参加航天飞机任务培训。两人将于 11 月抵达肯尼迪航天中心，在快速的入门培训之后，其中一人将确定进入乘组名单，另一人则作为备份。STS-60 任务计划实施为期 8 天的飞行。航天飞机有效载荷舱将装载第二个 Spacehab 增强货舱模块，以开展各种微重力实验和新增配置的俄罗斯负责的生命科学实验。根据赖特勒的说法，STS-60 任务耗费并不低。

两名俄罗斯航天员及其支持团队于 11 月初抵达休斯敦，随即便开始训练工作。通过交流可以看出，蒂托夫清楚承担的工作内容，并强调工作的开创性，尤其是对于航天飞机、和平号空间站和国际空间站联合任务具有重要意义。同时，俄方希望通过联合任务实施积累合作经验，为后续俄罗斯航天员和科学家参加任务奠定基础。此外，蒂托夫表态会继续努力参加其他相关的开发任务。此次任务对于俄罗斯来说同样意义非凡，这是自 1975 年联盟号-阿波罗任务之后的再次合作，并且是在双方航天领域都已取得新的进展后的合作。因此，此次合作起点更高，为后续航天领域发展提供了新的机遇。

为了便于航天员开展工作，两位俄罗斯航天员的家属也一同赴美，计划将在 11 月 21 日抵达休斯敦。在环境适应方面，他们坦言可能在教育、交通及日常购物方面需要一定的过渡期。

正当俄罗斯航天员参加 STS-60 任务训练期间，美方则将一部分精力投入到安排航天员参加和平号驻站任务中。

1993 年 3 月，NASA 航天员诺曼·E. 塔加德成为和平号 90 天驻站任务的美方首选航天员。同时，他还担任 NASA 航天员办公室对接俄罗斯载人飞行任务的联络员。尽管塔加德此前已有俄语学习经历，并曾多次到访俄罗斯，同时还是约翰逊航天中心主管一职的有力竞争者，但也有消息传闻，NASA 总部的威廉·谢泼德也在争取参加此次飞行任务。

STS－84 乘组出发前往发射平台，随即将参加发射倒计时测试（TCDT）

4 月，美俄双方协商确定，由俄罗斯航天员谢尔盖·克里卡列夫担任联合任务的 4 号任务专家，蒂托夫作为备份，并且双方将在下一次任务中进行角色互换。按照任务规划，蒂托夫将参加 STS－63 任务。此次飞行预计将搭载 Spacehab 3 号货舱模块，主要目的是于 1994 年春季执行航天飞机与和平号的交会飞行，称之为“接近和平号”任务，从而为几个月后的首次对接做好准备。9 月初，双方公布整个乘组名单：吉姆·D. 韦瑟比，指令长；艾琳·M. 柯林斯，驾驶员（成为首个担任此职位的女性航天员）；伯纳德·A. 哈里

M－113 装甲运输车应用于 STS－84 任务的发射倒计时测试。图示前座为驾驶员艾琳·柯林斯，旁边是肯尼迪航天中心消防局的培训官乔治·霍格德。图左位于霍格德后面的是俄罗斯航天局的查尔斯·普雷科特（指令长）、任务专家叶莲娜·康达科娃。左后方是欧洲空间局的两位任务专家，分别是迈克·福阿莱、简-弗朗索瓦·克莱沃

斯、迈克·C. 福阿莱、詹姆斯·E. 沃斯和蒂托夫分别作为 1 号至 4 号任务专家。关于乘组任命，据传指令长一岗原计划由资深航天员约翰·W. 杨担任，但他出于支持年轻同事发展的角度将此次机会让出。

入选 STS－60 和 STS－63 任务乘组的大部分 NASA 航天员都具有突出的飞行经验，10 名航天员累计参加了 14 次的航天飞机任务。俄罗斯航天员谢尔盖·克里卡列夫和弗拉基米尔·蒂托夫的飞行经验可能更为丰富。蒂托夫曾在和平号空间站累计飞行长达 366 天，而克里卡列夫则在和平号驻留过两次，实现总飞行时间达到惊人的 463 天。1993 年 11 月，NASA 正在开展航天飞机任务规划的评审工作，预计将于 1995 年年初实施 STS－63 任务。

最终在 1994 年 2 月 3 日至 11 日期间，STS－60 任务顺利实施，谢尔盖·克里卡列夫成为首位搭乘航天飞机升空的俄罗斯航天员。

在 STS－60 发射当天，NASA 宣布诺曼·塔加德入选后续任务乘组并将参加和平号的三个月驻站飞行任务，由邦妮·邓巴担任备份。两人飞行经验丰富，此前曾分别参加过

4 次和 3 次航天飞机任务。按照培训安排，两人将从下个月开始在俄罗斯星城接受培训。NASA 透露，塔加德将与俄罗斯航天员弗拉基米尔 · N. 德朱洛夫和亚历山大 · Y. 卡莱里一起搭乘联盟号飞船执行 Mir - 18 任务，在任务结束后将搭乘执行首次与和平号对接的 STS - 71 航天飞机返回地球。STS - 71 发射时将搭载航天员阿纳托利 · 索洛维约夫和尼古拉 · 布达林轮换担任驻站乘组。邓巴则计划搭乘航天飞机到访空间站。

统计表格过程中，我们能体会到追踪记录乘组任务存在的诸多困难。1994 年 3 月，俄罗斯任命卡莱里为能源部 292 号部门副主任，这一点似乎与其入选 Mir - 18 任务乘组没有任何关联。事后来看，当时也尚无任务乘组的正式任命文件。1993 年夏天，根纳季 · M. 斯特雷卡洛夫与德朱洛夫开始针对和平号长期飞行任务接受培训。然而，由于 NASA 迟迟未能确定和平号任务乘组名单，整个飞行计划在接下来一年左右的时间里一直处于修改状态。随后所有迹象表明，最终与邓巴与塔加德一同入选 Mir - 18 任务乘组的将是斯特雷卡洛夫而非卡莱里。此前斯特雷卡洛夫已有五年没有执行飞行任务，在此期间他先后担任过能源部的多个管理职位。尽管他已于 1995 年 1 月从能源部航天员小组退休，但根据双方签订的特殊合同，他可以继续参加 Mir - 18 飞行任务。

由于 NASA 航天员迟迟未定，导致媒体在这一段时间持续讨论类似的话题，并开始关注具有医疗技能的航天员。M · L. 小卡特之前不幸在 1991 年 4 月的空难中丧生，否则他很可能会在航天员候选名单上排在前列。媒体讨论的其他潜在的候选航天员包括詹姆斯 · P. 巴贾和斯托里 · F. 马斯格雷夫。尽管 NASA 此前曾表示将由职业航天员、生命科学有效载荷专家安德鲁 · F. 加夫尼担任，但最终塔加德入选。

与此同时，尽管联合任务乘组的任命尚有待定，但美国的一些航天员已着手学习俄语课程。其中，数名资深航天员也开始在联合任务的地面准备工作中担任管理职务或者相应的辅助岗位，同时他们也在准备参加乘组选拔。随着航天飞机 & 和平号联合计划不断推进以及国际空间站构建任务的训练方案逐渐清晰，NASA 也在不断更新联合任务的培训要求。针对和平号长期驻站飞行任务，NASA 航天员需要投入大量的时间来学习俄语并远赴俄罗斯开展为期较长的训练。由于在地面工作阶段即需要长时间远离家人，这些实际困难导致很多候选航天员拒绝这一任务选项。除此之外，还有一部分航天员则选择等待国际空间站任务、哈勃太空望远镜在轨服务任务以及其他的航天飞机独立飞行任务。因此，并不是每个航天员都期待在太空驻留长达数月，或者在地面接受数年的训练等。

5.3.3　交叉协作

随着航天飞机 & 和平号联合任务正式启动，NASA 决定在位于莫斯科星城的加加林航天员训练中心设立约翰逊航天中心的一个专项办公室。航天员代表将与工作人员协同，为即将参加和平号驻站任务的航天员制定训练方案。对于美俄协作问题，由 NASA 派驻俄罗斯的运营总监（DOR）负责，同时还要处理 NASA 有关的所有联合任务的训练事项。

联合任务期间驻站乘组中搭乘航天飞机发射或返回的航天员汇总

驻站航天员	国别	发射日期	执行发射的航天飞机任务号	STS 任务专家代号(仅发射过程)	驻站乘组编号	执行返回的航天飞机任务号	STS 任务专家代号(仅返回过程)	着陆日期
阿纳托利·Y. 索洛维约夫	俄罗斯	19950627	71	RC-1[1]	EO-19	N/A	N/A	N/A[2]
尼古拉·M. 布达林	俄罗斯	19950627	71	RC-2[1]	EO-19	N/A	N/A	N/A[2]
弗拉基米尔·N. 德朱洛夫	俄罗斯	N/A[3]	N/A	N/A	EO-18	71	RC-1[4]	19950707
根纳季·M. 斯特雷卡洛夫	俄罗斯	N/A[3]	N/A	N/A	EO-18	71	RC-2[4]	19950707
诺曼·M. 塔加德	美国	N/A[3]	N/A	N/A	EO-18	71	4[4]	19950707
香农·W. 露西	美国	19960322	76	4	EO-21/22	76	4	19960926
约翰·E. 布拉	美国	19960916	79	4	EO-22	81	4	19970122
杰里·M. 林格	美国	19970112	81	4	EO-22/23	84	5	19970524
迈克·C. 福阿莱	美国	19970515	84	5	EO-23/24	86	5	19971006
大卫·A. 沃尔夫	美国	19970927	86	5	EO-24	89	5	19980131
安德鲁·S.W. 托马斯	美国	19980122	89	5	EO-24/25	91	5	19980612

备注(对应各角标)：

1. EO-19(俄罗斯的和平号空间站驻站乘组编号格式)驻站乘组航天员索洛维约夫和布达林分别被指定为 1 号(RC-1)和 2 号俄罗斯航天员(RC-2)，搭乘 STS-71 航天飞机进驻和平号；

2. EO-19 驻站乘组航天员索洛维约夫和布达林于 1995 年 9 月 11 日搭乘联盟号飞船 TM-21 返回地球；

3. EO-18 驻站乘组航天员德朱洛夫、斯特雷卡洛夫和塔加德于 1995 年 3 月 14 日搭乘联盟号飞船 TM-21 发射升空；

4. EO-18 驻站乘组航天员德朱洛夫和斯特雷卡洛夫分别被指定为 1 号(RC-1)和 2 号俄罗斯航天员(RC-2)。美国航天员塔加德被指定为 4 号任务专家(仅限返回任务)，也随 STS-71 航天飞机一起返回。

1994 年 2 月 23 日，航天员肯尼斯 · D. 卡梅伦获任首位驻俄罗斯的运营总监，在俄罗斯任期结束后他将返回约翰逊航天中心工作，以指令长的身份参加第二次的联合对接任务。1996 年，俄罗斯在休斯敦约翰逊航天中心也设立了一个类似的办公室。

STS－84 任务乘组正在卡角参加应急滑索救援模拟培训。图示从前到后依次是埃德 · 卢、卡洛斯 · 诺列加、查尔斯 · 普雷科特。俄罗斯航天员叶莲娜 · 康达科娃正在地面上进行协助（身着制服背向镜头）

5.3.4 STS－71 乘组

针对执行航天飞机与和平号空间站第一次对接任务的乘组选择，飞行经验将是最为核心的要素。最终，入选的五名美国航天员此前一共执行过 12 次航天飞机任务。NASA 发布公告称，现任航天员办公室主任罗伯特·L. 吉布森将担任 STS－71 任务指令长。驾驶员、1 号至 3 号任务专家分别是查尔斯·J. 普雷科特、艾伦·L. 贝克、格雷格·J. 哈伯格以及邦妮·邓巴。邦妮·邓巴同时也是塔加德的岗位备份。加上 Mir－19 航天员索洛维约夫和布达林，此次任务一共有 7 名航天员搭乘航天飞机发射升空。Mir－18 航天员德朱洛夫、斯特雷卡洛夫和塔加德将在任务结束后乘坐航天飞机返回地面，从而结束三个月的驻站飞行任务。

NASA 在当天还宣布，航天飞机 & 和平号对接任务、国际空间站构建任务还肩负一项国际合作任务，即每年为加拿大提供一人次的航天员飞行机会。加拿大作为航天飞机和国际空间站机械臂的主要承研方，多年来一直是空间站项目的合作伙伴。因此，NASA 这项决定对于维持和促进双方合作极为重要。实际上自 1995 年至 2001 年期间，NASA 确实每年都安排了一名加拿大航天员参加一次航天飞机任务。这些航天飞机的任务并不单一，而是涵盖了和平号空间站、国际空间站以及其他独立的飞行计划。

5.3.5 驻站乘组任命

1994 年 7 月 12 日，肯·卡梅伦回到约翰逊航天中心，比尔·雷迪接替成为 NASA 驻俄罗斯运营总监。根据飞行任务计划以及训练周期要求，第二批乘组名单至少需要在任务发射的一年前确定。1994 年 9 月 2 日，STS－74 乘组名单正式宣布，由肯·卡梅伦担任指令长，詹姆斯·D. 哈尔塞尔担任驾驶员，1 号至 3 号任务专家分别是加拿大航天员克里斯·哈德菲尔德、杰里·罗斯和威廉·麦克阿瑟。这次飞行的主要任务是运输俄罗斯制造的对接模块，以便于后续对接过程中和平号与航天飞机之间的安全距离得到有效保证。联合任务最初计划由塔加德搭乘 STS－71 离开空间站，而邦尼·邓巴则轮换进入和平号，随后该乘组配置方案因故取消。因此，STS－74 成为唯一一次没有进行 NASA 航天员轮换驻站的任务。

在乘组任命公布之后，航天员及工作人员需要按照计划加快节奏推进地面训练工作，因为一年后的对接任务并不简单。11 月 1 日，NASA 宣布此前参加 STS－60 任务的罗纳德·塞加接替比尔·雷迪成为第三任驻俄罗斯运营总监。比尔·雷迪返回约翰逊航天中心接受 STS－79 任务训练，即联合计划的第四次对接任务。11 月 3 日 NASA 宣布约翰·E. 布拉和香农·W. 露西将于 1995 年 2 月先后在俄罗斯和美国开始他们的训练任务。在后续飞行过程中，布拉成为 NASA 唯一一位轮换进入和平号的航天飞机乘组驾驶员。

一周之后，NASA 宣布联合计划的第三次和第四次对接任务的指令长名单。凯文·P. 奇尔顿此前已参加过两次航天飞机任务，经验丰富，因此担任 STS－76 指令长。STS－79 指令长则由比尔·雷迪担任，此时他刚结束训练工作。NASA 暂未公布两个乘组的其他成员，但确定的是都将有一名航天员轮换进入驻站乘组，该名航天员将搭乘 STS－76 发射升空，并在四个月后随 STS－79 航天飞机返回地面。这也将开启美国航天员的四次驻留飞行任务。同年 12 月，NASA 宣布联合任务驻站乘组新增三个候选参训小组。

联合任务驻站任务航天员名单

序号	候选航天员	备份航天员	发射任务代号	返回任务代号	驻站飞行时间
1	塔加德	邓巴	（TM－21）	STS－71	3 个月
2	露西	布拉	STS－76	STS－79	5 个月
3	布根机	帕拉津斯基	STS－79	STS－81	4 个月
4	布拉	劳伦斯	STS－81	STS－84	6 个月
5	帕拉津斯基	劳伦斯	STS－84	STS－86	4 个月

1993 年 9 月，温迪 · B. 劳伦斯、杰里 · M. 林格和斯科特 · E. 帕拉津斯基三名航天员在完成预备训练后，都表态愿意参加联合计划中的驻站飞行任务。此前，几名经验丰富的航天员都已表示对此不考虑，因此 NASA 的担忧轻松消除，同时这些年轻的航天员也拥有了难得的飞行机会。按照 NASA 惯例，驻站飞行要求航天员此前至少执行过一次飞行任务。因此，NASA 很快安排三名航天员分别参加 STS－67、STS－64 和 STS－66 任务。在任务推进过程中，林格和布拉进行了岗位互换。布拉此前曾担任航天飞机驾驶员，因此还需要补充 EVA 训练。对于林格而言，作为一名任务专家，曾穿着美国航天服执行过 EVA 任务，但还需要补充接受身穿俄罗斯海鹰舱外航天服的 EVA 训练。

1995 年 2 月 3 日，和平号交会任务 STS－63 成功发射。

1995 年 3 月 14 日，TM－21 联盟号飞船搭载 Mir－18 常驻航天员（包括美国航天员诺曼 · 塔加德），从拜科努尔航天发射场发射升空。在完成驻站飞行后，这一批航天员将乘坐 STS－71 航天飞机返回地球。

联盟号飞船发射当天，NASA 宣布将由迈克 · A. 贝克接替罗纳德 · 塞加成为第四任驻俄罗斯运营总监。3 月 30 日，NASA 任命香农 · 露西和杰里 · M. 林格作为联合任务的驻站航天员，他们在驻站飞行结束后将乘坐航天飞机返回地球。4 月 14 日，NASA 公布后续还将安排 10 名航天员先后执行 STS－76 和 STS－79 任务。其中，理查德 · A. 西尔福斯将担任 STS－76 驾驶员，罗纳德 · 塞加、里奇 · 克利福德和琳达 · 戈德温分别担任 1 号至 3 号任务专家。露西将执行为期五个月的驻站任务。关于 STS－79 任务，特里 · 威尔卡特将担任驾驶员，杰伊 · 阿普特、汤姆 · 埃克斯、卡尔 · 沃尔兹分别担任 1 号至 3 号任务专家，林格则将轮换进入驻站乘组，执行为期 4 个月的飞行并最终与露西一起返回地球。

1995 年 6 月 27 日至 7 月 7 日，执行首次对接任务的 STS－71 航天飞机搭载两名 Mir－19 乘组航天员升空，在返回时将搭载包括诺曼 · 塔加德在内的三名 Mir－18 乘组航天员返回地球。

10 月 20 日，帕拉津斯基接到通知需要提前结束其长周期训练工作。由于身高过高，他无法安全固定于联盟号座椅靠背，因此不满足紧急返回条件。随后不久，原计划担任布拉备份的温迪·劳伦斯由于身高太矮而无法适应海鹰舱外航天服，因此需要临时终止原计划即将开始的为期一年的训练任务。10 月 20 日，NASA 任命查尔斯·普雷科特接替迈克·贝克成为第五任驻俄罗斯运营总监，后者将返回约翰逊航天中心参加 STS－81 指令长岗位的训练工作。

1995 年 11 月 12 日至 20 日，STS－74 航天飞机顺利实施第二次对接任务。

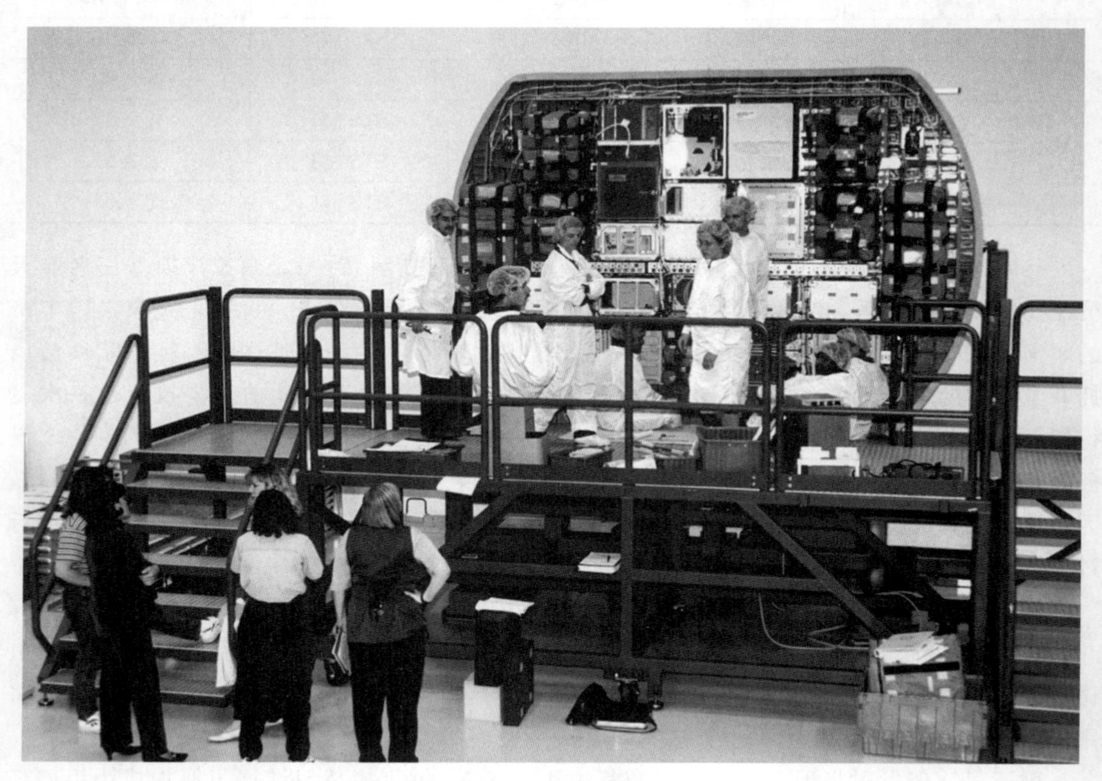

STS－89 任务乘组正在参加乘员舱培训以熟悉其安装与功能测试状态，
确保顺利完成 Spacehab 货舱相关的物资补给工作

5.3.6　联合任务增补

1996 年，NASA 基于联合任务开启了美国航天员接替常驻和平号空间站的任务。实际驻留时间共计超过两年，远超美俄双方最初的协议预期。根据年初有关任务乘组的最新安排，斯科特·帕拉津斯基和温迪·劳伦斯将相继调整为备岗。1 月 16 日，迈克·福阿莱预计担任杰里·林格备份的消息传开，这样的话他将作为 NASA 第五名也是最后一名美国航天员参与驻站飞行。詹姆斯·S. 沃斯则担任此前福阿莱飞行任务的替岗。

1 月 30 日，NASA 宣布将第一阶段航天飞机 & 和平号对接任务由原计划的 7 次增扩至 9 次，并将联合任务实施周期延长至 1998 年，以使美国航天员能够多执行两人次的驻站飞行。当天还有一个重大消息获得宣布，即 NASA 公布了国际空间站任务的第一批航天员。比尔·谢泼德将担任首个任务乘组指令长，谢尔盖·克里卡列夫担任飞行工程师。

此外，联盟号飞船指令长将同时兼任国际空间站的另一名飞行工程师，该航天员姓名暂未公开。按照计划，首次飞行任务将从拜科努尔搭乘联盟号飞船发射升空，随后乘组搭乘航天飞机返回地球。

三天后，NASA 发布了进一步的飞行任务消息，宣布了第五次对接任务乘组名单。其中，由迈克·贝克担任 STS－81 任务指令长，布伦特·W. 杰特担任驾驶员，1 号至 3 号任务专家分别是杰弗里·威索夫、约翰·格伦斯菲尔德与玛莎·艾文斯。这次飞行中，美国航天员林格将轮换约翰·布拉进入和平号。林格在任务结束后将搭乘 STS－84 航天飞机返回地球。STS－84 将执行第六次对接任务，指令长为查尔斯·普雷科特。

3 月 13 日，已完成和平号空间站训练的帕拉津斯基和劳伦斯将接受新一轮的训练。在这个阶段，他们将在失重环境设施上进行训练，包括使用和评估空间站 EVA 扶手。当天，NASA 任命劳伦斯为第六任驻俄罗斯运营总监。她将在月底前往俄罗斯，普雷科特则返回休斯敦开始 STS－84 任务相关的地面训练。

1996 年 3 月 22 日至 31 日，STS－76 航天飞机将执行联合计划的第三次对接任务，并将香农·露西轮换进入和平号。

1996 年 4 月，航天员阿纳托利·索洛维约夫获任首位驻休斯敦的俄罗斯运营总监，与美国任命的莫斯科运营总监开展类似的工作。索洛维约夫的飞行经验丰富，此前已累计超过 652 天的太空飞行以及共计 16 次太空行走经历（记录时间超过 82 小时），并且在 STS－71 任务中有过与美国同行协作的经验。事后来看，这些独特的经历也将有助于其在后面的任务中担任联盟号飞船乘组指令长。

7 月 15 日，与普雷科特一起执行 STS－84 任务的其他四名航天员获得任命。其中，法国航天员简-弗朗索瓦·A. 克莱沃担任 1 号任务专家，NASA 航天员卡洛斯·I. 诺列加和埃德·T. 卢分别担任 2 号和 3 号任务专家。普雷科特在第一次对接任务中曾到访和平号空间站，而柯林斯则参加了 STS－63 与和平号的交会飞行。上述联合任务的实施使得美国航天员逐步积累了空间站工作经验。NASA 天空实验室计划实施的一个重要体会就是空间站任务的地面训练和其他飞行截然不同。NASA 准备空间站对接任务已经长达 20 多年，因此在各项工作准备过程中更需要谨慎细致对待。具体来说，航天员在参与国际空间站任务之前需要掌握在拥挤的和平号空间站内部进行大量货物处置与物资补给转移的技能。因为每一个工作环节，都将在后续国际空间站任务中得到复现。

NASA 在当天的声明中还明确将由迈克·福阿莱接替林格加入 STS－84 乘组，在任务中将轮换进入和平号执行为期四个月的驻留飞行。8 月份美俄双方宣布由此前已退役的航天员叶莲娜·康达科娃担任 STS－84 的 4 号任务专家。1994 年 10 月至 1995 年 3 月期间，康达科娃曾在和平号驻留飞行长达 169 天。

5.3.7 航天员岗位调整

NASA 在取消劳伦斯的驻站飞行计划后任命其为俄罗斯运营总监。对于劳伦斯本人来说，却一直希望计划调整能继续参加训练以恢复飞行计划。直到当年第二季度临近结束，劳伦斯似乎终于迎来转机。8 月 16 日，NASA 最终宣布劳伦斯和大卫 · 沃尔夫加入 Mir－31 驻站乘组开始接受培训。9 月 5 日，迈克尔 · 洛佩兹-阿莱格里亚接替即将返回约翰逊航天中心的劳伦斯担任俄罗斯运营总监。

按照计划，劳伦斯将搭乘 STS－86 发射升空，接替迈克 · 福阿莱进入和平号与 Mir－24 和 Mir－25 乘组一起工作。沃尔夫则作为备份，并在正常情况下搭乘 STS－89 航天飞机执行为期 4 个月驻站飞行。最终，沃尔夫顺利执行联合计划的最后一次对接任务，这也让其成为最后一位和平号驻站任务的美国航天员。在轨期间，沃尔夫与 Mir－25 乘组一起工作并在最后搭乘 STS－91 航天飞机返回地球。

1996 年 9 月 16 日至 26 日，STS－79 航天飞机顺利实施第四次对接任务，将约翰 · 布拉送入和平号，并将香农 · 露西带回地球。

1996 年 12 月 6 日，美俄公布执行第六次对接任务的 STS－86 乘组名单。指令长是吉姆 · 韦瑟比，此前他曾指挥实施了 STS－63 和平号交会任务，迈克尔 · J. 布卢姆菲尔德担任驾驶员。关于其他四位任务专家，这里补充介绍他们与空间站任务有关的一些故事。斯科特 · 帕拉津斯基当时刚刚结束驻站飞行。弗拉基米尔 · 蒂托夫当时正在执行他的第二次航天飞机任务，且此前有两次搭乘联盟号飞船执行任务的经历，而且还参与了和平号驻站飞行。法国航天员简 · 卢普 · 克雷蒂安则是首次参加航天飞行任务，但此前他已有礼炮 7 号与和平号空间站的两次太空飞行经历。温迪 · 劳伦斯也加入任务乘组，在经历短暂调整之后重返训练。此次任务中，劳伦斯将接替和平号驻站乘组的福阿莱以进行下一阶段的驻站飞行，后者则在完成四个月的飞行后搭乘 STS－86 航天飞机返回地球。

5.3.8　驻站飞行风险

1997 年 1 月 12 日至 22 日，STS－81 航天飞机顺利执行第五次对接任务。按计划，任务将为和平号驻站乘组带来杰里 · 林格以接替约翰 · 布拉。

1997 年 3 月 4 日公布了两次新增任务的任务乘组名单，此时距离任务新增确定已过去一年。STS－89 任务指令长为特里 · 威尔卡特，6 个月之前他参加 STS－79 任务完成了自己的第三次飞行。担任驾驶员的乔 · 爱德华兹、两名任务专家迈克尔 · 安德森和詹姆斯 · 赖利则都是首次参加联合任务。第三位任务专家为邦尼 · 邓巴，这是她第五次参加航天飞机任务，也是第二次参加联合任务。STS－89 任务将运送大卫 · 沃尔夫轮换进入驻站乘组，并将完成接替工作的温迪 · 劳伦斯带回地球。

1997 年 3 月 15 日至 24 日，STS－84 航天飞机顺利实施第六次对接任务。此次任务由迈克 · 福阿莱轮换杰里 · 林格进入驻站乘组，后者随航天飞机返回地球。

就在林格开始为期 4 个月飞行仅仅几周后，2 月 24 日和平号空间站遭遇一场大火。此时有两个乘组正在同时参加驻站飞行，所幸这场大火对航天员工作与生活并未造成严重影响。在驻站飞行期间，林格及其同事在一次人工对接试验中也曾遭遇风险，幸好及时通过应急操作成功避免了到访的货运飞船与和平号发生碰撞。此外，乘组在轨期间还修复了多台故障设备。准备接替林格的迈克 · 福阿莱曾表示，希望轮到他驻留飞行时，各类故障和

STS－91 任务乘组准备乘车前往发射平台

问题都能得到解决。福阿莱希望自己参与的联合任务经历能够顺利，这样可以专注于即将到来的哈勃太空望远镜第三次在轨服务任务。然而，在轨任务的高风险让任务总会超出预期，以致于福阿莱和其他两名同事差点不能返回地球。

6 月 25 日，进步号货运飞船与和平号空间站发生碰撞，导致福阿莱所在的光学舱压力降低。在事故发生后的数小时内，驻站航天员联合地面控制人员一起采取了一系列的紧急维修措施，避免了相关不利影响的进一步加剧。当时在轨情况已非常紧急，美俄双方甚至一度决定由航天员乘坐联盟号救生飞船返回地球。

可以看出，和平号驻站飞行所面临的挑战显然不止繁重的工作以及远离家人的心理压力。因此，每次任务的规划工作都需要考虑各种风险，这一点对于长周期飞行任务尤为重要。正是在联合任务中积累了进一步的驻站飞行经验，国际空间站在轨构建与运行实施得以更为顺利。和平号空间站为美国航天员及其更为广泛的任务团队提供了一个真实的在轨训练基地。俄罗斯专家曾说过，只有经历地球轨道飞行之后航天员的身份才算合格，并且只有太空才是飞行任务最佳的模拟训练场所。对于即将到来的国际空间站任务，美国显然在联合任务中受益匪浅。

在 39B 号发射平台顶部白色房间内，STS-81 任务专家玛莎·艾文斯调整头盔以便于进入亚特兰蒂斯号航天飞机

航天员岗位的调整，有些时候并不是很早就能确定，所以航天员接到通知时甚至倍感沮丧。7 月 30 日，NASA 通知劳伦斯其驻站乘组岗位由大卫·沃尔夫接替。此次调整的原因在于，上述碰撞事故导致后续驻站乘组需要执行 EVA 对其进行维修，而劳伦斯此前并未穿着海鹰舱外航天服进行 EVA 训练，而且其身材较矮导致与标准的 EVA 航天服无法匹配。沃尔夫在接下来会针对性地开展新增的 EVA 训练，以便在轨按需为俄罗斯航天员提供辅助。由于乘组调整导致发射日期推迟十天，劳伦斯最终也得以继续留在 STS-86 乘组以支持大卫·沃尔夫执行任务。同时，劳伦斯丰富的经验也将对空间站物资补给转移提供帮助。

1997 年 9 月 26 日至 10 月 6 日，STS-86 航天飞机实施第七次对接任务，大卫·沃尔夫将轮换进入驻站乘组，并将迈克·福阿莱安全带回地球。

10 月 8 日，NASA 任命肯尼斯·D. 科克雷尔接替罗伯特·卡巴纳成为约翰逊航天中心航天员办公室主任。卡巴纳也因此以 STS-88 指令长的身份全职参加任务培训，以参加国际空间站任务的首次飞行，其意义不言而喻。10 月 10 日，安德鲁·W. 托马斯任命进入 Mir-37 乘组，使其成为驻站工作的第七名也是最后一名美国航天员。曾经与迈克·福阿莱搭档的詹姆斯·沃斯，则继续留在星城以支持安德鲁·W. 托马斯的相关工作。

10 月 15 日，俄罗斯航天员萨利赞·沙里波夫入选 STS-89 乘组，担任协助运送物资的任务专家。他从 8 月开始在约翰逊航天中心接受训练。10 月 23 日，NASA 为联合计划的 STS－91 任务任命了最后一批航天员。查尔斯·普雷科特担任指令长，多米尼克·格里为驾驶员，三名任务专家分别是温迪·劳伦斯、富兰克林·R. 昌迪亚兹以及珍妮特·L. 卡万迪。安德鲁·托马斯在此次任务期间将结束驻站飞行任务，并搭乘 STS－91 航天飞机返回地球。

对于 STS－91 乘组任命情况，大多数人都认为已经完成，因为大家都具备足够的能力和经验完成这次飞行任务。1998 年 1 月 21 日，资深航天员瓦莱里·V. 留明出人意料地加入了 STS－91 乘组。留明曾全程负责联合任务第一阶段的俄罗斯承研计划的项目管理，而且还参与了礼炮号及和平号空间站的开发工作。早在 1977 年，他就参加了联盟号飞船 TM－25 的飞行任务。1979 年，留明在礼炮 6 号空间站执行任务长达 175 天，而且在轨期间执行过一次 EVA 任务，1980 年又再次参加礼炮 6 号任务并且打破纪录飞行达到 185 天。按照美俄双方的联合任务规划，STS－91 任务的目的之一是检查服役 12 年的和平号运行情况，以评估其能否继续运行。根据联合任务实施进展，特别是经历火灾和碰撞事件的林格和福阿莱等航天员的飞行总结，NASA 建议和平号空间站退役。但根据留明飞行期间的工作与总结分析，和平号可以再运行一段时间。对此，NASA 则提出另一角度的不同意见，即和平号空间站继续运行不利于俄罗斯聚焦国际空间站的承研任务。

躺在座椅中进行发射倒计时测试的航天员，从左至右分别为 STS－86 任务专家简·卢普·克雷蒂安（法国航天局）、NASA 大卫·沃尔夫（正对镜头点赞）以及温迪·劳伦斯

5.4 乘组数据统计

本节介绍了航天飞机 & 和平号联合任务乘组及其飞行任务的部分数据统计结果。

在任务期间（统计包括 STS-63，但不包括 STS-60），共有 55 人次执行飞行。其中，航天飞机乘组为 47 人，驻站乘组合计 11 人。驻站乘组包括 2 名 Mir-19 航天员，3 名 Mir-18 航天员（包括诺曼·塔加德）以及另外 6 名 NASA 航天员，分别是香农·露西、约翰·布拉、杰里·林格、迈克·福阿莱、大卫·沃尔夫和安德鲁·托马斯。

航天飞机乘组中，共计 4 名俄罗斯航天员：弗拉基米尔·蒂托夫，叶莲娜·康达科娃，萨利詹·莎里波夫和瓦莱里·留明，此外还有其他合作伙伴的代表，分别为加拿大克里斯·哈德菲尔德，欧空局 J-F. 克莱瓦和法国 J. L. 克雷蒂安。

联合任务共计 47 名航天员参与，包括 38 名男性和 9 名女性。其中，有 40 名美国人（包括 8 名女性）、4 名俄罗斯人（包括 1 名女性）、1 名加拿大人和 2 名法国人。此外，7 名航天员（包括 3 名女性）执行了两次飞行任务，1 名航天员执行了三次任务。福阿莱得益于在俄罗斯的长期训练经历，使得其在加入驻站乘组之前有机会参加 STS-63 任务，这一点在所有航天员中是个例。

参考文献

[1] For full details of Russian cosmonaut training on the Shuttle see 'Cosmonauts on the Shuttle (Shuttle - Mir) ' in Russia's Cosmonauts, Inside the Yuri Gagarin Training Center, by Rex D. Hall, David J. Shayler and Bert Vis, Springer - Praxis 2005 pp. 254 - 273.

[2] NASA News (JSC) 91 - 122.

[3] Aviation Week & Space Technology, June 22, 1992, p. 24 .

[4] NASA News (JSC) 92 - 059, October 28, 1992 .

[5] Cosmonauts begin training at JSC, Space News Roundup, November 13, 1992, vol. 31 No. 44 p. 1 .

[6] NASA News (JSC) 93 - 61, April 2, 1993 .

[7] NASA News (JSC) 93 - 070, September 8, 1993 .

[8] NASA News (JSC) 94 - 016, February 3, 1994 .

[9] E - mail from Michael Cassutt May 8, 2016 .

[10] NASA News (JSC) 94 - 017, February 23, 1994 .

[11] NASA News (JSC) 94 - 039, June 3, 1994 .

[12] NASA News (HQ) 94 - 89, June 3, 1994 .

[13] NASA News (HQ) 94 - 115, July 12, 1994 .

[14] NASA News (JSC) 94 - 145, September 2, 1994 .

[15] NASA News (JSC) 94 - 072 .

[16] NASA News (JSC) 94 - 073 .

[17] NASA News (JSC) 94 - 074, November 8, 1994 .

[18] Phase One Overview, Tom Holloway, Program Director, presentation handout , December 14, 1994 .

[19] Off the Planet, Surviving Five Perilous Months Aboard the Space Station Mir, Jerry M. Linenger, McGraw Hill, 2000, p. 22 .

[20] NASA News (JSC) 95 - 020 .

[21] NASA News (JSC) 95 - 024 .

[22] NASA News (JSC) 95 - 030 .

[23] NASA News (JSC) 95 - 062 .

[24] NASA News (JSC) 95 - 191 .

[25] NASA News (JSC) 96 - 5 .

[26] NASA News (JSC) 96 - 18 .

[27] NASA News (JSC) 96 - 22 February 2, 1996 .

[28] NASA News (JSC) 96 - 49 March 13, 1996 .

[29] NASA News (JSC) 96 - 139 July 15, 1996 .

[30] NASA News (JSC) 96 - 171 August 22, 1996 .

[31] NASA News (JSC) 96 - 168 .
[32] NASA News (JSC) 96 - 182) September 5, 1996 .
[33] NASA News (JSC) 96 - 035 .
[34] NASA News (JSC) 97 - 33, March 4, 1997 .
[35] NASA News (JSC) 97 - 163 July 30, 1997 .
[36] NASA News (JSC) 97 - 230, October 8, 1997 .
[37] NASA News (JSC) 97 - 231, October 10, 1997 .
[38] NASA News H98 - 10, (Headquarters) January 21, 1998.

第 6 章　交会与对接

飞船进入轨道，我正在经历失重。
这是我在阅读齐奥尔科夫斯基著作中了解到的一种情况。
起初这种感觉很奇怪，但我很快就习惯了，
并且继续执行预定的飞行程序。

——尤里·加加林

1961 年 4 月 12 日在搭乘东方号运载火箭完成飞行后的评论

《我们的加加林》，1978 年出版

距离加加林第一次从发射平台进入太空已经过去 50 年。美俄联合实施的航天飞机 & 和平号任务中，先后共有 10 次航天飞机发射升空。航天飞机自发射至入轨大概需要 8 分钟时间，每次发射过程均平稳顺利。

6.1　发射入轨

在航天飞机 & 和平号任务期间，共有七次飞行曾在动力上升段遭遇问题，但所幸均未影响到任务乘组安全。

1996 年 STS－76 任务期间，三号备份电源在入轨之前遭遇提前断开的故障。任务管理团队组织审查后确定该备份电源系统性能正常，在故障消除后仍可按计划支持本次飞行任务。同年在执行 STS－79 任务时，二号备份电源在飞行 13 分钟后遭遇断开故障，随后任务管理团队再次排故并确认此次全周期任务的安全性。

通常来说，航天飞机对接任务在入轨当天或次日需要完成系统状态配置，以确保系统具备停靠空间站的条件。具体配置工作一般包括：乘组对系统进行例行检查、有效载荷舱开启并完成热辐射器展开、装载机械臂系统 RMS 时需要对其进行检查、天线和交会雷达展开等。其中，交会雷达在展开锁定后并非立刻启动。针对接下来的在轨任务，航天员乘组会有序准备驾驶舱与中舱内部的其他状态设置，包括卸下发射航天服、收拢整理好任务专家座椅、打开并检查包括 EMU 航天服、EVA 航天服和交会辅助装置在内的各类设备。

对于首次执行太空飞行任务的珍妮特·卡万迪，她在采访时重点介绍了微重力环境下的飞行体验。对于初次飞行的航天员，在入轨后需要有意识地针对飞行状态进行及时调整适应。尽管乘组在发射前均接受了统一的地面培训，但这种入轨体验对于不同航天员来说却不尽相同。在入轨初期，乘组唯一需要确认的是自身的良好感觉，并尽可能克服可能出现的不适，然后聚焦在预定时间内完成各自岗位任务。卡万迪认为自己的入轨体验较为顺

执行 STS - 71 任务的亚特兰蒂斯号航天飞机升空前往和平号空间站

利，在确认身体状态一切正常后即离开座位开始工作。按照任务规划，乘组对航天飞机外部贮箱状态进行拍照记录，随后打开有效载荷舱。卡万迪至今印象深刻的是，在松开座椅固定扣之后他很快就从座位上漂浮起来。对于这种在轨真实环境下的失重体验，卡万迪深感刺激。当从中舱移动至驾驶舱，卡万迪透过舷窗目视庞大地球，瞬间感觉自己正在享受一部 IMAX 电影，不同的是身体处于完全漂浮的状态。

卡万迪补充介绍了有关 Spacehab 货舱模块的操作。通过启动货舱系统，卡万迪迎来繁忙的在轨工作，整个货舱系统的状态需要逐一确认以启动后续货物转移工作，包括确认货物标签是否完好等。基于发射前已准备就绪的货物转移流程，卡万迪联合乘组同事开始货物转移。在此过程中，由于在未知情况下出现了电缆或数据线漂移丢失，卡万迪不得不中止工作直到确认丢失的电缆并及时找寻与安置到位。尽管事先程序文件对各种货物配套进行了完整记录，但在轨繁忙的转移工作容易导致航天员产生失误，同时转移过程中舱内杂乱的状态也更容易发生硬件放置出现差错。因此，Spacehab 货舱模块的转移操作可能并不繁重，但一定需要谨慎对待。

6.2　地面控制

在乘组人员对轨道器进行配置的同时，地面小组为他们与空间站对接的准备工作提供支持，并随时待命在出现紧急情况时提供协助。

由于航天飞机 & 和平号和即将进行的国际空间站联合项目的工作量和责任增加，美国国家航空航天局在莫斯科附近的星城设立了一个航天员办公室分支机构，负责航天员在空间站生活和工作的培训，以及支持空间站的管理人员和控制人员。

6.2.1　俄罗斯运营总监

俄罗斯运营总监（DOR）的角色创建于 1984 年年初，旨在航天任务规划与实施过程中建立管理层与任务运营团队的可靠联系。在位于星城的航天员培训中心，运营总监有序保持与俄罗斯政府管理层、培训教师队伍和航天员梯队的联络。对于航天飞机 & 和平号任务来说，NASA 担任运营总监的同志在多年工作中积累了丰富的与俄罗斯人打交道的经验。运营总监充分熟知俄罗斯人的处事风格，因此，后来大多数运营总监在航天飞机 & 和平号任务结束后，仍有机会继续从事航天飞机或国际空间站任务。

参加航天飞机 & 和平号任务的俄罗斯航天员培训中心（TsPK）运营总监

姓名	任职开始时间	任职结束时间
肯尼斯 · D. 卡梅伦	1994.02	1994.11
罗纳德 · M. 塞加	1994.11	1995.05
威廉 · F. 雷迪	1995.05	1995.10
查尔斯 · J. 普雷科特	1995.10	1996.05
温迪 · B. 劳伦斯	1996.05	1996.10

续表

姓名	任职开始时间	任职结束时间
迈克尔·E. 洛佩兹-阿莱格里亚	1996.10	1997.06
布伦特·W. 杰特	1997.06	1998.02
詹姆斯·D. 哈尔塞尔	1998.02	1998.07

通过分析 NASA 关于和平号任务的网页资料，可以看出俄罗斯运营总监兼顾多项岗位职责。具体来说，运营总监需要负责在星城期间监督 NASA 航天员训练，为航天飞机乘组编写和平号联合任务的培训材料，协调科学实验人员参加培训，此外，还需要主导任务程序编制和实施。可以看出，运营总监各项职责均聚焦于一个目的，即支持 NASA 与俄罗斯联邦航天局联合任务的合理规划与顺利实施。一般来说，星城任务准备与地面支持过程中出现的许多问题需要由俄罗斯运营总监亲自处理。俄罗斯运营总监由 NASA 航天员担任，每次任务的岗位任职周期一般为六个月。作为面向联合任务培训和俄罗斯驻地工作管理的代表，运营总监为在俄罗斯工作的 NASA 其他航天员、科学家和工程师提供支持。通过美俄主管部门协商，星城任务团队的工作和生活均安排在一个名为“Prophy”（Prophyactorium 的简称）的公寓。在此之前，俄罗斯一直是将刚从空间飞行任务返回的航天员安置在此。

对于当时一起参加任务的俄罗斯运营总监，威廉·雷迪很清楚对方的岗位职责。上次任务的初选航天员分别为诺曼·塔加德和邦尼·邓巴，运营总监的首要任务是为航天员住宿、所有的技术和专业培训以及往返交通等提供必要的支持。由于星城地区处在远离莫斯科市中心的郊区，任务团队往返交通需要根据道路和天气条件进行合理规划，很多时候单程旅途需要长达数小时。因此，仅从交通方面来说，整个运营团队的后勤工作十分艰巨。总之，由于每次任务在此准备的团队人员涵盖航天员、培训人员、实验支持人员以及 NASA 其他方面的员工，运营总监需要从总体层面规划好各项工作，以保证飞行任务顺利实施。

随着航天飞机 & 和平号任务的不断实施，NASA 对俄罗斯的了解不断加深。不仅是当前任务的支持保障能力，NASA 围绕运营支持的队伍建设能力也不断获得提升，在这个层面，NASA 更有信心规划与实施即将到来的国际空间站任务。除此之外，俄罗斯运营总监的具体任务也并非一成不变，需要根据项目的具体安排进行相应调整。正如 NASA 在总结时介绍的，运营总监的岗位逐渐体现出专业的管理特征，而非仅仅是具象化的支持保障角色。

6.2.2 休斯敦控制中心

注重经验积累一直是 NASA 空间任务的重要工作。20 世纪 70 年代美苏联合实施阿波罗 & 联盟号测试项目，NASA 积累的任务经验已直接应用于航天飞机 & 和平号任务，同样也会推广至航天飞机 & 国际空间站计划。总的来说，航天飞机 & 和平号的成功在三个方面卓有成就：美国的航天飞机、俄罗斯的和平号空间站、在轨停靠对接及其相关工作。

自1981年航天飞机首飞以来，NASA一直利用位于得克萨斯州的休斯敦任务控制中心来保障航天飞机任务的实施。在航天飞机&和平号任务立项后，中心飞行控制办公室（FCR）增加了联合对接任务的保障职责。通过设立俄罗斯业务协调员（RIO），休斯敦飞行主任和莫斯科飞行控制中心的和平号任务主管官员建立了紧密联系。

联合飞行控制的模式要求NASA与俄罗斯联邦航天局这两个航天机构共同承担每次飞行的责任，并按双方协定计划及时制定联合飞行技术规范。结合在轨任务的实际情况，两个机构将航天飞机与和平号的对接舱门作为双方责任分界面。休斯敦中心负责航天飞机乘组在任务期间的安全、航天飞机对接操作、轮换进入和平号的航天员工作安排以及航天飞机在轨释放分离等。在轨飞行期间，所有临时的任务决策都将由美俄双方协商完成。

飞行控制办公室一号（FCR－1）在NASA航天任务中发挥了重要作用。在航天飞机&和平号任务中，NASA规划其用于执行了多次飞行支持任务。其中，STS－60任务航天飞机首次搭载航天员飞行，STS－63任务执行交会与接近飞行，STS－71任务则为首次对接任务。对于执行第二次对接任务的STS－74飞行，FCR－1用于发射与返回过程中的飞行控制，而新建的白色控制办公室（FCR－White）则用于在轨操作飞行控制。对于STS－76任务，FCR－1仅用于发射飞行控制，而白色控制办公室用于轨道操作和返回飞行控制。自STS－79任务开始一直到和平号联合任务结束，实际上也包括后来国际空间站相关的所有航天飞机任务，白色控制办公室都用于航天飞机飞行全周期的地面控制。具体来说，控制任务周期涵盖航天飞机自卡角发射中心起飞，一直持续到航天飞机着陆后的相关飞行总结工作。

6.3　在轨交会技术发展

航天飞机安全进入太空后，即按照空间站对接任务规划的“轨道芭蕾”进行轨道飞行。在轨交会过程的设计借鉴了数十年的科学研究和空间飞行实践经验。20世纪初，科学家从理论角度针对航天器调整轨道并与另一个航天器进行交会飞行的问题开展了数学原理的探索。20世纪50年代，航天专家对此开展了更为详细的可行性研究。航天器在轨交会任务在20世纪60年代中期首次在轨完成演示飞行。在此基础上，航天器的交会机动飞行更为具体，包括自入轨开始至对接过程中的交会、接近、绕飞以及状态检查等。

NASA有关在轨交会方面的历史经验对航天飞机&和平号任务提供了重要支撑。如上所述，NASA在1965—1966年获得了首次空间交会对接的经验，当时由双子座飞船与阿金纳火箭末级完成交会对接。前者当时搭载了两名航天员，后者为无人飞行状态，但配置了特殊设计的对接环。双子座计划的飞行目的是为阿波罗任务进行技术飞行验证，并直接应用至阿波罗指令舱和服务舱分别与月球舱的交会对接（1969—1972年）。此外，上述技术基础还拓展应用至后来的天空实验室轨道工作站任务（1973年）以及阿波罗&联盟号（由苏联运载火箭发射）联合任务（1975年）。

1994—1998 年期间航天飞机 & 和平号任务的 NASA 飞行主任

航天飞机任务代号	联合任务代号	任务控制中心(MCC)具体管理部门	飞行总指挥(#序号)	发射/返回任务飞行主任	第 1 类轨道任务飞行主任	第 2 类轨道任务飞行主任	规划中的第 3 类轨道任务飞行主任	第 4 类轨道任务飞行主任	任务运营总监(MOD)
STS-60	WSF-2	FCR-1	阿尔泰 (24)	班特尔	彭宁顿	肖 (L)	卡斯	—	科恩
STS-63	Near Mir	FCR-1	雷古鲁斯 (31)	凯尔索	/	恩格劳夫 (L)	戴	—	斯通
STS-71	SMM-1	FCR-1	安塔尔 (29)	哈尔	卡斯(L)	恩格劳夫	戴	莫斯科飞行主任,里夫斯	布里斯科
STS-74	SMM-2	FCR-1 负责发射/返回任务,FCR-White 负责在轨操作任务	阿尔法(23)	哈尔	里夫斯 (L)	戴	恩格劳夫	—	卡斯
STS-76	SMM-3	FCR-1 负责发射任务,FCR-White 负责在轨操作/返回任务	雷古鲁斯(31)	班特尔	恩格劳夫(L)	里夫斯	戴	—	卡斯
STS-79	SMM-4	FCR-White	艾伦 (36)	杰克逊(发射) 哈姆(返回)	戴 (L)	卡斯	里夫斯	—	布里斯科
STS-81	SMM-5	FCR-White	阿尔法(23)	杰克逊(发射) 哈姆(返回)	里夫斯 (L)	戴	恩格劳夫	—	卡斯
STS-84	SMM-6	FCR-White	雷古鲁斯 (31)	哈尔	恩格劳夫 (L)	卡斯	戴	—	布里斯科
STS-86	SMM-7	FCR-White	艾伦 (36)	哈尔	戴 (L)	肖	恩格劳夫	—	卡斯
STS-89	SMM-8	FCR-White	雷古鲁斯 (31)	哈姆(发射) 香农(返回)	恩格劳夫 (L)	卡斯	希尔	—	布里斯科
STS-91	SMM-9	FCR-White	艾伦 (36)	哈尔	戴 (L)	阿尔盖特	恩格劳夫	—	布里斯科

备注:FCR-1:飞行控制办公室一号;FCR-White:白色控制办公室。

数据来源:Space Shuttle Mission Summary, Robert D. ('Bob') Legler and Floyd V. Bennett, Mission Operations, DA8, NASA JSC, Houston, Texas, NASA TM-2011-216142, September 2011.

自 1967 年以来，苏联为阿波罗 & 联盟号计划开发了自主交会对接硬件并完成了相关技术验证。尽管新技术的应用并不总是一帆风顺，但通过联盟号飞船在轨应用积累了大量的交会对接飞行经验。此后，相关技术得到不断发展，并拓展应用至礼炮号空间站、钻石号军事空间站与和平号空间站，其中还包括苏联自 1978 年以来应用的联盟号载人飞船与进步号货运飞船以及其他规模较大的科学舱段模块等，上述空间任务成功完成了一系列令人印象深刻的在轨交会对接实践，积累了丰富的空间有人或无人对接经验。

近年来，国际上先后出现了多种新型飞行器的交会对接实践。其中，无人商用航天器与国际空间站开展了对接、停靠与近距离操作等。中国成功实现神舟飞船与天宫实验室对接，这证明了此领域的相关技术已经不断得到飞行验证和升级。

综上，轨道交会、对接和近距离操作能力是当前空间任务的关键技术，无疑将在未来空间任务发展过程中继续占据重要地位。

6.4　航天飞机交会技术

回顾持续 30 年的航天飞机计划，交会对接飞行一直是其中不可或缺的组成部分，但所占据的比例需要具体分析。20 世纪 80 至 90 年代，尽管有几次航天飞机任务完成了交会和近距离操作，但航天飞机与其他航天器进行交会、接近和刚性对接直到和平号任务（1995—1998）才实现。比如，此前的哈勃太空望远镜在轨服务，实际是航天飞机交会接近后，由机械臂系统 RMS 抓捕哈勃然后固定至航天飞机有效载荷舱，因此并非航天飞机与哈勃直接进行交会飞行直至对接。对于美俄联合开展的航天飞机 & 和平号任务，毫无疑问在交会对接方面是国际空间站在轨构建任务（1998—2011）的“预演”。

NASA 针对航天飞机开发的交会、近距离操作、对接/分离的大部分工作都聚焦于自由号空间站任务，即后来的国际空间站。在实际实施过程中，具体的软硬件开发工作首先应用于航天飞机 & 和平号联合计划，后来才将上述技术以及积累的经验应用至国际空间站任务。

NASA 早在 1969 年就开展了有关空间交会和对接的研究，当时是作为先进物流系统（ALS）计划的一部分。随后，该系统方案不断迭代，最终演变为航天飞机系统。其基本思想简要概括为：开发一个系统，飞行于高度为 200～270 海里（370.4～500 千米）、倾角为 55°的轨道上，主要任务是为空间站系统提供物资补给。在航天飞机系统开发过程中，部分设计思想借鉴了双子座计划和阿波罗计划。开发团队最后的设计方案直截了当，航天飞机系统通过机动飞行并直接进入空间站轨道平面，即每天都有发射窗口。在发射后 24 小时以内完成与空间站交会，并在与空间站分离后的 24 小时内完成返回与着陆。

20 世纪 70 年代初，作为航天飞机计划 B 阶段研究的一部分，开发团队继续致力于交会方式的优选上。尽管双子座计划和阿波罗计划的飞行经验具备可继承性，但开发团队坚持新系统的开发应抛开现有技术基础而首先应聚焦于任务需求。正是得益于此，航天飞机定义为具有自主交会对接能力，并且星载计算机系统的能力应远超阿波罗时代。

1973年，航天飞机开发团队制定了四项理论方案，以协助航天飞机的飞行任务规划，其中有三项方案直接聚焦于交会对接。在设计过程中，曾有人提出一项有关应急救援的系统要求。当在轨飞行的航天飞机遭遇紧急故障后，不仅要安排应急救援飞船，同时还需在飞船发射后的96小时内确保第二架航天飞机入轨，以确保应急救援与飞行任务实施同时兼顾。在此要求下，航天飞机还须确定其在轨交会的具体轨道设计。这一应急救援能力在经过评估后最终被取消，然而不幸的是NASA此后深受困扰。30年后哥伦比亚号航天飞机在发射过程中受损，导致其再入过程中解体。

航天飞机交会的早期研究与文献调研表明，阿波罗飞船对天空实验室轨道工作站绕飞的拍照记录显示出局部结构遭受了羽流冲击。分析认为，阿波罗指令与服务舱在进行姿态机动时，系统反作用推力器工作时产生的羽流直接作用到轨道工作站的遮阳结构，导致后者局部形成波纹状特征。上述遮阳结构主要为轨道工作站提供隔热保护，在飞行期间由航天员手动进行部署。其实早在苏联规划阿波罗 & 联盟号飞船任务时，苏方曾对交会机动过程中的羽流影响表示担忧，特别是羽流将有较大可能影响到联盟号飞船的太阳电池阵，进而影响电池阵的发电性能。最终，为有效规避羽流影响，美苏一致同意采取必要的姿态机动策略。具体来说，双方将阿波罗飞船推力朝前的四台推力器工作时间进行调整，在任务期间完成首次对接后的2秒内禁止工作。

航天飞机有效载荷开发团队对姿态机动推力器的羽流影响越来越关注。在整个交会接近过程中，特别是近距离对接/分离时，航天飞机姿态机动推力器的工作策略需要进行重点设计。此外，航天飞机在发射平台准备过程中以及发射时的羽流污染风险同样需要注意。针对上述问题，任务团队决定针对交会目标特点适应性地修改航天飞机交会轨道设计以及近距离接近/分离机动策略。从实际飞行角度来看，航天飞机机动时的羽流污染可能无法做到完全规避，但工程实现往往可以做到量化设计状态的极限包络。因此，基于这一设计原则，开发团队分析评估了多种因素，决定明确姿态机动推力器的工作策略设计原则。简单说，即超出一定安全边界后，航天飞机系统需要明确局部推力器处于绝对关闭的状态。有趣的是，上述安全包络同样受到航天飞机系统硬件的强约束，因此，航天飞机机械臂RMS的操作包络则被视作上述安全边界设定的参数要求之一。20年之后，当俄罗斯再次担忧航天飞机羽流影响到和平号空间站太阳电池阵时，STS-63交会接近任务开发团队明确继承上述相关的设计原则。

1975年，NASA长期暴露装置计划（LDEF）和太阳峰年卫星任务（SMM）处于开发过程中，科研人员对航天飞机系统的交会程序进行了多轮优化设计，并且将主要问题聚焦在航天飞机RCS发动机的尺寸要大于交会目标卫星。长达一年的优化设计与建模仿真显示，上述卫星从航天飞机有效载荷舱通过机械臂RMS释放时，航天飞机分离时的姿态机动发动机羽流很有可能对分离后仍在有限距离内的卫星产生影响。对于相反的过程，当航天飞机相对目标卫星进行交会接近并采用机械臂RMS进行抓捕时也会存在同样的问题。上述羽流问题如果得不到有效解决，航天飞机系统有关卫星在轨部署与回收的关键功能设计将很难实现。一般来说，在遇到类似的瓶颈时，往往也正是新的设计思路或方案的诞生时期。

针对航天飞机的羽流问题，业内专家提出了多种解决方案。其中，有较多人提倡增加推进剂装填量以规避羽流问题，然而航天飞机轨道器自身配置与任务设计决定了其推进剂加注规模存在上限。除此之外，部分解决思路在一定程度上可以参考，但另一些思路很难实现甚至存在极大的风险。正当这个时候，“接近操作”（PROX - OPS）的设计策略得到关注。此后 30 年中，这一专用术语成为大多数航天飞机任务在轨实施的通用特征之一。

按照接近操作的设计策略，航天飞机相对目标的接近飞行自距离目标约 2 000 英尺（609.6 米）开始，并在随后的飞行过程中几乎不间断地进行机动控制。通过对比分析，上述策略要优于此前的交会控制，因为后者将花费更长的时间，其多次的机动间隔也将从数小时到数分钟不等。

1977 年夏，NASA 利用休斯敦约翰逊航天中心的系统工程模拟器（SES）开展了接近操作策略的试验验证。SES 是 NASA 开发的第一个具有六自由度运动的试验设施，旨在针对航天器在轨交会与接近任务开展更为科学的地面模拟验证。NASA 一直重视飞行试验数据的总结与利用。上述 SES 模拟验证方法在与阿波罗计划飞行数据比对后得到了进一步的肯定。

接近操作的机动方法主要是利用航天飞机 $\pm X$ 轴的反作用控制系统（RCS）进行机动，通过探索垂直方向 V、轨道半径方向 R 以及飞行轨迹的水平切线方向 H 的机动策略获得相对较优的交会接近方案。通过验证数据分析可以看出，H 向机动的优势在于指令长和驾驶员能够获得更好的目标观察视场。虽然这种方法得益于自由漂浮接近，但由于没有 $+R$ 向机动辅助，导致在最终接近过程中需要姿态机动发动机频繁工作。基于推进剂消耗以及羽流影响等安全性考虑，对接组合体飞行期间不建议使用上述机动策略。同时，NASA 提出了基于局部垂直方向 V & 局部水平方向 H（LVLH）的另一种交会接近策略。航天飞机头部沿飞行方向（速度矢量），而机体上端（$+Z$ 向）朝向空间，下端（$-Z$ 向）则朝向地球，这种姿态近似于航空领域的飞机沿水平方向保持飞行。为了保持这种姿态，航天器以 4°/ min 的速度进行连续的俯仰机动，即每 90 分钟完成一次 360°的完整俯仰机动。对于地球观测类任务，航天飞机将沿“反向”进行机动飞行即上述机动速度方向相反，此时有效载荷舱中的观测仪器能够更好地在机动过程中实施观测任务。

1977 年，NASA 开发了基于低 Z 轴模式的交会策略。该模式是通过沿多个方向的多台推力器进行综合工作，获得需要的交会机动方向与速度，以尽可能减缓对目标航天器特定部位的羽流冲击。然而，通过与机动轴线方向成一定角度的推力器工作策略，势必会消耗过多的推进剂。在 1977 年晚些时候，结合上述策略验证以及航天飞机系统控制软件的发展，开发团队评估认为 LVLH 机动策略可以满足所规划航天飞机任务的交会接近需求。

6.4.1 机载系统

（1）雷达

关于航天飞机交会导航规划，早期的思路是为目标航天器配置一个专门的应答机。航

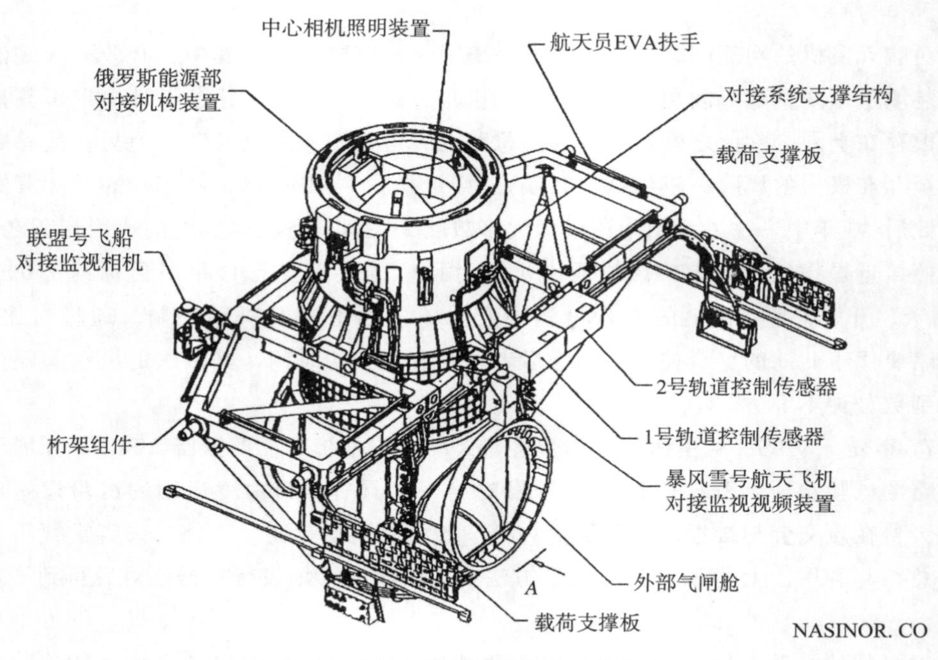

航天飞机与和平号空间站的对接系统

天飞机交会过程中根据应答机信号对目标航天器进行跟踪，起始交会距离一般为 300 海里（162.16 千米）。由于该雷达装置的开发成本因素，在航天飞机应用中有所推迟，因此在航天飞机初期的交会任务中并未使用雷达。与此同时，适应航天飞机交会任务的其他导航系统也在这一时期得到关注和开发，包括光学导航装置以及战术空中导航系统（TACAN—Tactical Air Navigation System，俗称“塔康”）等。通过各类导航手段的综合飞行验证，Ku 波段雷达显示出了更好的应用效果。

（2）Ku 波段雷达

20 世纪 70 年代后期，航天飞机与天空实验室交会任务推动了对 Ku 波段雷达装置的研发。由于应答机导航需要对所有目标航天器进行配置，加上航天飞机还需要配置备份雷达等，高昂的成本以及接收信号的距离有限等因素，导致航天飞机交会导航不得不选择其他方案。任务团队开发的 Ku 波段天线和相关电子设备的使用，体现出了良好的性价比以及适用距离，因此成为航天飞机交会任务的导航功能首选装备。除此之外，Ku 波段雷达还具备另一独特的优势，必要时可以为航天飞机提供基于 GEO 的 TDRS 卫星网络的可靠通信。

（3）光学跟踪仪

航天飞机轨道器配置了两套用于匹配惯性测量单元的恒星跟踪仪，简称星敏感器。由于太阳光照、月球或地球以及其他明亮目标的反射光影响，这些星敏感器的使用效果受到大幅限制。基于飞行安全考虑，航天飞机乘组每人配置了一套备用的测量系统，即航天员光学对准瞄准镜（COAS）。在交会接近过程中，航天员可借助 COAS 系统进行角度测量。

这一备份设备及其应用实践证明其在接近操作任务中发挥了重要作用。早期在硬件开发过程中，任务团队针对交会接近距离及速度的测量方法进行了重点研究。在基于光学手段的主方案前提下，几种备份方案同时得到分析与评估，并且针对早期航天飞机特定任务开展了应用验证。对应的硬件装置主要包括视差测距仪、夜视测量系统、激光测距仪以及 TDRS 多普勒测量装置等。通过试验验证，上述几种备份方案的使用效果都相对有限，比如 TDRS 多普勒测量因为过高的计算机容量需求而无法得到应用。20 世纪 70 年代后期，任务开发团队针对全新的全球定位系统（GPS）进行了应用评估。考虑到当时的 GPS 系统及其配套装备相对不成熟，且应用成本过高，这一方案最终也被取消。

6.4.2 运行方法

（1）定位测量方法

一般在航天飞机发射前几天，任务团队开始启动基于地面目标的交会机动规划。当航天飞机发射进入轨道后，规划策略中的相关参数需要及时修正，以准确反映航天飞机自发射至进入初始任务轨道的实时轨道状态。此时，任务团队将确定基于地面目标的交会机动正式开始。对于飞行控制办公室来说，需要及时更新获取基于 TDRS 系统的多普勒测量和地面站数据接收等，同时还须及时识别并处理轨道器或交会目标出现的任何问题。在确认飞行状态正常后，航天飞机启动基于在轨目标的交会机动，其主要的参数测量基础是轨道器装载的星敏感器。对于不同任务，航天飞机交会机动飞行的启动范围不会有太大差距，一般相差约为 2 000 英尺（609.6 米）。因此相对来说，航天飞机自带的高精度星敏感器完全满足其在轨交会机动阶段的参数测量需求，而此前修正的基于地面目标的交会参数仅应用于轨道器的故障情况。

航天飞机任务的交会系统最初是基于阿波罗计划所开发，主要方法是将相对成熟的轨道机动处理器（OMP）集成为一套机载系统进行配置，并在使用时与地面数据相结合。航天飞机自主交会控制系统的开发工作从 1974 年开始，任务团队的开发目标是常规飞行模式下系统交会控制不依赖于地面控制中心。在应急飞行条件下，控制系统调整为有人参与的模式，由乘组在轨确认相关参数并及时获取地面控制中心的支持。此时的航天飞机控制系统具有良好的鲁棒性，允许地面控制人员求解机动策略并设置相关轨道参数。开发团队明确此应急模式仅适用于航天飞机出现严重的非正常情况，此时机载系统无法使用。受限于 70 年代的计算机水平，特别是各种轨道机动的计算策略均依赖于庞大的计算机容量。因此，NASA 于 1976 年再次优化交会机动控制方案，之前开发的 OMP 策略并未完全应用。其中，有关 OMP 处理的部分算法已集成于机动控制软件，主要功能是处理雷达和星敏感器的有关参数，并结合在轨视觉测量进行必要的修正。

（2）基于共椭圆的稳定轨道交会策略

对于航天飞机在轨交会轨道设计，NASA 最早于 20 世纪 70 年代初开展了探索研究。早期的轨道设计主要是以双椭圆策略为核心的交会方案。然而，受限于航天飞机配置的星敏感器能力，上述轨道设计的适用性直到 80 年代仍存在严重分歧。与此同时，早在 1978

年，相关分析研究已显示当前的轨道设计要求航天飞机前向 RCS 的推进剂消耗量非常大。为了获得更优的交会轨道方案，NASA 于 1975 年启动了一项基于稳定轨道包络的交会策略研究，并对此前类似的飞行任务进行了充分回顾与分析。其中，对于 1966 年 9 月双子座 11 号飞船与阿金纳火箭末级的交会飞行，分析显示这种交会轨道起始于 $-V$ 轴位置而非共椭圆点。NASA 随后对航天飞机上述轨道设计及其他研究进行了总结分析。当航天飞机在轨部署完成一颗卫星并继续执行回收另一颗卫星时，上述轨道策略可以简化飞行路径。进一步的研究显示，上述方法可能更适用于航天飞机在轨应急执行目标卫星的回收处置任务。稳定轨道的设计使航天飞机在数十英里范围内进行轨道维持。考虑到航天员在轨测量工作量以及推进剂消耗需求，这种稳定策略与此前提出的数十英尺范围内的轨道维持设计形成鲜明对比。需要注意的是，这种轨道稳定策略需要及时修正对于无源目标的交会轨道设计偏差。

1981 年，NASA 实施了两次航天飞机轨道飞行试验，系统轨道机动策略以及机械臂 RMS 空载状态的机动飞行性能顺利通过验证。当年的另外任务包括长期暴露装置计划（LDEF）和太阳峰年卫星任务，航天飞机在应用稳定轨道策略进行交会机动时出现了一些问题。通过采用更新的调谐共椭圆方法，航天飞机机动任务才得以顺利完成。通过比较雷达和星敏感器测量数据，航天飞机交会机动开始于与目标航天器最大相距 150 万海里（277.8 千米）的位置，并在交会起始与结束时刻增加航天器与地心相对运动的角速度测量来修正轨道偏差以尽可能减少推进剂消耗。

上述关于航天飞机最佳交会机动的轨道策略在相当长时间内一直存在分歧。在双子座计划期间，NASA 通过飞行实践验证共椭圆交会策略的效率最高。对此，NASA 内部有一些资深航天员和飞行控制人员认为没有必要为航天飞机任务开发一套全新的技术。尽管反复的分析研究显示，上述稳定轨道策略可显著降低推进剂消耗、减少任务乘组在轨工作量等，然而这项技术于 1983 年 4 月才纳入航天飞机任务的基线程序，并最终应用于与太阳峰年卫星交会的 STS－41C 任务。

6.4.3 飞行实践

1983 年 6 月，NASA 实施了航天飞机的首个交会机动演示任务。依托 STS－7 任务，航天飞机搭载应用卫星 1 号（SPAS－1）开展了交会机动与近距离操作。NASA 专门为该项演示进行了延续性的任务规划，包括此后相继执行的 STS－41B 和 STS－41C 任务。1984 年，在执行 STS－41B 任务时，由于集成交会靶标气球在充气时意外破裂，导致在轨交会飞行演示临时取消。STS－41C 任务则于 1984 年 4 月顺利实施，针对交会机动飞行取得了较好演示效果。基于上述研究、地面模拟以及在轨飞行验证，航天飞机与在轨目标的交会机动策略逐渐收敛。此后 20 多年的任务实施过程中，航天飞机顺利执行了各种交会飞行任务，各类飞行数据得到丰富积累。航天飞机上述飞行经验，为最终的国际空间站在轨构建任务提供了重要支撑。

NASA 一共实施了四次航天飞机交会及近距离操作的飞行演示任务。如前所述，第一

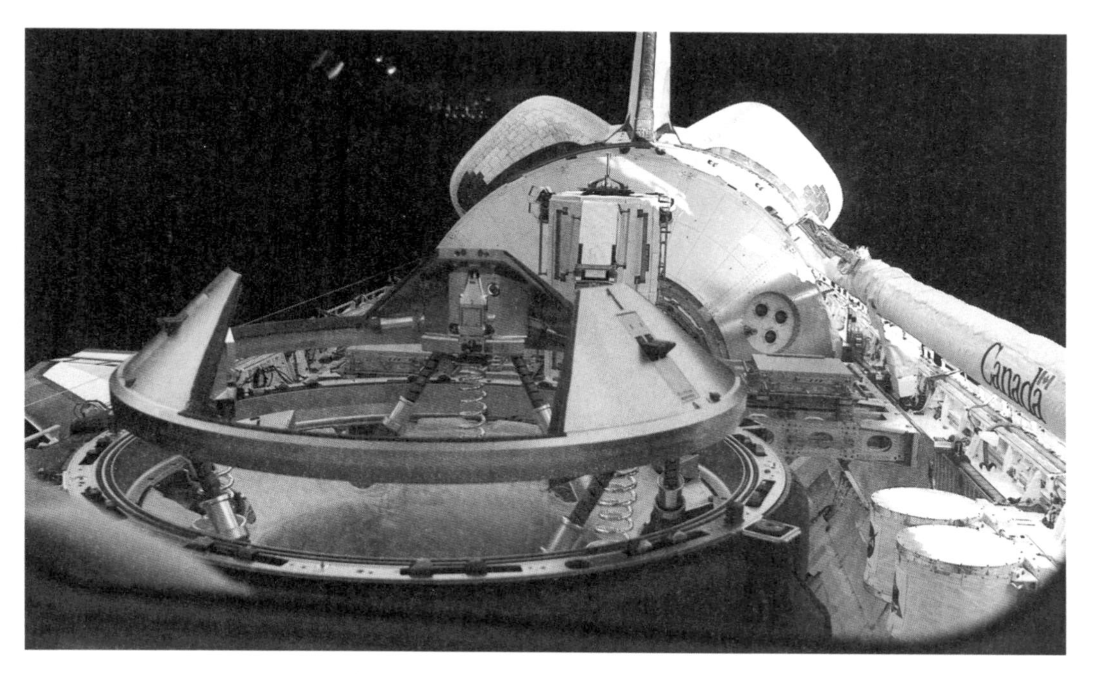

航天飞机轨道器对接系统近距离实拍

有效载荷舱前端的轨道器对接系统（ODS）

次任务是在 1983 年利用搭载卫星 SPAS－1 开展的 STS－7 演示任务。第二次是 1985 年实施的 STS－51G 任务，当时是由航天员在轨使用近程操作自动控制装置开展交会状态维持的飞行演示。第三次是 STS－61B 任务，1985 年年底通过雷达反射面装置再次开展飞行演示验证。第四次是 1991 年实施的 STS－37 任务，通过伽马射线天文台卫星作为交互目标，完成了光学导航系统的应用评估。

接下来补充介绍 NASA 依托航天飞机开展的与交会机动飞行相关的任务。其中，有四项任务归类于卫星在轨服务，分别是：STS－41C（服务目标是太阳峰年卫星 SMM，1984 实施）、STS－51D 和 STS－51I（服务目标是 Syncom IV－3 通信卫星，均在 1985 年实施）和 STS－49（Intelsat F－3 卫星，1992 年实施）。此外，NASA 借助航天飞机于 1993 年至 2009 年期间实施了五次哈勃太空望远镜（HST）在轨服务任务，任务代号分别是 STS－61，STS－82，STS－103，STS－109 和 STS－125。航天飞机在以下 16 次任务中对相关目标航天器进行了交会和近距飞行，其中通过机械臂 RMS 完成了航天器的初始部署，并且在释放分离前对航天器正常工作进行了验证评估。这些任务分别为 STS－51G 和－51F（均在 1985 年实施），STS－39（1991 年），STS－56 和 STS－51（均为 1993 年实施），STS－60，STS－64 和 STS－66（均为 1994 年实施），STS－63 和 STS－69（均为 1995 年实施），STS－72，STS－77 和 STS－80（均为 1996 年实施），STS－85 和 STS－87（均为 1997 年实施），以及 STS－95（1998 年）。其他四颗卫星相对特殊，由航天飞机捕获处置并搭载返回至地球，任务代号分别为 STS－51A（1984 年），STS－32（1990 年），STS－57（1993 年）和 STS－72（1996 年）。

詹姆斯·H. 纽曼参与了航天飞机交会和接近操作技术的开发工作。作为任务专家，纽曼随后参加了航天飞机多次飞行任务。在 NASA 航天员办公室，纽曼担任计算机团队的首席专家，丰富的工作经验支撑其在 1993 年的 STS－51 任务期间顺利完成了各项操作。正是在这次飞行中，乘组开发了第一个连接轨道器与笔记本电脑的数据传输系统。通俗来说，类似于航天员在轨通过技术手段“黑客侵入”轨道器的数据系统并成功链接笔记本电脑。但纽曼对此坦诚上述操作是提前获得任务团队许可的。从系统开发与应用角度，这个“黑客系统”正是航天飞机任务的首个交会态势感知工具原型，NASA 将其命名为“交会和接近操作程序”（RPOP）①。纽曼在此领域的技术特长随后得到进一步拓展应用，他后来参与开发了名为“机器人态势感知显示”（RSAD）的遥操作系统，并在 1995 年 STS－69 任务中完成了飞行测试。三年后国际空间站在轨构建的首次飞行 STS－88 任务中，纽曼搭乘航天飞机在轨成功建立了第一个有线通信网络。这些成就为空间任务实施发挥了关键作用，得益于纽曼在过去积累的丰富技术经验以及在轨飞行测试获取的宝贵数据，从而轻松在轨围绕驾驶舱建立快捷的数据通道。2002 年，NASA 通过 STS－109 实施哈勃太空望远镜的第四次在轨服务任务，这套数据系统同样发挥了重要作用。借助于这套系统，指令长可以实时获取清晰的交会和近距离操作视图，并同步显示各类相关数据。相关数据源

① 交会和接近操作程序，英文为 Rendezvous and Proximity Operations Program，因此可简写为 RPOP。

主要来自轨道器的雷达天线以及由 STS－51 任务顺利评估的激光测距仪的测量结果等。纽曼描述驾驶舱在交会期间拥挤的布局状态，认为舱内配置的各类设备工具为指令长有效指挥操作提供了支撑。上述态势感知工具，尽管并非不可替代，但每次飞行任务都能体现出非常实用的价值。

航天员光学对准瞄准镜（COAS）显示着 STS－89 任务航天飞机正在逐步接近和平号空间站

上述有关特定系统的开发与应用在航天飞机任务中具有一定的代表性，体现出航天员梯队与系统开发过程中的独特关联。有才华的航天员与经典的飞行任务总是能给后来的飞行任务提供更为可靠的借鉴，而这一切难得的成就又并非都是规划出的预订结果。

总而言之，航天飞机的上述交会机动技术开发与应用并非都与空间站任务直接相关，但所提供的经验从多个方面都有效保障了空间站任务的规划与发展。同时，相关技术积累对于航天员办公室不断更迭的乘组培训与在轨操作则提供了更为直观的参考。

6.5　航天飞机对接技术

航天飞机早期开展的交会和接近操作任务展示了系统多功能性，突出其具备与空间站对接并支持多项在轨操作的独特能力。

航天飞机 STS－7 任务是首次在轨部署航天器，当时在完成 SPAS－1 卫星分离部署后，又先后完成了航天飞机位姿维持以及机动接近和回收操作的一系列在轨验证。在接下来的 15 年里，NASA 依托航天飞机系统完成了一系列的商业通信卫星和科学卫星目标的交会和近距离操作任务。在多数情况下，机械臂 RMS 操作可完成有效载荷自轨道器的分离释放以及抓捕停靠，最后一次执行此类任务是 1998 年的 STS－95 飞行。此外，航天飞机部署哈勃太空望远镜并实施了多次在轨服务，其积累的丰富飞行经验也将为和平号联合任务实施提供支撑。需要指出的是，航天飞机在联合任务实施过程中仍在同步准备和执行哈勃太空望远镜的在轨服务任务。

6.5.1 接近策略

经历 50 年发展，航天领域对于在轨交会对接的标准方法早已形成共识，即主动实施交会对接的航天器（又称“主动航天器”）对目标航天器（又称“被动航天器”）进行“追逐”飞行。对此，主动航天器需要在轨进行轨道机动并不断接近目标。在对接前调整好必要的姿态，对接停靠期间由主动航天器提供姿轨控功能。在完成释放分离后，由主动航天器对目标进行机动绕飞。与此同时，在交会对接过程中特别是接近对接前，被动航天器需要在其轨道上保持稳定的飞行并维持一定的姿态特性。

航天器在轨实施轨道机动主要是依靠自身的推进系统。相对目标航天器而言，主动航天器无论是与其飞行方向相同或相反、需要增大或降低飞行速度等，轨道动力学的基本特征决定了调整轨道高度将会带来轨道路径和速度的变化。航天器轨道高度越低，其飞行速度越大，反之亦然。如果主动航天器需要机动至更高轨道的目标，其所采取的必要机动将会与地面上的追赶任务截然不同。主动航天器通过启动轨控发动机以获得沿飞行方向的速度增量（即发动机羽流方向与飞行方向相反），进而可以提高其远地点高度。进一步地，由于沿过高轨道进行交会将显著增大飞行路径，因此主动航天器还需要适度降低飞行速度。在经历数小时或数天时间，主动航天器通过一系列机动飞行最终将交会接近至目标航天器。

主动航天器开始交会时与目标航天器的间距可能在数千英里以上，因此初始在漂移轨道飞行时双方“互不可见”。当主动航天器机动飞行至目标航天器相近的轨道时，最后接近过程就即将开始。自相距 3 300 英尺（1 千米）开始，主动航天器逐步进行接近飞行，双方的间距将先后减小至 330 英尺（100 米）和 33 英尺（10 米）。在双方都维持一段时间的稳定飞行并确定接近飞行路径后，最后的对接阶段正式开始。一般来说，主动航天器接近飞行时的标称速度为 0.1～0.2 英尺/秒（0.030～0.06 米/秒）。借助专用的对接机构，初始捕获操作将在两个航天器之间建立物理连接，即最初的“软对接”。根据对接机构工作程序，接下来由锁紧装置将两个航天器拉近并完成锁紧固定，确保两个航天器最终建立刚性连接，即“硬对接”。

6.5.2 对接方法

NASA 为航天飞机设计了三种对接方法：

1）R－Bar 式对接：航天飞机作为主动航天器沿着地心与对接目标的假想连线，即沿着地球半径（$\boldsymbol{R}$，径向矢量）方向进行逼近交会。这种对接还可细分为正向和负向两种。

正向交会对接，即主动航天器位于目标和地球之间，此时航天飞机需要从目标的“下方”沿地球半径向上与目标进行交会，称为“＋R Bar 模式”。负向交会对接则相反，此时目标位于主动航天器和地球之间，航天飞机需要从目标的“上方”沿地球半径向下与目标进行交会，称为“－R Bar 模式”。

2）V－Bar 式对接。这是指沿目标航天器速度矢量（**V**）的负方向对接。此时航天飞机沿着目标航天器的飞行方向，从其“后方”沿着平行于目标（在前方）速度的方向进行“水平”对接方法。

3）Z－Bar 式对接。在这种“水平”情况下，主动航天器从目标所在轨道平面的相邻一侧以水平飞行方式进行交会对接。

6.5.3　羽流控制

当航天飞机进行最后的接近机动时，系统控制策略须确保前向工作发动机羽流不会对目标航天器造成污染甚至损伤。典型的对接目标包括哈勃太空望远镜、和平号或国际空间站。因此，基于羽流影响区域考虑，航天飞机在接近时的机动推力器不应选择向正前方喷射羽流的 RCS 推力器（即标准 *Z* 轴模式），而应选用位于航天飞机前后两端相对于基准方向略有偏移的推力器（即低 *Z* 轴模式）。如前所述，接近距离从 1 000 英尺（304.8 米）逐步缩小至 250 英尺（76.2 米）。最终在确保航天飞机羽流对目标航天器的影响可忽略之后，航天飞机驾驶员对姿轨推力器的选用控制恢复正常。

6.5.4　对接模式

航天飞机沿飞行方向（即速度矢量方向）对接时的姿态选择须兼顾组合体运行的电源功率需求，在联合任务中需要考虑空间站设备的功率水平以及对接时的太阳入射角。当航天飞机头部与飞行方向位于同一平面时，这种对接简称为 SNIP 模式，即 Shuttle Nose In Plane。如果头部相对速度矢量处于向左或右倾斜的面外位置时，任务团队称之为 SNOOPy 模式，即 Shuttle Nose Out Of Plane。

6.5.5　对接走廊

“走廊”一词是作为专业术语形容对接过程中的空间包络，是一个假想的圆锥体。整个走廊包络是以空间站对接模块为中心，向外延伸约 250 英尺（76.2 米），形成航天飞机接近空间站过程中允许推力器工作的物理空间。随着机动飞行至接近对接过程的推进，圆锥形走廊的包络在不断变化。分析显示，在目标航天器距离空间站 250～30 英尺（76.2～9.14 米）时，圆锥的锥角为 16°，位于 30 英尺处的空间误差为 2.5 英尺（0.76 米）。当距离从 30 英尺降到 10 英尺（从 9.14 米到 3.04 米）时，圆锥锥角调整为 10°。航天飞机从间距 3 英尺（9.14 米）到最后的对接，整个对接走廊将更新成为一个直径仅为 6 英寸（15.24 厘米）的圆柱体。

6.6 航天飞机对接系统

1969 年 6 月 12 日，航天飞机任务团队（SSTG）向上级管理层提交了最终的系统设计报告，显示航天飞机具备执行六种类型任务的强大能力。首个任务即近地轨道空间站的后勤支持，包括向空间站运送航天员、物资补给和推进剂，同时可携带实验数据和样品返回地球。同年年底，NASA 收到来自北美罗克韦尔公司的一份 A 阶段的研究报告。罗克韦尔公司提出将在航天飞机有效载荷舱内安装一个可旋转的气闸舱，作为航天飞机与空间站的对接接口。接下来在 B 阶段研究中，麦克唐纳·道格拉斯-马丁·玛丽埃塔公司提出了另一种气闸舱设计方案。不同于其他方案，该方案设计的气闸舱不仅可以实现与空间站对接，同时在气闸舱后侧直接配置了一个出舱舱门。北美罗克韦尔公司通过进一步的设计与分析表示，依托上述配置，航天飞机轨道器能够在断电状态下停靠空间站达到 5 天。1970—1972 年，伴随着航天飞机系统开发，NASA 载人航天中心并行推进为航天飞机开发了多方案的详细设计与软硬件配套。1971 年 9 月提出的 MSC004 - 1 方案则为轨道器配置了一个气闸舱以及设置于头部的对接舱门。

上述有关航天飞机的对接系统设计一直处于概念阶段，直到 1972 年 1 月，美国国会正式批准任务团队继续开展航天飞机的系统开发工作。

6.6.1 罗克韦尔方案

1972 年 7 月，北美罗克韦尔公司发布了一份关于地球轨道安全的研究报告。基于包括对接在内的五个主要问题，报告详细研究了航天飞机、空间站等各类航天器。具体来说，报告重点研究了航天飞机与空间站对接的三种不同方法。首先，航天飞机轨道器通过对接机构与空间站进行直接对接，该方式类似于阿波罗飞船的指令服务舱与联盟号飞船对接任务。其次，第二种方案是由机械臂抓捕实施对接，机械臂可配置在轨道器或空间站，然后抓捕另一个航天器完成对接。这个方案的突出考虑是，两个航天器在接近状态下的相对速度较低，此时通过机械臂操控抓捕实施对接相比于借助航天器自身的姿轨发动机工作要更为容易。还有一种方案选择是借助一个可展开对接通道实现软对接，此时航天飞机与空间站可以维持一个相对独立的安全距离。通过对比分析，任务团队认为三种方案都能实现两个大型航天器在轨对接与安全运行，同时在对接过程中也都存在一定的风险，由此可能导致损坏航天器或对接系统。丹尼斯·詹金斯一直自豪于参加了航天飞机任务，因此，对于对接风险影响到航天器系统以及乘组的担忧更为深刻。任务团队进一步的研究发现，机械臂辅助对接将显著降低对接过程碰撞的风险，但其系统自身运行的故障模式也更为复杂。同时任务团队还面临着一个问题，基于阿波罗计划的直接对接飞行经验，选择机械臂辅助对接的替代方案则缺乏足够的数据积累。相比较而言，当时的机械臂系统还处在概念设计初期，可展开对接通道方案则仅有一篇论文成果进行支撑。因此，任务团队在当时条件下开展上述多方案比较则显得时机不够成熟。

6.6.2 C 阶段对接方案

当对接系统开发进入 C 阶段时，任务团队于 1972 年 5 月提出了多个设计方案。格鲁曼-波音公司负责位于轨道器前端的对接端口和气闸舱的布局设计，这对于整个轨道器系统优化设计的影响较大。按照系统初步方案设计，对接系统位于轨道器头部前端，整体布局于热防护罩内侧。EVA 气闸舱和舱门则位于前舱的顶部。洛克希德公司的设计方案聚焦于布局优化，将气闸舱和对接系统放置于有效载荷舱前部，并独立设计了一个模块化的有效载荷处置小舱。麦克唐纳·道格拉斯公司提出了两个独立气闸舱的设计方案，其一位于前舱底部用于对接操作，另一个气闸舱则布局在后舱，主要为航天员进入有效载荷舱和 EVA 操作提供通道。相对而言，第二种方案接近于航天飞机的最终方案。麦克唐纳公司设计的两种气闸舱方案的容积接近，约为 210 立方英尺（5.94 立方米），可以同时容纳两名航天员进行出舱准备。

1972 年 7 月 26 日，NASA 明确将航天飞机开发合同授予北美罗克韦尔公司。通过数年的攻关，航天飞机轨道器的最终方案确定。此时 EVA 气闸舱布局于中舱尾部，类似于麦克唐纳公司的 C 阶段设计。作为方案的备份设计，气闸舱还可以调整布局在有效载荷舱内，成为物资转移通道的一部分，以允许航天员由此进入 Spacelab 加压货舱。

NASA 在 20 世纪 70 年代的任务重点是确保航天飞机系统研制具备飞行试验条件，并专注于拓展商业应用。因此，轨道器在轨交会对接操作未予以充分投入，导致对接系统开发陷入停滞状态。相对而言，此时机械臂 RMS 系统及其应用于对接操作的开发工作一直在保持推进。在此期间，阿波罗 & 联盟号的成功实施一定程度上加速了有关航天飞机 & 礼炮号空间站对接验证的任务论证。因此，大家对于北美罗克韦尔公司提出的第一种直接对接方案仍有所期待。直至 1984 年，NASA 决定依托航天飞机实施自由号空间站的在轨构建任务，航天飞机对接系统开发工作终于调整成为优先任务。

6.6.3 APAS－89 对接系统

基于美苏联合实施 ASTP 任务所应用的 APAS－75 对接技术，俄罗斯开发了雌雄同体周边式对接系统 APAS－89，并在初期计划应用于联盟号飞船和暴风雪号航天飞机在轨对接。1990 年，该对接系统的被动端已安装至和平号空间站的晶体号模块。1991 年苏联解体后，暴风雪号航天飞机任务被迫取消。1993 年 2 月，联盟号飞船 TM－16 配置对接系统主动端开展飞行验证，旨在为即将到来的航天飞机 & 和平号任务储备对接技术。

基于 APAS 对接技术，俄罗斯将 APAS－89 对接系统进行了全面更改优化。对接机构外径由 79.9 英寸（203.0 厘米）减小至 61.0 英寸（155.0 厘米），以便于获得更好的对接部位安全间隙。同时，对接机构的花瓣设计由之前的向外布局更改为向内设计。通过上述更改，整个系统的对接通道直径减小至约 31.5 英寸（80.0 厘米）。

依据和平号空间站的系统舱段布局，晶体号模块是美国航天飞机与和平号空间站对接的理想节点。考虑到对接最大包络需求，双方论证确定在晶体号位置新增一个过渡模块单元，以确保航天飞机对接时不会对空间站舱外设备造成影响。该对接模块由俄罗斯负责开发，最终通过航天飞机完成运输并安装至晶体号模块。

俄罗斯 APAS－89 对接系统采用三瓣式对接环状捕获机构，三瓣机构各配置了一对与晶体号外侧对接模块相适应的捕获锁紧装置。对接过程中，APAS－89 对接系统两端的对接环能够对准、紧配合直至最终锁定。具体来说，首先是由对接系统完成初始捕获，航天飞机上的对接端启动准备，通过驱动完成捕获环完全展开。其次，在完成对准后由捕获环进行收拢拉紧，直至实现刚性锁紧。APAS 对接系统的捕获环具有良好的导向捕获设计，借助三个花瓣式捕获装置，分别配置一套由电机驱动的捕获阻尼器和五个固定机构。通过自由度约束设计，可以确保捕获环的导向运动仅在垂直面内。在具体设计方面，采用了三套滚珠螺栓及其共连杆的设计方式，同时配置有三个电磁制动器。位于航天飞机上的对接装置配置了一套减振系统，在对接过程中可以有效适应两个航天器的相对运动，以最大程度地减缓对接冲击。

6.7 在轨对接实施

航天飞机与和平号空间站对接过程可以划分为以下不同的阶段。

6.7.1 准备

在与空间站逐步交会接近过程中，航天飞机会执行较小范围的交会机动，俗称标称纠偏机动。同时，航天飞机的雷达系统启动工作，提供对空间站目标的距离及其变化速度的参数测量。在整个交会接近过程中，航天飞机指令长通常会守在驾驶舱控制台前，通过后舱和顶部舷窗及时目视观察目标和对接系统状态。同时，借助于对接系统内部的摄像机，乘组还可以通过驾驶舱内的视频显示器获取系统在接近前的姿态调整变化。按照岗位设置，驾驶员及时为指令长提供辅助，其他航天员则分别负责操作对接机构、测距设备以及布局于各个位置的照相机。通过团队合作，航天飞机系统可以有效把握交会对接过程与最终的操作状态。

乘组在确认对接系统开关设置后，按照飞行程序将在最后对接前的数小时内启动对接系统。为确保对接全过程电源系统的连续性，航天飞机对接系统及其配套设备进行了特殊的供电保护设计。由于航天飞机发射过程中较大的冲击载荷，对接系统在入轨前的最初状态是主动对接环处于收拢状态，而锁钩处于打开状态，弹簧锁紧机构则为关闭状态。在交会过程中的某个特定时间，乘组需要及时移除手动操作的约束装置，并解锁对接环使其展开至对接初始状态，设置锁钩与弹簧锁紧机构的工作指令。具体来说，通过启动两副驱动组件以每分钟 4.3 英寸（109.22 厘米）的速度可将对接环展开至初始位置，此时距离最终位置约 13 英寸（33.02 厘米）。在对接环展开过程中，对接机构的锁紧机构需要同步工作，以确保对接过程中的刚度需求。在上述驱动操作结束一秒钟之后，驱动组件关闭，整个对接机构处于待命状态。在最后的对接操作之前，航天员需要及时进入气闸舱检查对接系统状态，确保一切就绪。这项状态确认工作是整个对接程序的一个关键环节。

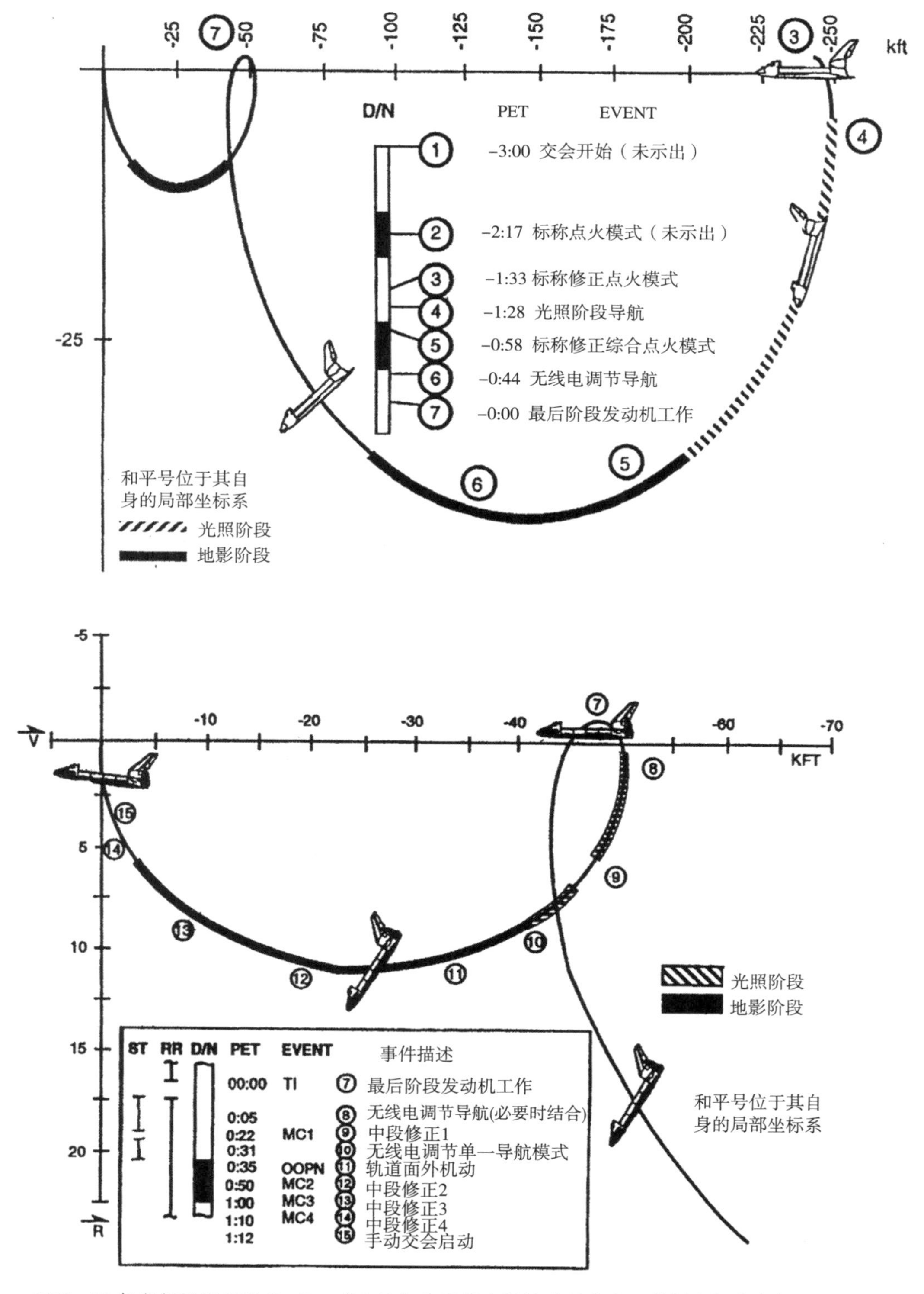

STS－74 任务航天飞机以 R－Bar 式方法与和平号空间站进行交会（数据由加拿大航天局提供）

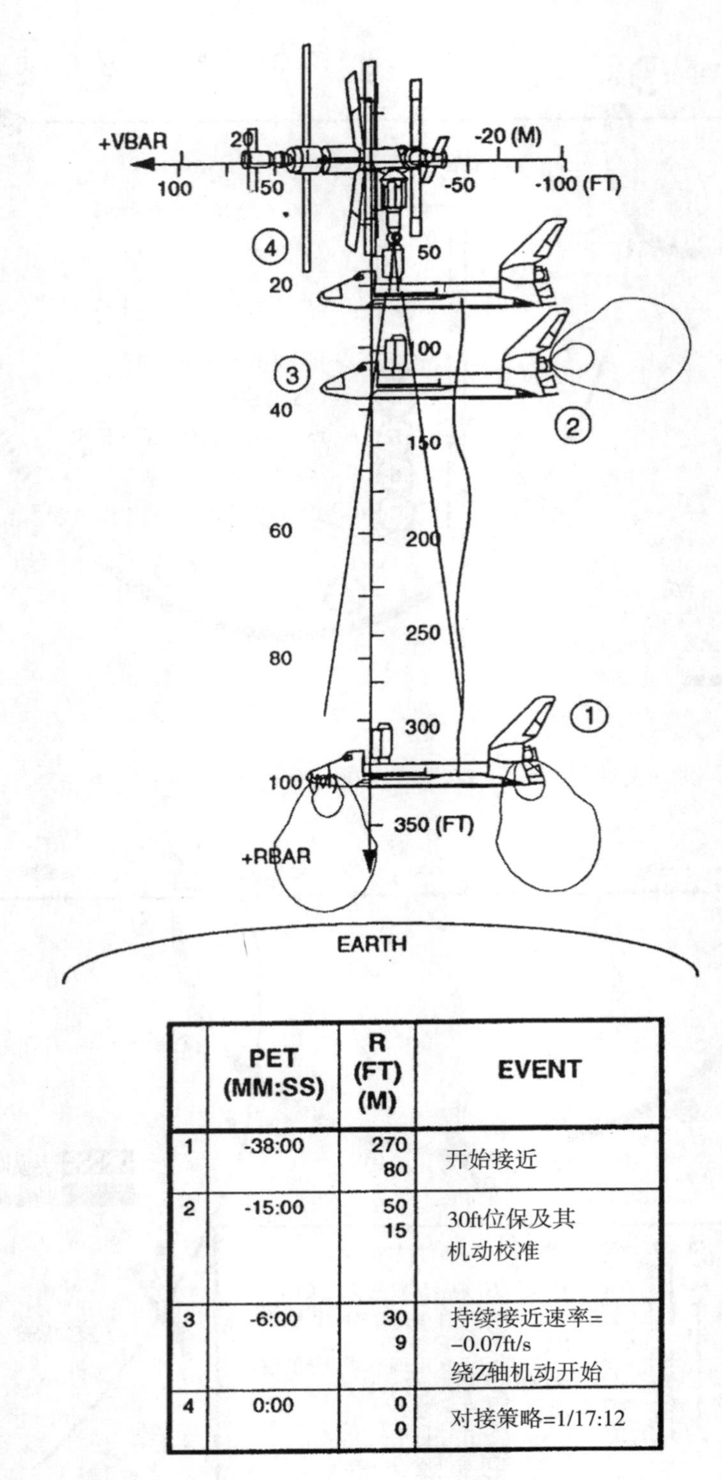

	PET (MM:SS)	R (FT) (M)	EVENT
1	-38:00	270 80	开始接近
2	-15:00	50 15	30ft位保及其机动校准
3	-6:00	30 9	持续接近速率=–0.07ft/s 绕Z轴机动开始
4	0:00	0 0	对接策略=1/17:12

STS－74 任务航天飞机以 R－Bar 式方法从空间站正下方进行接近（数据由加拿大航天局提供）

6.7.2 对接

当航天飞机距离空间站约 8 海里（14.4 千米）时，最后的交会阶段开始了。通过发动机工作启动“最后阶段的点火机动”（TI），航天飞机进入对接前的飞行轨道，以确保与空间站实施对接。此时，对接系统再次启动，气闸舱的空气循环系统以及对接照明与照相机等设施同步打开。

对接机构初始捕获时，航天飞机驾驶舱 A8 控制面板上一个指示灯会开启，此时对接环定位指示灯关闭。根据这一指示灯信号，乘组确定对接过程将按计划进行自主捕获操作，航天员关闭基于备用数字自动驾驶仪（DAP）的后接触推力装置（PCT）。在 2 秒钟之后，自主捕获正式开始。这一状态确认与备份操作的目的在于，对接系统的捕获操作可以获得足够的控制力，且能有效规避额外的动力学响应。

根据自主捕获对接程序，航天员需要通过一个计时器及时记录跟踪对接程序。如果出现异常，通过对比程序时间可分析对接过程待完成步骤，并可按照备份的手动操作方案执行完成。经过 8 分钟的自主对接，两个航天器对接机构的相对运动逐渐减弱，此时对接环已经达到完全展开状态，并保持近 10 秒时间。此时如果出现异常，乘组将通过手动模式继续操作对接环展开直至达到极限状态，或逆向操作完成对接环释放分离。在确保上述一切正常后，接下来将是最终的对接锁紧操作。总的来说，在自主捕获对接过程中，航天员可以根据实施情况在必要时启动手动备份操作完成对接或分离。

6.7.3 故障对策

如果和平号或国际空间站的对接失败，那么在出现“反弹”之后，航天飞机将收回对接机构，并择机进行第二次对接尝试。幸运的是，类似的故障从未发生过。通过反复分析对接过程及其实际状态，将有助于任务团队分析和确定故障原因。从纯机械的角度，首先需要确定对接故障有没有造成设备损坏。其次，如出现信号问题则故障分析相对复杂。再次，在对接故障情况下，乘组应及时采取措施确保轨道器的姿态稳定，避免造成对接机构局部甚至空间站舱段模块的物理损伤。在确保上述正常后，乘组将在姿态稳定状态择机进行第二次对接尝试。

航天飞机在实施与和平号空间站的首次对接时，任务团队基于俄罗斯航空电子设备的潜在风险开发了飞行维护（IFM）程序。在故障情况下，乘组可以有效规避航空电子设备风险实现对接系统任何一台单机的独立驱动。为匹配 IFM 程序，任务团队在航天飞机气闸舱外部配置了美国开发的通信电子接口。作为备份软硬件配套，在对接故障条件下借助航天员手动操作可以确保可靠对接与分离。

6.7.4 操作经验

1987 年，NASA 发布了一份有关航天飞机与自由号空间站对接的研究报告。研究显示，Ku 波段天线不适用于接近操作任务。受限于自由号空间站任务严苛的预算约束，

克莱瓦使用激光测距仪实时记录航天飞机与和平号空间站的接近速率，
图中可见克莱瓦透过航天飞机顶部舷窗已能够清楚观察和平号空间站

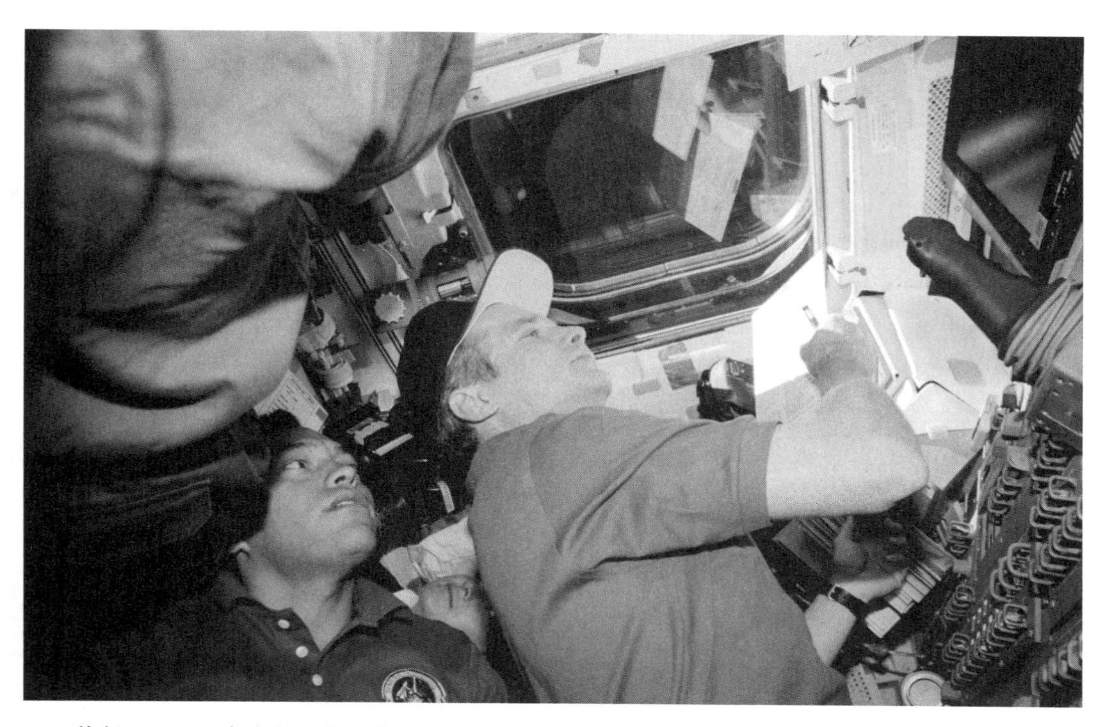

执行 STS－84 任务的亚特兰蒂斯号驾驶舱航天员正在关注与和平号空间站的最后机动飞行。
指令长查尔斯·普雷科特（戴着帽子）缓缓执行航天飞机的机动操作，确保逐步接近空间站。
在普雷科特身后是任务专家卡洛斯·诺列加，他正在关注接近操作，并随时准备提供支持

NASA 无法在短时间内开发一套新的系统，因此转而寻求相对成熟的替代方案。手持式激光装置（HHL）在 1992 年的 STS－49 任务中顺利完成飞行验证。轨道控制传感器（TCS）于 1994 年首次经由 STS－64 任务完成在轨测试。通过在航天飞机有效载荷舱中配置 TCS，可以获取轨道器在与目标航天器交会过程中的相对飞行轨迹数据。具体来说，TCS 能够测量具有一定反射表面积的目标航天器的相对距离和距离变化率。对于具有特殊逆反射特征的目标航天器，TCS 能够测量其相对位置、相对姿态以及各自的变化率。因此，原则上这些传感器显然能够作为雷达的补充，为航天飞机与和平号空间站对接任务提供相对距离及其变化率等参数测量能力。航天飞机专门配置了一台运行“交会和接近操作程序”（RPOP）的笔记本电脑，用于处理上述交会过程中测量的原始数据。交会和接近操作程序在完成数据处理后，会将目标航天器的相对运动状态进行可视化显示，并为下一步的接近操作提供参考。在轨任务期间，类似的笔记本电脑是必不可少的，因为系统配置的标准航空电子系统无法实现上述数据处理功能。

交会雷达特别适用于较小的目标，对空间站等较大目标测量时会出现明显的数据漂移，从而产生测量误差。在航天飞机支撑国际空间站任务过程中，任务团队在相对距离不足 1 000 英尺（304.8 米）的范围内并未使用交会雷达。相反，借助 Ku 波段天线并结合 TDRS 中继系统进行视频结果传输，任务乘组与地面控制中心可以实时掌握交会飞行进

展。在最后的接近操作过程中，HHL 和 TCS 的应用效果良好。在航天飞机与空间站对接的整个任务期间，两套仪器一直在可靠地工作。对此，来自美国太空联盟的约翰 · L. 古德曼曾指出，类似的各类传感器同样也是航天飞机分别与和平号和国际空间站安全对接的关键。

在交会过程中，目标航天器尺寸以及反射太阳光的亮度同样不可忽视，这些因素可能会导致在最终对接阶段的光照条件星敏感器出现异常甚至无法工作，从而导致雷达系统出现故障。STS－64 任务航天飞机在与 SPARTAN 试验器交会期间，系统地影条件星敏感器数据在第一次和第三次机动过程中分别得以获取。类似的，通过 STS－63（交会接近任务）以及 STS－71、STS－74 分别与和平号对接任务的数据处理与分析，任务团队确定了 18 种不同强度和性质的光照环境序列，以兼顾航天飞机星敏感器能力以及空间站舱外照明装置布局需求。针对特定光照环境的对接需求，1996 年，NASA 通过 STS－79 任务首次完成最终对接阶段的地影条件星敏感器应用验证。

STS－91 指令长查尔斯 · 普雷科特正在发现号航天飞机上检查交会任务文档，此时航天飞机即将与和平号空间站进行对接，这也是他第 3 次到访和平号

6.7.5　羽流防护

航天飞机在交会与接近过程中需要频繁启动推力器，以获得必要的姿态与轨道控制。因此，交会对接任务的一项主要内容即是地面准备期间详细分析机动过程中的推力器羽流

查尔斯·普雷科特身后分别是任务专家温迪·劳伦斯（左）和珍妮特·卡万迪（右手拿着摄像头），他们正通过驾驶舱后端舷窗观察航天飞机的最终对接操作

影响，包括羽流作用范围、冲击影响以及航天器控制策略等。针对航天飞机 & 和平号联合任务，羽流影响一直是美俄双方存在争议的内容。

在规划联合任务时，任务团队充分借鉴了此前已实施的哈勃太空望远镜在轨服务的飞行经验。同时，随着航天飞机任务的延续以及国际空间站在轨构建任务开始实施，哈勃太空望远镜后续的在轨服务任务也再次获得更新的飞行经验。羽流影响分析以及相应的任务规划至关重要。对于航天飞机实施哈勃太空望远镜在轨服务，其考虑的重点是在交会对接与分离前后确保望远镜本体表面和太阳翼的正常状态，以能够有效规避航天飞机在低 Z 轴对接时的前向推力器羽流污染。为了航天飞机与空间站交会时获得相对稳定的飞行轨道，任务团队曾优选基于正向速度的 V－Bar 式对接，并且在接近过程中及时切换至－R Bar 模式。然而，在上述方案中，航天飞机需要较长的推力器工作时间，从而增加目标航天器遭受羽流污染的可能性。对此，俄方要求 NASA 重新评估羽流影响，确保空间站表面及其电池阵附件的影响可控。

1993 年，NASA 对基于＋R Bar 模式的航天飞机交会方案进行了详细分析。结果显示，航天飞机可以借助轨道动力学环境辅助降低飞行速度，而不必依靠推力器工作。此时，航天飞机在不需要改变稳定轨道飞行条件下可以有效降低羽流影响和节约推进剂。基于上述交会方案优化以及 HHL 和 TCS 等便捷设备应用，航天飞机 & 和平号任务实施更为顺利，并且为国际空间站任务规划提供了更多的优化途径。

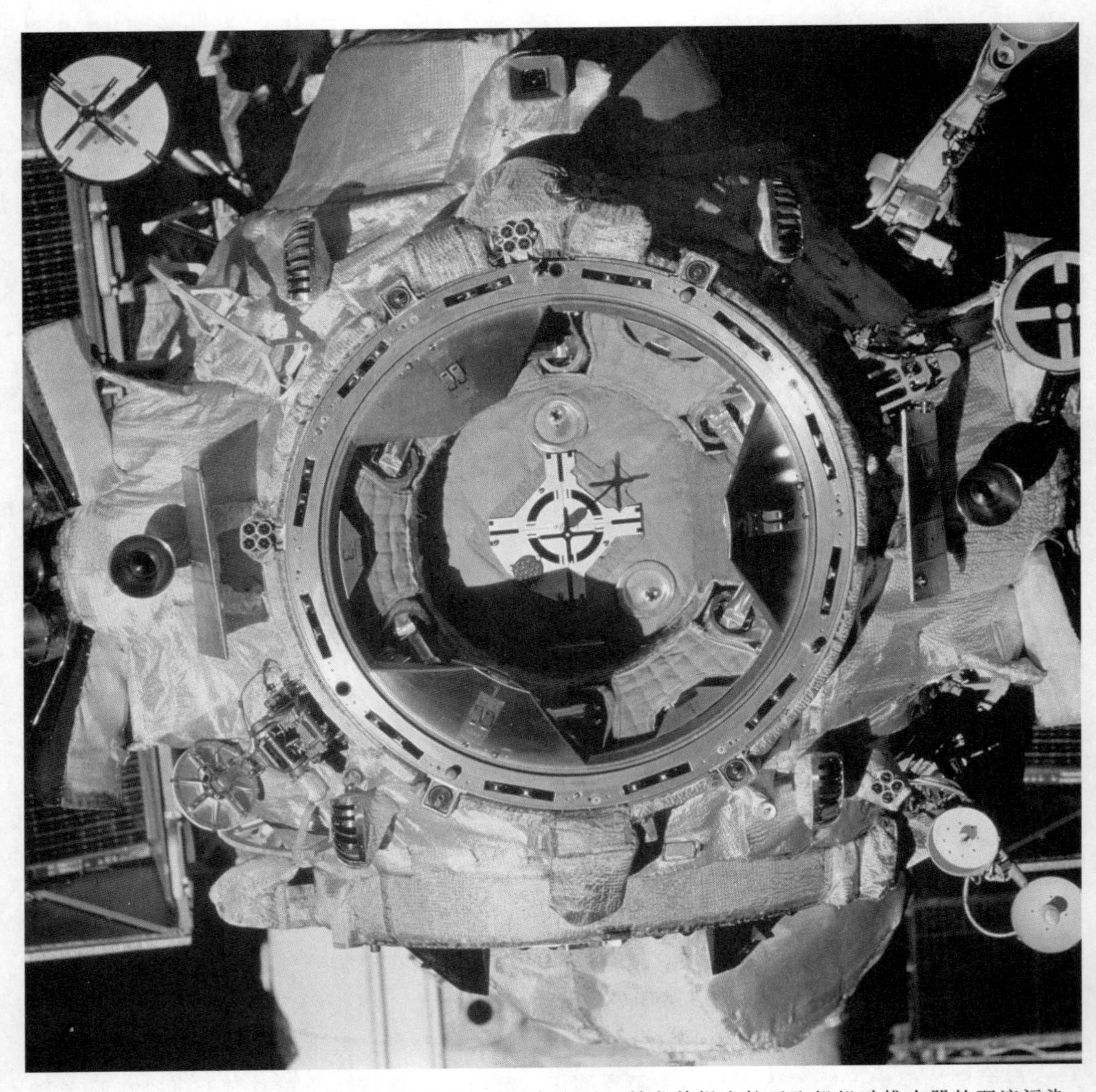

美俄在规划 STS－63 航天飞机与和平号交会接近任务时，俄方曾提出航天飞机机动推力器的羽流污染影响。图示为航天飞机接近过程中，乘组近距离拍摄的和平号前向对接系统，清晰显示舱盖中心“X”形对接靶标。图示左右上角还显示了和平号配置的其他靶标以及对接系统周边的捕获与锁紧机构

经过详细的分析与测试验证，1994 年 4 月，NASA 正式批准应用优化的接近方案，此时距离 1995 年 2 月首次联合任务 STS－63 实施已不到一年。1994 年 11 月，＋R Bar 模式首次在 STS－66 任务中应用，为联合任务实施奠定了重要基础。

为进一步优化交会对接方案，任务团队在计划实施过程中仍在不断更新与应用相关技术，目的是尽可能减少推进剂消耗以增加有效载荷质量占比。1997 年，再次更新的优化 R－Bar 模式交会方案（ORBT）在航天飞机 & 和平号联合计划的 STS－86 任务中首次应用。ORBT 方案是基于稳定轨道交会的改进版本，并针对＋R Bar 模式进行了优化设计。

任务团队通过最终接近和前三次的交会机动将航天飞机调整至距离目标 2 000 英尺（609.6 米）的位置，以进一步减少推进剂消耗。

6.8 经验回顾

空间计划实施的每一个方面几乎都会有相关技术文档的总结，参与编制的任务团队成员往往能够提供更为丰富的分析。空间飞行需要应用很多新技术或新程序，这些在条件允许时都会优先选择先开展飞行试验再进行大规模的应用。经历飞行试验验证的技术或程序，任务团队根据飞行数据所进行的实用性和兼容性评估最为可信。在航天飞机任务期间，上述“试用”技术或程序作为开发测试目标（DTO）和补充测试目标（DSO）会择机安排飞行验证，任务团队会将与测试相关的硬件及系统作为飞行计划的次要有效载荷。在轨测试期间，乘组会及时整理测试结果并联合开发人员进行分析评估，总结相关技术或程序的适用性。

如上所述，航天飞机交会对接所需硬件、系统及程序在任务提出的早期阶段即开展了飞行试验验证与研究。

1994 年 11 月，NASA 依托 STS－66 航天飞机实施 ATLAS－3 任务，本次任务的目标之一即评估基于自由飞行 CRISTA－SPAS 系统的 R－Bar 对接技术及其对于航天飞机 & 和平号对接任务的适用性。作为 STS－66 的二号任务专家，坦纳介绍在轨开展新技术验证是航天员的常规任务，同时乘组事先并不知悉 R－Bar 方法验证的动机。按照惯例，乘组不会细究测试项目背景，包括是否为航天飞机 & 空间站对接提供支撑等，在轨任务期间的测试仅仅是依照事先制定的飞行程序进行，参与其中的航天员通常都是抱着学习的态度确保任务顺利完成。

同样参与 STS－66 任务的还有 ESA 航天员简-弗朗索瓦·克莱瓦，他与坦纳三年后在 STS－84 联合任务中再次合作。在地面培训过程中，克莱瓦介绍掌握交会对接操作程序与工具成为工作重点之一，包括 Ku 波段天线作为交会雷达的应用以及使用笔记本电脑 RPOP 程序与航天飞机数据系统建立联系等。克莱瓦认为笔记本电脑自身很普通，但通过 RPOP 程序获取及处理飞行数据将展现出强大的处理能力和软件应用的灵活性。借助 RPOP 程序制作图表，目标位置及其变化率可以得到直观的反映，在交会过程中可以为乘组控制操作提供及时的数据支持。按照乘组分工，指令长负责在驾驶舱控制最后阶段的交会对接操作，任务工程师则专注于上述程序与工具的使用以及适时报告数据分析结果。地面培训的实用性让克莱瓦印象深刻，基于各种工况及大量操作训练使得航天员在轨实际操作时能够轻松实现“一次做对”。

克莱瓦接下来介绍了 STS－66 任务中的交会过程。基于地面培训中的熟练操作，在轨实施过程顺利。STS－66 任务首次应用 R－Bar 交会技术，从目标下方沿 *R* 轴向上进行交会的试验证明其有效性。在交会过程中，乘组控制航天飞机在距离 33 英尺（10 米）保持暂停状态，以综合评估相对距离的测量误差。在联合任务实施并完成交会对接后，和平号指令长安排克莱瓦体验沿地球纵轴飞行，即 LVLH 机动策略。当时克莱瓦感觉整个组合体就像一架飞机正在进行平稳的飞行。对于航天飞机未来支撑国际空间站构建任务，克莱瓦认为这种交会方式仍然适用。通过测量交会航天器的相对位置及其变化率，乘组采用 R-Bar 交会模式可以顺利进行相关操作。同时，克莱瓦提醒，需要注意不同任务的参考坐标系的一致性，在进行接近操作时航天员舱内目视测量手段可以支撑辅助分析。根据实测误差分析，乘组须及时进行参考坐标系的等效换算。在最终的接近过程中，乘组可以借助手动平移控制器（THC）择机使用手动控制模式。经过上述调整控制，舱内航天员可以观察到两个航天器的对接系统各自靶标的旋转状态一致。

克莱瓦对于交会对接过程的感觉非常好，直言在地球上任何一个操作都无法与之比拟。对于实际在轨操作，克莱瓦认为需要科学操作，根据数据分析实时调整机动飞行策略。轨道高度变化会让航天员有更为直观的体验，环绕地球飞行时低轨飞行具有较高的速度，高轨飞行则相反。在升轨过程中首先需要加速获得新的速度增量，但在进入高轨前航天器将转入低速飞行。

STS-76 航天飞机对接系统距离和平号对接模块仅有数英寸，几分钟后两个航天器将完成软对接

每一位参与联合任务的航天员都会感叹于组合体的在轨状态。克莱瓦再次回顾在轨交会对接状态，和平号空间站在交会初始时就像一颗小星星，随着不断的交会接近而逐步凸显其反射太阳光时的金属蓝色光芒。在逐步接近过程中，乘组能够感受到和平号越来越突出的庞大体积。1999 年，克莱瓦参加了哈勃太空望远镜的第三次在轨服务任务，当时的 STS-103 任务指令长是柯特·布朗。作为已经参加了 6 次任务的老兵，布朗在航天飞机

STS－74 航天飞机与和平号新配置的对接模块完成停靠，此时联盟号飞船、进步号货运飞船都处于对接状态

完成对接时给大家介绍了眼前庞大的哈勃太空望远镜。对此，克莱瓦笑言与和平号任务的体验相差太大。

在确认航天飞机与空间站建立可靠连接后，航天飞机乘组打开舱门，迎来进入空间站的兴奋时刻。参加和平号和国际空间站任务的航天飞机乘组与其他航天员不同，他们能够在不同任务中感受空间站的显著变化。相比于国际空间站复杂的构建任务，和平号空间站的组装扩展同样值得回顾。1995 年 6 月，空间站完成光学舱模块组装，同年 11 月，STS－74 任务为和平号安装了对接模块。1996 年 4 月，自然舱模块成为和平号空间站在轨扩展的新里程碑。NASA 有部分航天员搭乘航天飞机先后参加了和平号空间站和国际空间站任务，相对而言，这种幸运令人激动而难忘。事实上，参与任何空间站任务并能在轨观察最终的接近与对接操作都是一件非比寻常的经历。

毫无疑问，今天国际空间站的尺寸要比和平号空间站大得多。珍妮特·卡万迪分别参加了 1998 年和平号空间站 STS－91 任务以及 2001 年国际空间站 STS－104 任务。尽管在 STS－91 任务中没有直接参与交会对接操作，负责状态监视的卡万迪仍对航天飞机自上向下逐步完成对接停靠感到印象深刻。参加 STS－104 任务的卡万迪明显记得国际空间站当时的组合体已经具有更大的尺寸。在太阳光照射下，国际空间站从最初类似金星似的恒星亮点逐渐显现出组合体的庞大轮廓，每一位航天员都兴奋于有机会参加这个庞然大物的在

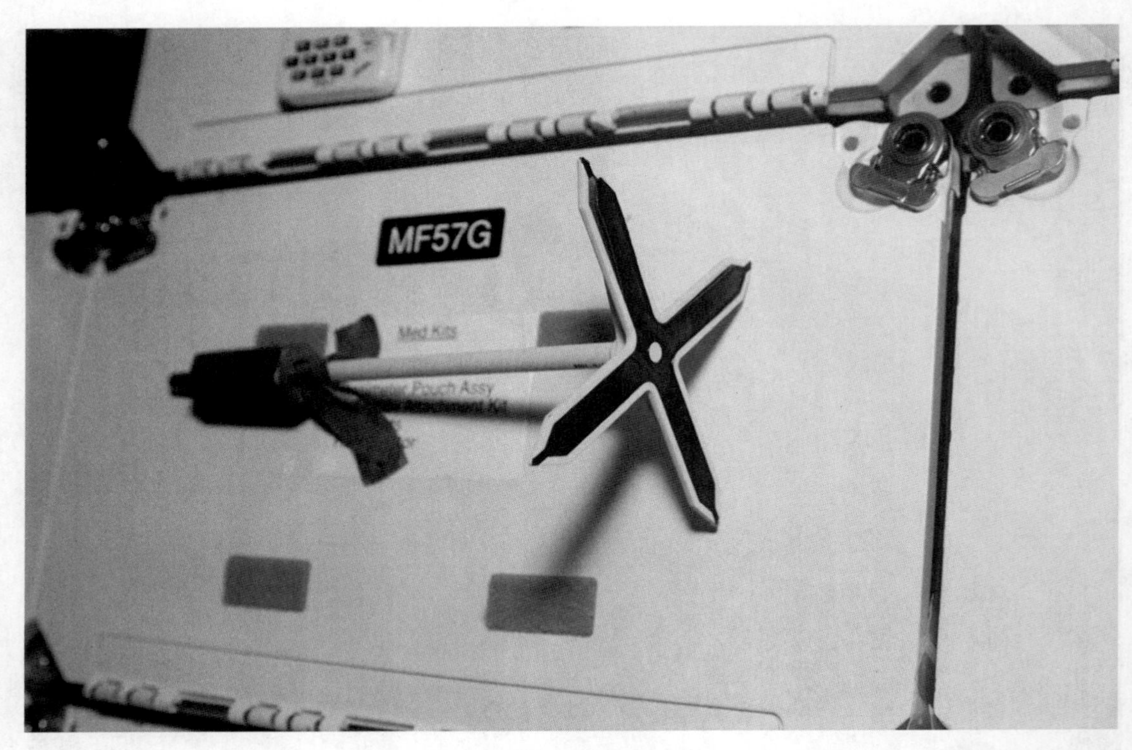

在顺利完成对接操作后，STS－79 任务专用对接靶标已从和平号舱门转移至亚特兰蒂斯号中舱

轨构建任务。最终的国际空间站尺寸显然还要大很多，卡万迪相信所有参加任务的航天员都愿意在合适的时候向周围的人反复介绍。

参 考 文 献

[1] AIS interview with Janet Kavandi, October 11, 2015.

[2] NASA Shuttle - Mir History website, Training and Operations, Director of Operations in Russia, http://history.nasa.gov/SP-4225/training/training.htm#dor, last accessed May 12, 2016.

[3] A more detailed account of Mission Control and their console positions during Shuttle missions can be found in Hubble Space Telescope, Concept to Success, by David J, Shayler with David M. Harland, Springer - Praxis 2016, pp. 313 - 322, along with an expanded explanation of the role of a Flight Director and Mission Director pp. 322 - 328.

[4] Gemini Steps to the Moon, David J. Shayler, Springer - Praxis, 2001.

[5] Rendezvous and Proximity Operations of the Space Shuttle, John L. Goodman, United Space Alliance, LLC, Houston, AIAA, 2005.

[6] AIS interview with Jim Newman, December 6, 2013.

[7] Space Shuttle, The History of the National Space Transportation System, the first 100 missions, Dennis R. Jenkins Midland Publishing, 2001 p. 80.

[8] Jenkins, p. 156 .

[9] Jenkins p. 178 .

[10] Goodman, Rendezvous and Proximity Operations of the Space Shuttle .

[11] A Meeting in Space, in Hubble Space Telescope, Concept to Success, David J. Shayler with David M. Harland, Springer - Praxis Books 2016, pp. 107 - 115 .

[12] E - mail to AIS from Joe Tanner, December 13, 2015 .

[13] AIS interview with J - F. Clervoy, December 9, 2015 .

[14] Kavandi 2015.

第 7 章　对接任务实施

当我们渐行渐远，最令人感动的时刻之一就是，
和平号缥缈的灯光闪烁，在星空中慢慢褪去。
这一刻，我们再次感动，
因为这将是最后一次目送。一切顺利！

——安德鲁·托马斯
STS-91，1998 年 6 月 8 日

在完成航天器系统开发与地面配套研制后，航天飞机 & 和平号空间站任务即将发射实施。本章以发射时间为序，概括总结航天飞机 & 和平号的每次任务[①]。

20 世纪 70 年代初，美国天空实验室任务曾通过阿波罗飞船完成了三次载人飞行，在轨驻留时间分别为 28 天、59 天和 84 天。在此之后的 20 年中，NASA 实施的载人航天任务均未超过一至两周，统计数据包括了由美国或者其他国家发射的相关任务。因此，在航天飞机 & 和平号任务实施之前，NASA 掌握的所有关于空间站任务经验仅限于此。1995 年，NASA 载人航天任务迎来新的阶段，因为美国航天员即将有机会重新参加可长期驻留的空间站任务。按照 NASA 及美国政府的规划，理想情况下原本在太空中能有一个属于美国的空间站，但相关工作进展并不顺利。和平号空间站是由苏联建造，在进入俄罗斯时代后也自然延续着相关的运营状态。在俄语中，“Mir”有很多翻译，其最主要的意思是和平或联合。当美国的空间站论证逐步收敛，并聚焦为“自由号空间站”时，美国主张的国际合作共建思路也逐渐清晰，后来空间站名称更是直接调整为“国际空间站”。1993 年，NASA 宣布俄罗斯加入国际空间站任务。在任务规划与系统开发过程中，在轨运行的和平号空间站恰好是一个完美的技术验证与经验积累的空间载体。NASA 将美俄合作的和平号任务定义为国际空间站联合计划的第一阶段。紧接着，第一阶段的合作目标得以确定，由航天飞机与和平号空间站联合开展实施。美俄双方签署了一系列的任务合作协议，包括由航天飞机与和平号空间站交会和对接，俄罗斯航天员搭乘航天飞机进入和平号空间站，NASA 航天员可以在和平号空间站上长期驻留开展飞行任务等。基于航天飞机 & 和平号任务，NASA 有望获得更多的长期驻留空间站的载人飞行经验，同时也为航天飞机与大型空间设施的物理对接提供宝贵的技术积累。

---

① 关于航天飞机 & 和平号空间站的每次任务详细信息，请参阅专著：蒂姆·弗尼斯，戴维·J. 谢勒和迈克尔·J. 谢勒，Springer-Praxis 出版社，*Praxis Manned Spaceflight Log 1961—2006*，2007 年出版。此外，本书所列的其他相关书目文献等可一并参考。

7.1 美俄航天员协作

1992年6月，美俄签署了一项协议，明确了关于航天飞机&和平号任务实施的一些要求。双方约定至少有一名俄罗斯航天员参加航天飞机任务，才能安排美国航天员搭乘俄罗斯火箭抵达和平号空间站并加入驻站乘组。这项协议及其第一部分内容很快得到实践。1994年2月，俄罗斯航天员谢尔盖·克里卡列夫搭乘STS-60航天飞机升空。1995年，俄罗斯航天员弗拉基米尔·蒂托夫参加了STS-63航天飞机任务。

1995年7月，航天飞机执行STS-71任务并成功与和平号空间站完成对接。这是航天飞机&和平号任务的首次对接，此时距离充满历史意义的阿波罗-联盟号测试任务已将近20年。STS-71乘组也是实施航天飞机与空间目标完成物理对接的首批美国航天员。在此次任务中，已驻站四个月的Mir-18驻站乘组成员包括美国航天员诺曼·塔加德和两名俄罗斯航天员，他们将随航天飞机返回地球。同时，这也是此次航天飞机&和平号任务顺利完成的标志。上述协议的另一部分内容也很快得到履行，美国航天员塔加德搭乘联盟号飞船TM-21进入太空，成为美国历史上第一个搭乘国外载人飞船且从美国本土以外发射的航天员。此次任务与塔加德一同执飞的航天员还包括两名俄罗斯人，分别是指令长弗拉基米尔·德朱洛夫和飞行工程师根纳季·斯特雷卡洛夫。STS-71航天飞机在离站之前顺利完成驻站乘组的轮换，此时STS-71任务指令长阿纳托利·索洛维约夫和飞行工程师尼古拉·布达林加入Mir-19乘组。通过航天飞机乘组进站首次完成整个驻站乘组的轮换，则是出现在6年后的2001年。此时航天飞机搭载的是国际空间站任务的第二批航天员。航天飞机&和平号任务在开展论证时，曾规划在第一阶段完成七次在轨对接，然后还将另外安排三次对接任务。航天飞机&和平号任务实际实施时，一共仅安排了九次航天飞机的对接停靠。其中，最后一次对接任务在1998年6月完成，此时距离第一次对接任务实施已过去将近三周年。与此同时，NASA即将在六个月后执行国际空间站构建计划的首次航天飞机任务。在航天飞机&和平号任务期间，共计有7名美国航天员与俄罗斯航天员一起构成和平号常驻乘组，并在航天飞机执飞STS-76、STS-79、STS-81、STS-84、STS-86、STS-89和STS-91任务期间分别完成驻站乘组的轮换。

在航天飞机&和平号任务期间，航天飞机需要为和平号空间站运输系统硬件、物资补给、各类实验设备等，并在任务结束时将在轨实验数据、样品和其他废弃物件带回地球。因此，航天飞机既要为和平号维持运行与在轨实验提供各类补给，同时还要及时清理空间站上各类工作与生活垃圾。其中，STS-74任务顺利完成俄罗斯的对接模块运输并将其与和平号空间站对接，成为航天飞机&和平号计划的唯一一次的系统硬件运输任务。在九次航天飞机任务中，STS-74同时也是唯一一次没有美国航天员轮换进入驻站乘组。共计有三架航天飞机参与了航天飞机&和平号的七次对接任务，包括亚特兰蒂斯号（OV-104）、发现号（OV-103）和奋进号（OV-105）。在实施在轨对接之前，NASA安排了STS-60和STS-63两次飞行验证任务，均由发现号航天飞机实施。

欧洲 Spacelab 货舱模块参与了一次对接任务，即通过 STS-71 航天飞机为和平号装载了重达 9 007.5 磅（4 085 千克）的对接模块。美国制造的 Spacehab 货舱模块装载于航天飞机有效载荷舱，共参加了七次航天飞机任务。其中，STS-76 和 STS-91 任务采用的是 Spacehab 货舱单模块（SM），STS-79、STS-81、STS-84、STS-86 和 STS-89 任务则替换为双模块（DM）以满足相应的货物运输需求。

在航天飞机 & 和平号任务准备期间，共有两名航天员接受了计划外和意外紧急 EVA 训练。实际在轨任务实施过程中，EVA 操作仅出现在 STS-76 和 STS-86 两次飞行任务中，而且均为计划内的任务。STS-86 任务相对特殊，弗拉基米尔·蒂托夫成为首个依托美国航天器实施 EVA 操作的俄罗斯航天员。上述两次 EVA 任务在事先均规划确定为美国负责的内容，因此 EVA 航天员均按要求保持在航天飞机与和平号空间站对接面范围内，确保不会进入俄罗斯“领土”。

7.2 联合任务概况

针对航天飞机 & 和平号任务，美俄宣布将共计实施 10 次任务，包括前序交会验证以及九次在轨对接任务。除此之外，双方基于 1992 年 6 月签署的协议，额外约定将实施一次特殊任务，由俄罗斯航天员参与美国 STS-60 航天飞机任务。

1994 年谢尔盖·克里卡列夫正在执行 STS-60 飞行任务，
他成为参与航天飞机任务的第一位俄罗斯航天员

STS-60，发现号（1994年2月3日—11日）：为满足航天飞机任务能力需求，俄罗斯资深航天员谢尔盖·克里卡列夫和弗拉基米尔·蒂托夫接受了NASA安排的简短的任务专家岗位培训。在STS-60任务中，克里卡列夫担任4号任务专家MS4，蒂托夫则作为他的助手。这次飞行是航天飞机第二次搭载Spacehab货舱模块。同时，STS-60任务还将在轨首次开展尾流屏蔽设备（WSF，Wake Shield Facility）实验。通过在轨部署WSF实验平台，在航天飞机任务的LEO获取一个“超真空”尾流区域，利用半导体材料开展近零缺陷薄膜层状结构的制备实验。STS-60飞行任务期间，克里卡列夫与其他航天员协作完成了各种实验。通过这次飞行任务的各项出色工作，克里卡列夫显示出其丰富的飞行经验，表明其尽管没有接受美方组织的正式培训但仍可以自信地加入航天飞机乘组，实际情况更能予以辅证。据统计，克里卡列夫在参加STS-60任务之前所拥有的空间飞行经历甚至要超过乘组其他航天员的总和。相比较而言，美国航天员能否同样顺利适应和平号空间站的长期驻留任务则还有待观察。

1995年是具有里程碑意义的一年，这年对于航天飞机与和平号空间站合作以及国际空间站任务相关的国际合作规划都是极为重要。距离阿波罗飞船与联盟号对接任务完成实施，时间已跨越20年。1995年，航天飞机第一次与和平号空间站进行对接，这是美国自天空实验室以来首次本土航天员进驻空间站。

STS-63，发现号（1995年2月3日—11日）：在谢尔盖·克里卡列夫参加的STS-60任务完成一年后，弗拉基米尔·蒂托夫作为4号任务专家MS4参加STS-63任务。本次任务的主要目标是与和平号空间站进行交会，并在空间站附近开展交会接近试验验证。

吉姆·韦瑟比在参加NASA历史的口述记录时，介绍了STS-63航天飞机与和平号近距离交会任务设计时的一些争议。航天飞机与和平号的初始交会接近距离确定为1000英尺（304.8米），但来自NASA的指令长说服俄罗斯方面将接近距离进行减小调整，并分步骤先后减小至400英尺（121.92米）和100英尺（30.48米）。在交会接近过程中，航天飞机乘组借助既定的硬件设备与程序即可对飞行状态进行综合评估，旨在为后续实施对接任务积累数据。在地面训练时，通过接近过程中测量数据分析，乘组评估发现当航天飞机接近至30英尺（9.14米）再采用视觉校准偏差的方案相对较优。对比而言，这个距离比俄罗斯方面最初提议的距离要近得多。最终在STS-71任务进行对接实施之前，双方通过综合评估达成共识，即确定STS-63任务的交会接近距离为33英尺（10米）。韦瑟比进一步介绍，上述争议主要与多个因素有关。在近距离交会过程中，俄罗斯方面最为担心的是航天飞机反作用控制发动机会出现一定的推进剂泄漏，从而对和平号空间站造成污染。经过美俄双方的细致分析与讨论，在明确航天飞机乘组可将泄漏量降至最低之后，双方最终就上述交会接近距离达成一致。

按照STS-63任务规划，乘组除了开展交会接近验证以外，还需实施包括EVA任务开发测试（EDFT）在内的相关试验。EDFT试验旨在开展EVA工具和相关程序的在轨测试，相关试验成果将直接支撑多项空间飞行任务，包括哈勃太空望远镜（HST）在轨服务以及国际空间站在轨构建任务。NASA经与俄方协商确定，将EDFT测试任务设置为一系列的舱外操作试验，并分别配置于多个航天飞机 & 和平号任务中。随着上述两次航天飞机验证任务的顺利完成，美俄联合任务迎来下一阶段，此时航天飞机将与和平号空间站正式实施在轨对接。

STS－71，亚特兰蒂斯号，航天飞机 & 和平号任务首次对接（1995 年 6 月 27 日—7 月 7 日）：作为参加过四次航天飞机任务的 NASA 资深航天员，诺曼 · 塔加德已与 3 月 14 日与两名俄罗斯 Mir－18 的航天员一起搭乘联盟号飞船 TM－21 进驻和平号。按照任务计划，塔加德将实施为期约四个月的驻站飞行。此次任务意义特殊，塔加德成为第一个搭乘俄罗斯火箭升空的美国航天员，同时也成为自 1974 年 2 月天空实验室任务以来首位再次进驻空间站系统的美国航天员。另一方面，执行 STS－71 任务的航天飞机则搭载了两名来自俄罗斯的 Mir－19 乘组航天员。塔加德和他的同事在离开和平号之前，利用航天飞机运输的 Spacelab 货物模块装载的仪器设备开展了一项繁琐的生物医学和科学研究实验。本次实验涉及多项研究领域，获得了丰富的实验数据。因此，这也成为 20 多年来美国航天员首次在长期太空飞行后获得的在轨实验数据。当塔加德返回地球时，他已在轨飞行长达 116 天，创造了美国航天员的纪录。

STS－74，亚特兰蒂斯号，航天飞机 & 和平号任务第二次对接（1995 年 11 月 12 日—20 日）：在顺利完成 STS－71 任务的四个月后，亚特兰蒂斯号航天飞机飞抵和平号空间站的停泊接口。此次 STS－74 任务的主要目标是将俄罗斯 316GK 对接模块安装至和平号的晶体号模块，从而为后续航天飞机停靠提供更宽敞的接近与对接空间。这次任务对于航天员的规划较为特殊，包括航天飞机发射、在轨与驻站乘组轮换并返回地球等，均没有 NASA 航天员参与。事后统计显示，此次任务在所有的航天飞机 & 和平号空间站任务中是唯一的特例。除此之外，STS－71 任务还创造了多个标志性事件。首先，加拿大航天员克里斯 · 哈德菲尔德加入 STS－71 任务乘组，使得此次任务的国际合作范围进一步拓宽，标志着和平号空间站首次迎来美俄之外的其他合作伙伴的航天员。其次，初始两次对接任务的成功，标志着航天飞机 & 和平号空间站的规划得到成功验证。因此，NASA 与俄罗斯协商达成一致，再增加两次飞行任务即一共实施 9 次对接任务。再次，顺利实施的任务基础允许美俄双方能够优化前期的任务规划，最终双方同意新增的两次驻站任务由 NASA 航天员实施。至此，NASA 通过与俄罗斯联合实施航天飞机 & 和平号空间站任务获得了丰富的在轨经验，足以建立国际空间站实施所需要的充足信心。

1996 年，美俄围绕飞行任务实施及其乘组轮换方案进行了局部调整。按照此前的规划，在 STS－71 任务结束时塔加德将搭乘航天飞机离开空间站，而香农 · M. 露西则搭乘 STS－76 航天飞机进驻空间站。为支撑和平号驻站乘组工作有序实施，任务规划团队提出由航天员邦尼 · J. 邓巴接替塔加德加入驻站乘组，并随 STS－74 航天飞机返回。另一种方案是安排其他航天员接替进展并搭乘 STS－76 航天飞机返回。然而，考虑到塔加德与露西在轨轮换间隔将长达九个月，任务团队最终取消了这一轮换方案。除此之外，任务团队还需要重点考虑长期在轨飞行可能导致航天飞机设备出现严重技术故障，以及包括佛罗里达州恶劣天气造成任务延迟等其他不确定因素。基于上述考虑，航天员露西执行 STS－76

1995年6月29日，亚特兰蒂斯号与和平号空间站对接舱门首次打开，STS-71任务指令长罗伯特·吉布森和Mir-18乘组指令长弗拉基米尔·德朱洛夫在轨握手。此时距离阿波罗-联盟号ASTP任务实施已近20年，当时是由美俄双方的航天员托马斯·斯塔福德与阿列克谢·列昂诺夫在太空互致问候

任务的飞行时间不得不推迟。尽管如此，最终任务的顺利实施充分证明了露西的成功。与此同时，STS-76任务也将迎来NASA航天员首次在轨轮换，这也是航天飞机&和平号任务实施中的里程碑之一。

STS-76，亚特兰蒂斯号，航天飞机&和平号任务第三次对接（1996年3月22日—31日）：在第三次任务准备期间，航天飞机固体火箭助推器（SRB）在集成过程中出现了一些技术问题。任务团队重点分析了助推器的气路接口状态及其对O形密封圈与胶粘剂的影响，结果显示，相关参数均在正常的公差范围内，因此NASA宣布航天飞机可以发射以执行STS-76任务。在和平号空间站舱门打开两小时后，香农·露西完成相关准备工作并顺利进入和平号空间站，成为到访和平号的首位NASA航天员。这次任务期间，琳达·M. 戈德温和里奇·克利福德联合开展了NASA自天空实验室以来首次基于空间站的EVA活动。这次EVA任务于3月27日实施，共计持续6小时2分钟。自1969年3月阿波罗9号乘组实施阿波罗计划的首次EVA操作以来，本次STS-76任务也是NASA首次在两个不同航天器的对接面附近执行EVA任务。对于露西而言，她成为航天飞机&和平号计划中第一个加入驻站乘组的NASA航天员。因此，在任务结束后搭乘航天飞机返回地球时，她也就圆满完成了这一里程碑任务。

STS-79，亚特兰蒂斯号，航天飞机&和平号任务第四次对接（1996年9月16日—

1994 年公布的航天飞机 & 和平号任务标识。初升的太阳标志着人类太空飞行新时代的到来，代表了该任务的第一阶段计划。对接的航天器表明了两国之间的新合作联盟。标识中的和平号空间站为其最终的设计状态，包含了当时一些正在开发而尚未发射的模块。标识给出了航天飞机有效载荷舱状态的特写，包括了装载 Spacehab 货舱模块的构型。此外，标识的辅助图案也有着相应的内涵。地球图样表达了任务团队对于航天科技领域不存在任何政治界线，因为地球本身就是全人类的共同家园。在航天飞机与和平号空间站附近，单星图案代表这两个航天器系统项目已经取得的成就，双星则代表此前美俄实施的 ASTP 计划。飘扬的丝带显示出美俄国旗在太空交织，表达了双方在太空探索中共同推进这一重要的飞行计划

26 日)：在经历数次发射计划推迟后，亚特兰蒂斯号于 9 月 18 日成功与和平号对接。随后，航天员约翰 · E. 布拉进入和平号并轮换作为驻站乘组成员。这次驻站乘组轮换为接下来 21 个月内 NASA 航天员在和平号空间站上的持续交替拉开了序幕。此前进入驻站乘组的露西在任务结束后已搭乘亚特兰蒂斯号返回地球，创造了 189 天的美国航天员太空飞行纪录。

1997 年相对特殊，在迎来成功的同时也有多项工作充满了巨大挑战。回顾 1973 年至 1974 年，NASA 航天员首次进行跨年飞行并随后再次开展了三次长期飞行任务。1997 年，美俄迎来航天飞机 & 和平号任务的全面成功，然而在轨任务期间出现的两次重大事件再次凸显出太空飞行的极度危险性。与此同时，NASA 在这一年迎来新的挑战。美国承研的国际空间站第一批硬件抵达发射场，国际空间站在轨构建的艰巨任务即将启动。

这是一张飞行过程的特殊记录。STS－74 乘组正在通过亚特兰蒂斯号顶部舷窗观察和平号及其乘组状态。航天飞机乘组可以近距离拍摄和平号空间站的外部状态，而和平号乘组同样也可以拍摄轨道器及其热防护系统的清晰图像

STS-81，亚特兰蒂斯号，航天飞机 & 和平号任务第五次对接（1997 年 1 月 12 日—22 日）：STS-81 任务的主要目标是为和平号提供物资补给。在此期间，航天飞机乘组的杰里·M. 林格与和平号驻站航天员约翰·布拉进行轮换。在经历 129 天的太空飞行后，亚特兰蒂斯号返回地球。接下来的 2 月 23 日，林格在和平号上遭遇了一场火灾。这也成为多年以来美国航天员在轨经历的最危险事件。幸运的是，这次火灾很快得以顺利处置。

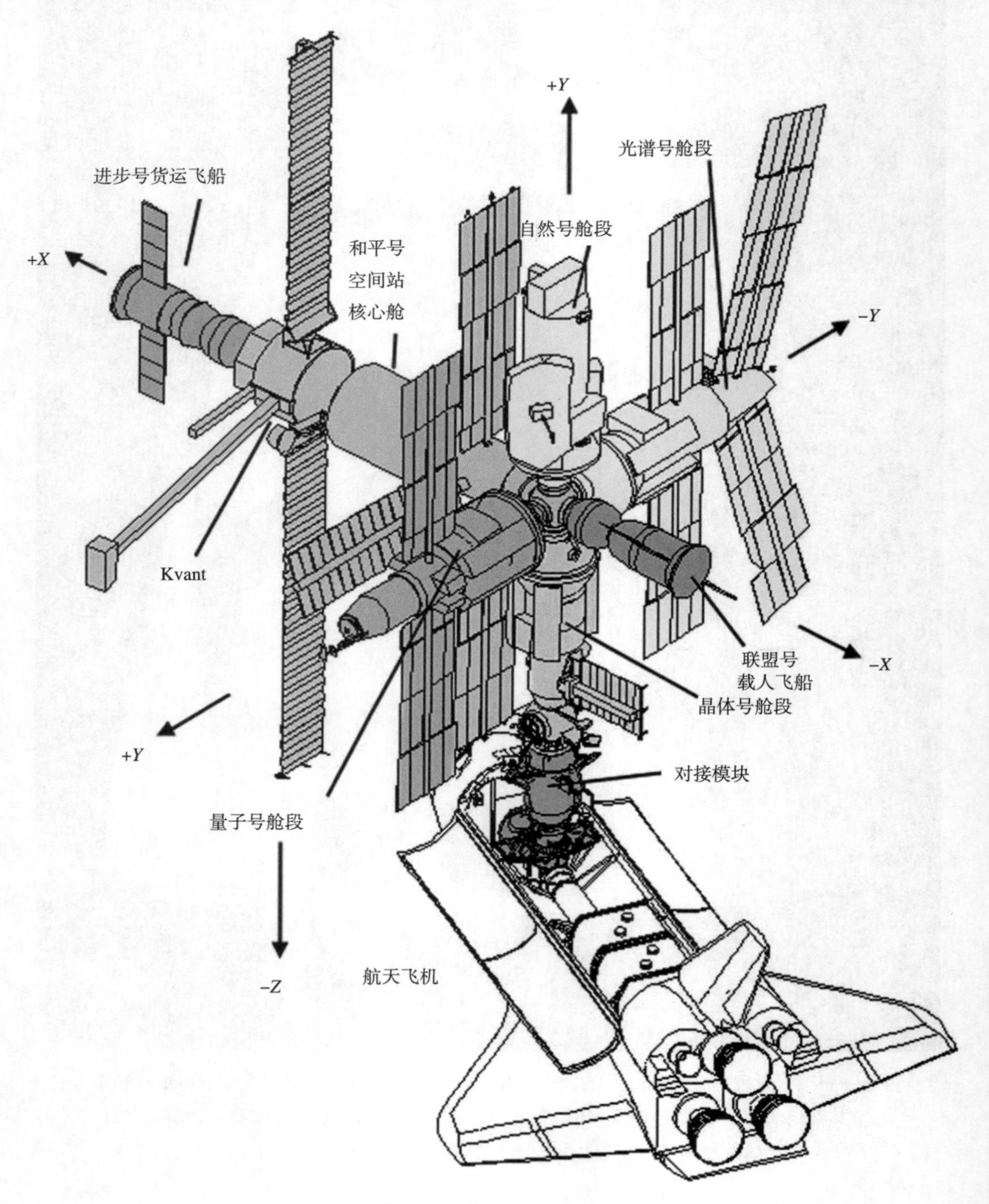

航天飞机 & 和平号任务期间的组合体构型

STS－84，亚特兰蒂斯号，航天飞机 & 和平号任务第六次对接（1997 年 5 月 15 日—24 日）：这次航天飞机机组人员包括一位俄罗斯女航天员叶莲娜·康达科娃，她是俄罗斯资深航天员和能源部首席官瓦莱里·V. 留明的妻子。此次任务的主要目标是完成数台即将应用于国际空间站任务的设备。任务期间，迈克·C. 福阿莱替代杰里·林格轮换进入驻站乘组，后者则在轨飞行了长达 133 天。福阿莱曾预想在空间站的工作时间不会像林格那么长，然而在轨实际任务超过预期达到 145 天，这将在 STS－86 任务中介绍。6 月 24 日，航天员瓦西里·V. 齐布利耶夫在尝试实施和平号与进步号货运飞船 M－34 进行重新自主对接时，飞船未及时自主响应齐布利耶夫的相关指令进而与光学舱模块发生碰撞。此次碰撞直接导致光学舱模块的加压舱体结构破坏，同时也造成部分太阳电池板损伤。碰撞发生后，和平号乘组迅速决策并进行应急响应，确保航天员在轨安全以及和平号系统能够继续运行。对事故发生的分析显示，近期发生的火灾和碰撞事故原因均是直接关联于空间站系统状态的不断老化。和平号的第一个模块早在 1986 年就已发射入轨，此时系统已经历长期飞行且行将过渡至寿命末期，上述事故说明系统类似的风险及不确定性需要提前应对。基于航天飞机 & 和平号任务的持续成功，NASA 主导相关合作方及时将注意力转移到国际空间站项目并逐步加大投入。尽管和平号空间站距离最终退役仍有数年，但在当时的情况下，系统退役计划已在逐步推进。

每次对接任务过程中，航天飞机乘组都要进入和平号空间站参加里程碑飞行的纪念活动。图示为 STS－79 和 Mir－22 乘组聚集在空间站核心舱模块，从左至右分别为航天员约翰·布拉（即将加入 NASA－3 号梯队），杰伊·阿普特，卡尔·沃尔滋，特里·威尔卡特（STS－79 指令长，位于照片上部），汤姆·埃克斯（身穿轻薄衬衫，位于照片下部），香农·露西（即将退出 NASA－3 号梯队），比尔·雷迪，亚历山大·卡莱里和瓦莱里·科尔尊（Mir－22 指令长，位于照片下部）。此外，图示可见航天员右侧的空间站专用工具箱

STS－86，亚特兰蒂斯号，航天飞机 & 和平号任务第七次对接（1997 年 9 月 25 日—10 月 6 日）：在航天飞机停靠期间，斯科特·帕兰辛斯基于 10 月 1 日在和平号上完成了 NASA 在航天飞机 & 和平号任务中的第二次 EVA 活动，共计时长为 5 小时 1 分钟。作为参加过两次航天飞机任务的航天员，帕拉津斯基在弗拉基米尔·蒂托夫的协助下负责 STS－63 航天飞机的飞行控制。STS－86 任务乘组还包括大卫·A. 沃尔夫和法国航天员简·卢普·克雷蒂安。按照任务规划，沃尔夫将在对接期间与和平号驻站航天员福阿莱进行轮换。克雷蒂安是参加过礼炮 7 号空间站与和平号空间站任务的资深航天员，此次已是他的第三次飞行。在完成长达 145 天的飞行任务后，福阿莱将搭乘亚特兰蒂斯号返回地球。最初的任务乘组规划时，沃尔夫并未计划轮换加入驻站乘组，而是考虑由帕拉津斯基担任。然而，轨道飞行任务的约束因素同时包括航天员身体指标在内等多个方面，帕拉津斯基因为身高太高不满足应急救援需求而无法搭乘联盟号飞船。除了帕拉津斯基，驻站乘组轮换时还考虑了温迪·B. 劳伦斯，但由于其体格较小而无法适应俄罗斯 EVA 航天服。在进步号货运飞船 M－34 发生碰撞后，俄罗斯提出请美国航天员参加俄罗斯方主导的 EVA 任务，以协助开展可能的空间站维修工作。基于上述介绍，沃尔夫由于身体状态与联盟号飞船座椅参数匹配，成为 NASA 加入驻站乘组的第六位航天员。作为对错过驻站长期飞行的补偿，身材“太高”的帕拉津斯基和“太矮”的劳伦斯都有机会与“恰到好处”的沃尔夫一起搭乘 STS－86 航天飞机发射入轨。

1998 年有多项里程碑事件。在这一年，航天飞机 & 和平号对接任务圆满结束。同时，NASA 国际空间站在经历数年推迟后终于启动在轨构建。

STS－89，奋进号，航天飞机 & 和平号任务第八次对接（1998 年 1 月 22 日—31 日）：这是航天飞机倒数第二次与和平号进行对接。大卫·沃尔夫作为驻站乘组成员完成了为期 128 天的飞行任务，由安德鲁·S. W. 托马斯进行接替。奋进号航天飞机搭载的航天员还包括来自俄罗斯的萨利赞·沙里波夫和邦妮·邓巴。这是邓巴的第二次对接任务，此前他曾搭乘 STS－71 航天飞机参加首次对接飞行。在 1980 年入选航天员之前，邓巴担任天空实验室项目的地面控制工程师。在庆祝美国此前唯一空间站建成 25 周年活动上，邓巴表达了对任务所取得成就的敬意。

STS－91，发现号，航天飞机 & 和平号任务第九次对接（1998 年 6 月 2 日—12 日）：最后一次对接任务由查尔斯·J. 普雷科特担任指令长，这是他第三次访问和平号空间站。这次任务由发现号航天飞机实施，四年前正是其执飞 STS－60 任务从而开启了一系列美俄合作项目。STS－91 任务使得驻站航天员安德鲁·托马斯在飞行 141 天返回地球。航天员瓦莱里·留明的飞行同样值得关注，此前她曾两次到访礼炮 6 号空间站，成为俄罗斯资深航天员之一。在 STS－91 任务中，留明的身份较为特殊，他担任能源部官员入轨对和平号空间站的状况进行综合评估。如前所述，NASA 希望和平号空间站尽快退役以推动国际空间站的合作构建与运行。因此，留明有关和平号仍可继续运行的评估结论令 NASA 表示不满。在俄罗斯一方的坚持下，和平号空间站最终运行至 2001 年。在此期间，仅 1999 年有过短期的无人值守阶段以外，和平号一直在搭乘航天员开展宝贵的载人空间站飞行任务。

航天飞机 & 和平号对接任务的核心目标是为和平号输送航天员与补给物资。在轨任务期间，航天飞机乘组会抓住停靠机会透过驾驶舱后侧的舷窗近距离观察和平号。图示为 STS-89 任务专家迈克尔·安德森正在奋进号航天飞机上拍摄和平号空间站

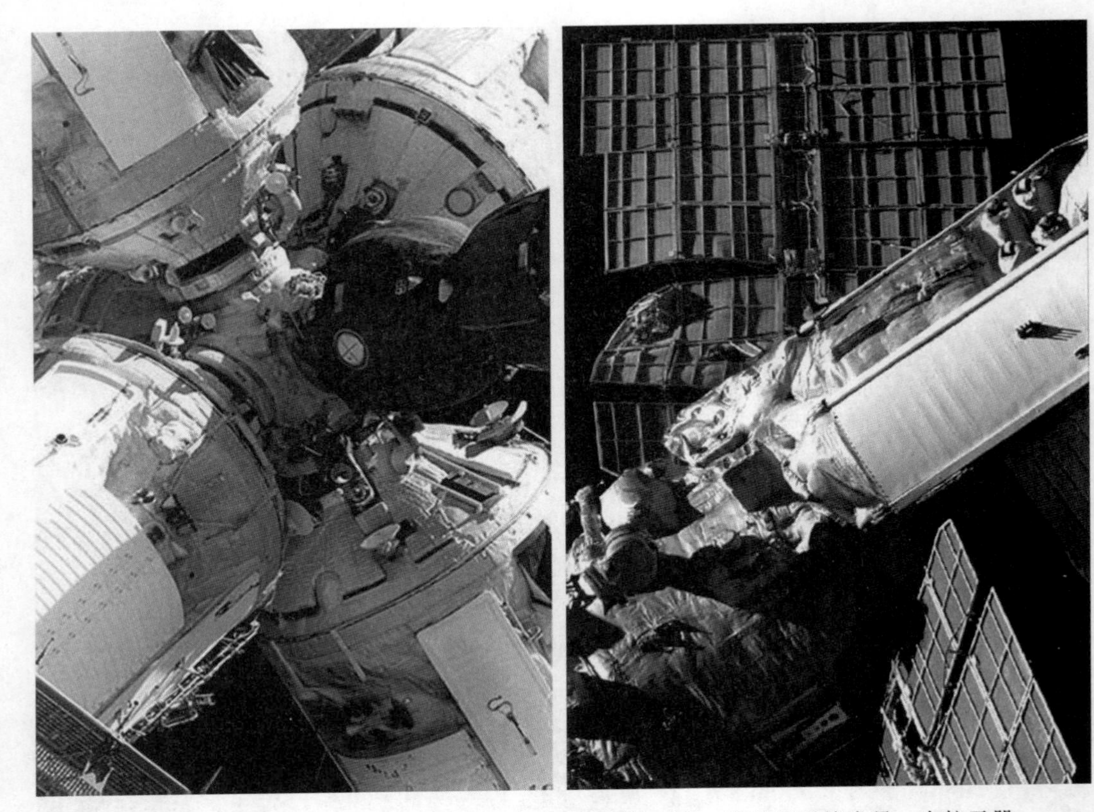

左图为和平号前向节点舱，同时与四个大型舱段模块对接，并且还对接有另一个航天器；右图为光学舱模块及其太阳电池阵局部损坏状态

美俄联合实施的航天飞机 & 和平号计划取得圆满成功，为 NASA 国际空间站在轨构建与运行提供了丰富的飞行经验。NASA 在航天器交会、近距离操作、航天飞机与大质量空间系统在轨对接方面取得了丰富的经验积累，可以概括为以下主要航天计划，分别为 20 年前实施的天空实验室、航天飞机与和平号的交会与接近、航天飞机与和平号空间站的九次对接。对于航天员飞行经历来说，最为突出的当属航天飞机 & 和平号任务中 NASA 航天员的七次驻站飞行。统计显示，自 1996 年 3 月露西进驻开始一直到 1998 年 6 月托马斯离开和平号空间站，NASA 航天员在轨飞行时间总计达到 907 天。在上述飞行任务中，航天员有 812 天的时间连续在轨，驻站飞行时间超过了 802 天。

NASA 在实施自由号空间站的方案论证过程中，先后与加拿大、ESA 和日本达成合作协议。基于航天飞机 & 和平号任务，NASA 在空间站任务方面重新与俄罗斯建立合作关系，并且此次合作相比于苏联时期的阿波罗 & 联盟号计划在多个方面取得了合作突破。自联合任务规划开始，在任务实施全过程、地面控制操作、设备开发与在轨实验开展等几乎整个环节，美俄均进行了深度合作。特别是在飞行期间，双方有序协作获得了大量的飞行数据。尽管美俄双方合作仍有潜力，但航天飞机 & 和平号任务显然已将双方合作顺利推入第二阶段，并且即将迎来国际空间站这一庞大计划的联手实施。

1995 至 1998 年期间航天飞机 & 和平号空间站联合任务汇总

国际任务代号	航天飞机任务代号	联合任务代号	轨道器代号	航天飞机乘组人数	发射日期	KSC 发射工位	对接日期	分离日期	停靠时间/天:小时:分钟	着陆日期	着陆跑道	航天飞机飞行时间/天:小时:分钟:秒
1995-004A	STS-63	Near Mir	103	6	1995—02—03	39B	—	—	—	1995—02—11	129	8:06:28:15
1995-030A	STS-71	SMM-01	104	8U/8D*	1995—06—27	39A	1995—06—29	1995—07—04	4:22:09	1995—07—07	153	9:19:22:17
1995-061A	STS-74	SMM-02	104	5	1995—11—12	39A	1995—11—15	1995—11—18	3:01:48	1995—11—20	128	8:04:30:44
1996-018A	STS-76	SMM-03	104	6U/5D*	1996—03—22	39B	1996—03—23	1996—03—28	4:22:33	1996—03—31	145	9:05:15:53
1996-057A	STS-79	SMM-04	104	6U/6D*	1996—09—16	39A	1996—09—19	1996—09—24	4:22:18	1996—09—26	160	10:03:18:26
1997-001A	STS-81	SMM-05	104	6U/6D*	1997—01—12	39B	1997—01—14	1997—01—19	4:22:20	1997—01—22	160	10:04:55:21
1997-023A	STS-84	SMM-06	104	6U/6D*	1997—05—15	39A	1997—05—16	1997—05—21	4:22:30	1997—05—24	144	9:05:19:56
1997-055A	STS-86	SMM-07	104	7U/7D*	1997—09—25	39A	1997—09—27	1997—10—03	5:21:30	1997—10—06	170	10:19:20:50
1998-003A	STS-89	SMM-08	105	7U/7D*	1998—01—22	39A	1998—01—24	1998—01—29	4:20:41	1998—01—31	138	8:19:46:54
1998-034A	STS-91	SMM-09	103	6U/7D*	1998—06—02	39A	1998—06—04	1998—06—08	3:23:03	1998—06—12	155	9:19:53:54

备注：

103—发现号航天飞机，2 次任务（1 个交会、1 对接）；

104—亚特兰蒂斯号航天飞机，7 次对接任务；

105—奋进号航天飞机，1 次对接任务；

U/D：航天员上行总数/返回总数；

上角标 *：驻站航天员轮换；

SMM：航天飞机 & 和平号对接任务；

航天飞机 & 和平号任务：共计实施 10 次，包括 1 次交会接近、9 次在轨对接。

1995 年 7 月，航天飞机 & 和平号计划的首次对接任务即将完成。当舱门即将关闭时，Mir－19 指令长阿纳托利·索洛维约夫向 STS－71 乘组人员道别，其身后为 Mir－19 飞行工程师尼古拉·布达林。图示可见重新安装的位于空间站舱门中心的对接靶标

7.3 经验与教训

1998 年，当 STS－91 任务执行航天飞机 & 和平号计划的最后一次飞行时，NASA 已经积累了如何与超过 100 吨的庞大的和平号交会对接的丰富经验。基于航天飞机有效载荷舱装载的机械臂 RMS 及其在轨多次操作任务实施，NASA 在空间站与机器人系统协同方面的经验空缺得到充足的补充。在接下来面对国际空间站庞大的在轨建造与运行保障任务时，上述经验发挥了至关重要的作用。

1998 年 11 月，俄罗斯采用质子号运载火箭为国际空间站任务发射了第一个模块，即曙光号功能货物模块。就在此前的 8 月，NASA 完成了航天飞机 & 和平号任务的详细总结，其中重点介绍了七次长周期任务中的航天飞机对接技术以及维持大型航天器在轨稳定运行的保障措施。NASA 强调航天飞机 & 和平号任务的意义可与水星号、双子座任务支撑阿波罗计划实施相提并论。NASA 对实施航天飞机 & 和平号任务的经费进行了详细统计，结果显示其不足整个和平号任务总成本的 2%。除了 NASA 所获得的丰富经验，此次任务的效费比也非常可观，并且 NASA 强调无法以其他任何形式的任务进行替代的主要成果包括四个方面：

1）国际航天员的培训；

2）国际联合计划的实施；

3）长期太空飞行任务航天员和地面控制人员的适应能力；

4）美俄在联合处理实时问题方面建立了前所未有的合作信任。

在总结航天飞机 & 和平号任务时，NASA 习惯于将天空实验室等各类任务进行比对分析。20 年来，NASA 先后通过天空实验室以及短期飞行的航天飞机任务，在空间飞行以及国际合作等方面建立了丰富的经验积累。其中，多项相关实验工作一直在持续推进，这为后续国际空间站运行期间的任务安排与实施提供了良好的支撑。以航天飞机科学实验为例，其中一项涉及生物组织的生长，目前已取得进展，能够在一定程度上揭示人体自然生长的奥秘。由于地面重力的影响，空间飞行器在轨微重力环境为上述实验提供了一个独有的选择。航天飞机任务可提供约 10 天的在轨科学实验条件，和平号长期在轨运行则使得上述实验的长周期、连续实施成为可能。其中，航天飞机 & 和平号任务期间依托生物反应器成功培养了软骨细胞，这为国际空间站未来实施生物科学实验与相关研究建立了巨大信心。任务期间，航天飞机展示了定期向和平号运送样品的能力，这对于相关的实验研究任务实施同样至关重要。对于货物上行能力，航天飞机 & 和平号任务实施同样完成了先行实践。这其中得益于两个方面，首先是航天飞机庞大的运输能力，其次是 Spacehab 货舱系统为俄罗斯空间站提供了有效载荷运输能力的新增量。后续国际空间站任务规划时，无论是构建实施以及未来长期在轨运行，上述运输能力无疑是很多工作的实现前提。这里需要说明的是，当时 NASA 在规划国际空间站任务过程中，一直把航天飞机系统纳入运输能力的关键角色，但未考虑到短期内航天飞机退役的可能。

对于 NASA 规划国际空间站任务来说，航天飞机 & 和平号任务中所积累的空间站长期运行相关的经验值得反复学习。自 STS－63 任务实施和平号交会接近至最后一次任务 STS－91 航天飞机返回地球，航天飞机 & 和平号任务持续了近三年半。STS－91 任务结束时，安德鲁·托马斯重返航天飞机，结束了 NASA 航天员在俄罗斯空间站工作与生活的经历。尽管任务实施告一段落，但 NASA 围绕整个持续周期内的空间系统交会对接、物资补给转移以及长期在轨运行等开展了反复的研究与研讨，相关成果不断促进国际空间站等新型空间系统的论证与开发。专家团队通过对完成的一次交会和九次对接进行详细分析，促进了国际空间站设计方案的改进，航天飞机系统在支撑国际空间站构建及其他任务方面同样得到优化。具体来说，在与目标空间站对接过程中由于空间站的照明条件有限，导致航天飞机相关敏感器使用受限。相对而言，ESA 研制的近距离操作传感器则表现突出，包括目标距离与相对运动速度监测等。因此，NASA 表示“旧概念”的成功验证直接推动建立了一系列“新概念”。

和平号驻站通信系统采用的是无线模式，这种设计对于整个任务实施以及未来国际空间站规划以及航天飞机系统升级都提供了良好的参考。无线通信既规避了舱内繁杂的电缆布局，同时在电缆方面的节省预计可达数百万美元。

航天飞机 & 和平号任务测试了即将应用于国际空间站的相关新型 EVA 设备。同时，针对国际空间站构建任务所开发的硬件、工具与程序，在经过航天飞机 & 和平号任务测试后，将依据综合评估结果按需进行优化设计。

在航天员培训方面，航天飞机 & 和平号任务为 NASA 开发了一种新的乘组培训方法。聚焦于长周期空间飞行任务，创新的航天员培训及其在轨飞行实施经验表明可以促进航天飞机乘组与空间站驻留乘组有序协作与在轨轮换。这些方面对于空间站的稳定运行同样不容忽视。

针对航天飞机任务以及空间站长期驻留环境的在轨实验需求，实验机柜系统的开发显得尤为重要。除在轨期间的实验平台功能之外，实验机柜需要确保在航天飞机发射以及再入返回期间实验设施的有效隔离与保护。航天飞机 & 和平号任务开展了一系列有关实验机柜系统的在轨验证，为后续国际空间站任务更宽范围的应用奠定了基础。通过航天飞机有效载荷舱布局以及机柜系统的设计，不仅能满足各类硬件设备从轨道器至空间站的便捷转移需求，而且还能将在轨科学实验所需的微重力条件和航天员工作与生活造成的各类碰撞与振动环境进行有效隔离。上述经验将为国际空间站宏大的空间实验规划提供支撑。对于未来在轨实验设备转移、安装隔离以及数据整理与保护来说，航天飞机 & 和平号任务所开发的往返于两个航天器的货物转移流程显得至关重要，有关内容将在第 8 章进行探讨。通过实施航天飞机 & 和平号任务，总重达数吨的各类硬件顺利从多次停靠的航天飞机转移到和平号空间站。此外，NASA 在任务期间记录的有关从和平号空间站回收大量的暴露试验样品、多余的硬件设备和垃圾等工作，并非简单的自航天飞机至和平号的逆向操作，而是需要兼顾自和平号空间站转出、航天飞机有效载荷舱内重新布局装载、返回过程中有效防护等多项复杂的需求。具体来说，回收物件在整理转移至航天飞机过程中需要确保不发生散落甚至丢失，并且在回收至航天飞机时应注意对系统质量特性的影响。人类的载人航天飞行已历经 34 年，而美国航天员在发射与返回任务中并未刻意积累有关货物装载的能力。相对而言，自 1978 年 1 月第一艘进步号货运飞船与礼炮 6 号空间站对接以来，俄罗斯通过联盟号飞船在货物上行与回收方面已获得丰富的飞行经验。由于和平号空间站更大的飞行任务体量，多年运行已在轨积攒了大量的工作与生活垃圾。得益于航天飞机 & 和平号任务实施，俄罗斯对航天飞机的货物回收与垃圾转移方面的能力感到满意。

每一次航天飞机对和平号空间站的访问，航天员置身于配置十个舷窗的驾驶舱内的飞行视角总是与众不同。航天飞机 & 和平号任务自 STS - 63 至 STS - 91 的每一次飞行乘组都开展了相应的专题工作，针对空间站外部状态记录了大量的静动态图像数据。通过与航天飞机绕飞数据的汇总整理，美俄合作建立了有关空间站舱外结构表面和元器件老化的数据档案。依托在轨开展的材料科学实验，相关数据库得到进一步扩充。在舱外状态记录的同时，乘组在每次任务期间还需分析确认空间站表面以及此表层结构是否存在污染。通过分析研究，潜在的污染源包括航天飞机发动机羽流以及空间站排放的气体或液体。上述经验同样有助于国际空间站系统规划以及在轨推进剂排放设计等。

综上，通过与俄罗斯合作实施航天飞机与和平号任务，两个标志性的航天器顺利完成了交会对接，但 NASA 获得的丰富经验远远不止于此。

参考文献

[1] NASA James Wetherbee, Oral History, August 6, 1998..

[2] "Mir: fire and a collision, 1997", in Disasters and Accidents in Manned Spaceflight, David J. Shayler, Springer - Praxis, 2000, pp. 309 - 340..

[3] The International Space Station: Benefits from Shuttle - Mir Program, NASA Facts, JSC August 1998, IS - 1998 - 08 - ISS010JSC.

第 8 章　停靠阶段

白天，我们忙碌于工作没有太多的闲暇。晚上，我们尽可能聚集在一起，有时在航天飞机上，有时在和平号上。夜晚时光的感觉非常好，我们相聚在一起，共享晚餐。

这一切，对我们而言非常美妙。

——布伦特·杰特

STS-81 任务指令长

NASA 和平号任务口述历史，1998 年 6 月 17 日

在完成对接停靠之后，航天飞机乘组即可进入和平号空间站，相关工作逐步展开。和平号上的常驻乘组此时也需要协同操作，开展任务规划团队分配的工作。自和平号舱门打开的那一刻开始，在轨工作的重点始终保持为两个航天器之间设备和物资的来回转运。这是一项需要大家协同开展的工作，主要包括三大部分：舱内物资转移、利用航天飞机机械臂在舱外进行转移以及通过航天飞机乘组 EVA 操作完成转移。

8.1　航天飞机乘组进站

在对接阶段，来访的航天飞机乘组在进站后会利用工作和闲暇时间与驻站乘组进行交互。通过双方不断交流，既有助于协作完成在轨任务，同时又能增进双方友谊。在地面团队规划下，两个乘组在必要情况下会针对性地开展一些预先工作，最终在飞行任务实施期间帮助驻站乘组提升在轨工作和生活状态，同时也将提升在轨任务期间的协同工作质量。双方在闲暇之余，比如工作日晚上，聚餐是一项常规操作。特别是在轨既定工作圆满结束时，聚餐活动的气氛迎来高潮。对于两个乘组来说，彼此都是对方的新朋友。对于长期在轨飞行的驻站乘组，到访的航天飞机乘组可以带来地面上的丰富的各类消息。同时，航天飞机乘组也很欣喜了解空间站乘组的在轨状态。

在舱门开启并完成双方的首次问候之后，空间站指令长会向到访人员特别是接下来需要接替加入驻站乘组的航天员进行相关信息的介绍。这其中，相对重要的内容是有关驻站工作和生活的安全事项和基本规则，同时指令长也会将到访乘组带来的新消息及时发布给驻站乘组。

在航天飞机停靠之后，到访乘组顺利进入空间站是在轨一切工作正常实施的前提。按照航天飞机 & 和平号任务规划团队的精细计划，在轨飞行的每一天都至关重要。对于航天飞机乘组而言，尽管停靠到访相对于空间站长期运行而言，仅仅是一个短暂的中间过

程，但是对于两个乘组特别是空间站来说，每次任务的顺利完成都是其长期运行所不可缺少的环节。由于乘组飞行任务及其对应的地面培训的复杂性，加上相关任务在一定程度上的延误可能，很多时候航天飞机乘组的地面培训并非总是全体航天员一起且同步开展的。因此，对于任务规划团队来说，不仅需要在正式培训期间加强航天员之间的交流，而且需要在平时社交等其他场合更为广泛地为航天员群体建立早期联络、培训与学习交流等。

法国航天员 J. F. 克莱瓦详细回顾了参加 STS - 84 任务期间乘组协同工作的情况。作为航天飞机乘组一员的查尔斯·普雷科特，由于曾担任 NASA 派驻俄罗斯的航天员任务总监，因此更有信心和俄罗斯航天员交流并建立深厚的友谊。1996 年万圣节前后，克莱瓦与普雷科特一起在俄罗斯参加了为期一周的航天员培训。培训期间，乘组有幸参观了时任加加林航天员训练中心主任的彼坚卡·克利穆克的办公室。办公桌后侧有一处独特的设计，即办公室内还设有一扇门。据介绍，这扇门可以通向一个非常小且没有窗户的隔间，在隔间里则存放了一些酒用于招待特殊的客人，比如，培训中心的主要负责人等。通过进一步交流，乘组得知俄罗斯航天员普雷科特是唯一一个可以进入这个地方的人，由此可以看出，他与克利穆克的关系非同一般。当 STS - 84 乘组搭乘航天飞机停靠在和平号空间站时，Mir - 23 号乘组指令长瓦西里·齐布利耶夫在第一时间把和平号概括介绍给来访的朋友。齐布利耶夫表示将用几分钟时间简要介绍和平号上的警报系统以及识别方法。在此之后，齐布利耶夫热情地宣告，空间站已经属于联合乘组的每一员，大家在任务期间可以去空间站的任何位置。齐布利耶夫补充介绍到，一旦在轨有任何疑问，可随时与其沟通协商。相比较地面上的私人空间，克莱瓦欣喜于当时在空间站上的自由感觉。除了联盟号飞船，和平号包含了多个模块，比如量子 2 号、晶体号、光学舱和自然舱等。得益于齐布利耶夫与普雷科特等人的关照，联合乘组很快建立了良好的关系，这对航天员在轨忙碌的飞行程序安排而言，多了一份轻松且美妙的感觉。

对于联合乘组来说，在轨任务期间还有一项特殊的交接任务。按照任务安排，航天飞机乘组的一位航天员将加入空间站驻站乘组，后者则有另一位航天员搭乘航天飞机返回。为此，双方需要进行个人配套设备的转移与妥善处置，其中包括联盟号座椅衬垫和俄罗斯的索科尔压力服等。

在航天飞机访问和平号期间，乘组在轨大部分工作都聚焦于两个航天器之间的货物转移。有关货物的舱内转移将在第 9 章进行讨论。本章重点介绍航天飞机轨道器机械臂的相关操作以及在停靠期间实施的两次 EVA 任务。

8.2 联合任务机械臂

1998 年至 2011 年期间，机器人技术在国际空间站的组装建造中发挥了关键作用，并且使得国际空间站任务得以延续至今。这一切得益于 NASA 通过 STS - 100 任务于 2001 年 4 月在轨安装了空间站机器人操纵系统 SSRMS。相比较而言，航天飞机 & 和平号空间站的几次任务期间，由于乘组大部分工作都集中在舱内货物转移以及两个乘组的交流，因此轨道器机械臂 RMS 很少有机会开展在轨装配等操作任务。

在美俄联合开展的航天飞机任务中，仅有四次任务搭载了轨道器机械臂。其中 STS-60 与 STS-63 两次所执行的任务均与和平号空间站无直接的机械臂相关操作。尽管都装载了机械臂 201 号单元，但 STS-60 执行的是有关 Spacehab 货舱 2 号任务，STS-63 则完成了航天飞机相对于和平号空间站的交会逼近任务。在航天飞机与和平号空间站的对接停靠任务中，只有 STS-74 和 STS-91 两次任务携带了机械臂 RMS。在 STS-74 期间，机械臂 301 号单元在轨顺利将俄罗斯制造的对接模块安装于晶体号模块。在 STS-91 任务期间，机械臂 201 号单元再次搭载升空。此次任务过程中机械臂并没有进行有效载荷的转移操作，而是聚焦于新型电子设备和软件的飞行验证。与以往的机械臂配置不同，此次任务的机械臂应用了一系列数字信号处理器组件（SPA）。

STS-74 任务初期通过机械臂 RMS 的远程操作，乘组顺利将对接模块逐步降低直至与轨道器对接系统（ODS）配合。此次任务为和平号空间站安装了对接模块（DM），为后续到访的航天飞机提供了更大的配合空间，既可以更为方便地进行逼近对接，同时空间站其他模块在对接过程中也能获得更大的安全距离

8.2.1 STS-74 任务机械臂操作

1995 年 11 月 13 日，STS-74 任务乘组通过操作机械臂 RMS 完成了有效载荷舱“摄影测量附属结构动力学实验（PASDE）”。作为舱内操作员，加拿大航天员克里斯·哈德菲尔德操作机械臂作为附属结构，然后通过特制的摄影测量系统开展测量实验。当乘组在轨度过第二个夜晚时，机械臂 RMS 已经展开至远离有效载荷舱的上方。

在飞行日的第二天，机械臂 RMS 运动至有效载荷舱尾部完成对接模块的抓取操作。

在确认对接模块解锁分离后，机械臂 RMS 将其抬升并旋转至垂直方位，然后逐步转移至有效载荷舱前方。此时，对接模块距离轨道器对接系统（ODS）的捕获装置上端仅为 30 厘米。通过航天员谨慎操作，对接模块逐步下降直至间距缩小至 5 英寸（约 25 厘米）处。通过机械臂 RMS 自由度释放操作使其处于自由状态并趋于稳定。在大约 30 分钟后，航天飞机六个向下的反作用控制系统的推力器点火工作 1.52 秒，以逐步将轨道器对接系统进行位置调整并实现对接模块的顺利捕获。乘组按照正常工作状态启动释放机构，并通过锁钩连接完成对接模块的刚性连接。在上述对接工作结束后，航天飞机乘组准备打开轨道器对接系统的舱门时，发现意外卡住的气闸储物袋导致舱门锁紧机构无法操作。经过与地面控制人员协商，乘组及时清空储物袋使得故障解除。在舱门完全打开之后，乘组将气闸储物袋内的相关物品进行转移，并妥善放置到存放发射和返回过程舱内压力服的包装袋中。

航天飞机 & 和平号任务中的航天飞机机械臂 RMS 任务

航天飞机任务号	飞行任务	航天飞机	RMS 序号
STS-60	Spacehab 货舱 2 号模块	发现号	201
STS-63	和平号空间站交会接近	发现号	201
STS-74	SM-2(航天飞机 & 和平号计划的第 2 次任务)	亚特兰蒂斯号	301
STS-91	SM-9(航天飞机 & 和平号计划的第 9 次任务)	发现号	201

备注:以下 7 次任务中航天飞机均配置机械臂 RMS,分别为 STS-71,STS-76,STS-79,STS-81,STS-8,STS-86,STS-89。

航天飞机机械臂 RMS 序列号/飞行任务汇总

(包括了航天飞机 & 和平号任务和哈勃太空望远镜在轨服务的最后两次任务,时间范畴分别为 1981—1999,2002 & 2009;未统计国际空间站相关任务)

RMS 序号	NASA 接收机械臂产品时间	配置机械臂的航天飞机任务	备注
201	1981 年 4 月(共计 15 次任务)	STS-2，3，4，7，8，27，32，46，56，51，60，64，63，91，95	STS-63 为航天飞机与和平号空间站的交会接近任务 STS-91 为最后一次的航天飞机 & 和平号对接任务
301	1983 年 1 月(共计 21 次任务)	STS-41B，41D，51A，51C，51D，51G，51I，31，41，39，48，52，62，74，77，82，85，87，103，109，125	STS-74 为第二次的航天飞机 & 和平号对接任务。STS-125 任务同时配置了 OBSS 201 单元
302	1983 年 12 月(共计 5 次任务)	STS-41C，41G，51F，61A，51L	随挑战者号失事
303	1985 年 3 月(共计 9 次任务)	STS-61B，37，49，47，57，61，59，68，72	
202	1993 年 8 月(共计 4 次任务)	STS-66，67，69，80	

备注:表格信息由加拿大安大略省布兰普顿的 MDA 公司提供。特别感谢公共事务经理林恩·瓦南。参考文档包括 2015 年 12 月 4 日林恩·瓦南发送给 AIS 的电子邮件。

此次 STS-74 任务中，乘组完成了一项有关先进空间视觉系统（ASVS）的专项工作。按照任务规划，ASVS 将为和平号安装对接模块和亚特兰蒂斯号释放分离提供支撑。基于新技术飞行验证，NASA 将在未来国际空间站构建任务中应用升级版的 ASVS，从而为各类硬件的转移与装配操作提供精确定位。在比尔·麦克阿瑟的协助下，哈德菲尔德对ASVS进行了一系列的验证和校准测试，以综合评估在轨使用时的各项性能。为了便于ASVS测试，开发人员预备了多个测量参考点。其中，对接模块舱外设置了18处，采用的是黑色铬镍铁合金并与白色面板粘接固定，另外一些参考点则布局在两个大型的太阳电池阵上并在任务期间整体安装至和平号空间站，剩下的参考点则位于对接模块的顶部结构或橙色隔热毯。上述参考点以特定的图案进行排列，并在发射前地面测试过程中进行精确安装，位置精度不超过1毫米。

加拿大STS-74任务航天员克里斯·哈德菲尔德正在约翰逊航天中心模拟系统集成设施附近开展培训，图示可见其后侧的机械臂RMS模拟装置

在测试过程中，ASVS根据获取的目标参考点位置进行视频及图像处理即可精准确定三维空间中的目标位置。在STS-74任务中，亚特兰蒂斯号配置了两套完全相同的ASVS。其中一套ASVS作为“热备份”，确保主系统出现任何故障时仍能完成在轨测试。每一套ASVS都配置了一台计算机，装载有连接到轨道器视频系统的专用视频处理硬件。在轨测试试验开始之前，ASVS摄像机位置和目标参考点需要提前校准，确保系统与目标位置都能在统一坐标系下建立准确的基础坐标参数。在轨转移过程中，由于对接模块安装在有效载荷舱的轨道飞行器对接系统顶部，因此哈德菲尔德需要通过驾驶舱后窗并结合其

右侧的两个监视器来及时观察舱外状态。其中，一个监视器显示了有效载荷舱和机械臂 RMS 的实时摄影图像，另一个则显示主份或备份 ASVS 的工作状态。为了更好地获取舱外对接模块操作状态以及 ASVS 的工作状态，哈德菲尔德可以在增强型视频显示器或合成视频图像数据之间切换。其中，增强型视频显示器是对目标跟踪区域的普通视频图像进行叠加处理，而合成视频图像则是使用计算机图形来显示机械臂抓取对接模块的实时精确位置。

STS－74 任务航天飞机在轨状态，图示可见对接模块安装后仍在其附近的亚特兰蒂斯号机械臂 RMS，图左为热控多层

航天飞机 & 和平号任务的机械臂 RMS 操作航天员配置

航天飞机任务号	在轨任务代号	航天器	机械臂操作员	备份航天员
STS－60	WSF－2	发现号	戴维斯	塞加，克里卡列夫
STS－63	Near－Mir	发现号	沃斯	福阿莱，V. 蒂托夫
STS－74	SMM－02	亚特兰蒂斯号	哈德菲尔德	麦克阿瑟
STS－91	SMM－09	发现号	劳伦斯	卡万迪

当哈德菲尔德从有效载荷舱释放对接模块时，麦克阿瑟同步采用激光笔在第二台监视器的 ASVS 增强视频上进行操作。通过在目标点图像布局“指示框”，ASVS 得以触发并保持跟踪目标点位。借助增强型视频显示器到合成视频图像数据的有序切换，哈德菲尔德

操作机械臂以部署对接模块更加精准、流畅。通过定位控制有效载荷舱的第二台摄像机，对接模块和轨道器对接系统上的目标点相继准确跟踪并持续保障机械臂操作，最终直至两个模块实现刚性对接。ASVS 在机械臂操作过程中发挥了关键作用。即使机械臂操作员无法获得直接的观测视场，借助 ASVS 仍能准确、实时把握机械臂上的待转移载荷的相对位置和速度参数。ASVS 的首次在轨测试早在 1992 年 STS－52 任务期间就已完成，当时负责在轨操作的航天员是哈德菲尔德的加拿大同事史蒂夫·麦克莱恩。

8.2.2 STS－91 任务机械臂操作

1998 年 6 月 6 日，航天飞机 & 和平号任务的最后一次飞行已进行至第 5 天。温迪·劳伦斯和珍妮特·卡万迪按照既定程序协作完成了在轨检测工作，包括机械臂 RMS 高版本电子元件和软件检查、和平号空间站某些组件的移动测试等。其中，机械臂系统升级后，未来将用于国际空间站的在轨构建任务，而在轨组件移动测试主要是验证机械臂的灵巧特性。在任务的第 9 天，劳伦斯和卡万迪再次协作，主要工作内容是利用机械臂 RMS 检查航天飞机可能的漏水区域及其结冰情况。尽管机械臂检查过程中并未发现任何结冰的情形，但确认在机翼前缘上方的右侧机体机身存在泄漏。经任务乘组与地面控制团队分析，确定此次泄漏问题来源于其中一个推进剂组元的连接阀门。为进一步分析故障，地面工程师团队提出应用机械臂 RMS 视频图像的请求。因此，操作员再次操作机械臂 RMS 并稳定观察该泄漏区域长达约 30 分钟。通过分析泄漏对推进剂压力的影响，检测数据显示贮箱的压力呈现先降后升的状态。幸运的是，工程师团队最后确定此次的轻微泄漏不会对任务造成影响。

8.3 联合任务出舱活动

NASA 非常重视航天员 EVA 工作能力。自航天飞机 1981 年首飞至 2011 年退役，无论当前飞行任务是否有过 EVA 工作计划，每个乘组在地面准备过程中至少要安排两名航天员接受 EVA 培训。按照航天飞机任务要求，每次 EVA 培训都要覆盖一般计划外和意外紧急情况下的操作能力。

在实施航天飞机 & 和平号任务之前，NASA 围绕空间站的 EVA 操作经历只能追溯至 1974 年年初的天空实验室任务。尽管航天飞机 & 和平号任务规划的最终目的是支撑国际空间站庞大的在轨构建计划，而且规划中的国际空间站任务预计需要依赖大规模的 EVA 操作，但在与和平号对接任务中并没有规划及实施多少 EVA 任务。早在实施哈勃太空望远镜的首次在轨服务之前，NASA 为之进行了大量的投入，以期获得丰富的 EVA 操作经验，并且有效组建一支技术过硬的 EVA 航天员队伍。在 EVA 队伍颇成体系的培训过程中，航天员需要有序兼顾自由号空间站（即后来的国际空间站）在轨构建任务的 EVA 培训。据统计，1991 年 NASA 实施的 STS－37 任务，是航天员乘组自 1985 年以来首次执行 EVA 操作。

作为执行交会接近和平号空间站的 STS－63 任务，NASA 在航天飞机远离空间站之后实施了一次 EVA。相比较而言，航天飞机 & 和平号任务理应在航天飞机停靠期间规划成规模的 EVA 操作，但实际情况是，在此过程中乘组仅仅实施了两次较小规模的 EVA。严格意义上来说，这并不足以称之为面向国际空间站组装任务的 EVA，而且共计用时仅为 11 小时 3 分钟。但 NASA 开展 EVA 总结时仍显示出丰富的收获。通过上述两次 EVA 任务的实施，NASA 获得了与俄罗斯航天员的联合操作经验，这对于美俄航天员彼此形成在轨协作默契十分重要。同时，实施 EVA 使得乘组有机会了解和平号空间站的舱外状态，近距离观察材料在长期暴露于太空环境下的性能退化。NASA 确信这些 EVA 经验的累积都将有助于国际空间站构建任务的 EVA 规划与实施。

STS－76 任务航天员琳达・戈德温（左侧身穿带有条纹的航天服）和里奇・克利福德正在航天飞机有效载荷舱中开展 EVA 操作（图片来源：SpaceFacts. de）

8.3.1　STS－76 任务出舱

1996 年 3 月 27 日是 STS－76 任务执行的第 6 天，乘组按照飞行程序实施 EVA，共计持续 6 小时 2 分钟。依据岗位设置，两位航天员琳达・戈德温和里奇・克利福德分别担任

1996 年 3 月 27 日航天员琳达·戈德温在 EVA 任务期间借助亚特兰蒂斯号有效载荷舱外侧结构进行移动（图片来源：SpaceFacts. de）

一号和二号 EVA 航天员。两名航天员配置了新的 EVA 简易救援装置 SAFER，以防 EVA 期间意外脱离航天飞机 & 和平号组合体。一旦这种意外发生，在对接状态的航天飞机无法在短时间内机动至自由飘浮的航天员。克利福德的 SAFER 装置是 1994 年 9 月 STS-64 任务完成飞行验证后的首次使用，而戈德温则使用了地面测试用的改装版 SAFER 装置。自 1969 年阿波罗 9 号任务以来，STS-76 任务是航天员首次在两个航天器的对接面附近开展 EVA 活动。

在地面准备期间，俄方明确表示担心航天员因不熟悉和平号空间站外部状态而发生 EVA 时的意外损害，对此 NASA 也有类似的顾虑。因此，美俄双方达成共识，要求航天员在 EVA 期间不跨越两个航天器的对接面，以免由于不熟悉航天器状态而损伤和平号空间站或航天飞机。最终在 EVA 任务期间，戈德温和克利福德都没有越过对接模块的最远端，即航天飞机与空间站晶体号模块的对接过渡区域。尽管如此，两名航天员通过 EVA 活动详细观察了舱外状态。在 EVA 过程中他们与和平号驻站乘组通信时，具体描述了已在太空运行十多年的核心舱外部状况，同时也对和平号的规模表示了钦佩。

关于EVA任务的相关培训，戈德温认为NASA约翰逊航天中心的失重环境训练设施（WETF）存在不足。由于水池深度有限，NASA无法将航天飞机轨道器对接系统和对接模块的模拟器全部集成在此。尽管如此，借助水下侧躺的对接模块模拟器以及独立放置的航天飞机气闸舱，戈德温及其他航天员仍在潜水安全员引导和帮助下开展了大量的EVA训练。利用新兴的虚拟现实技术，乘组接受了有关SAFER装置的培训。在虚拟环境中，乘组可以模拟在轨状态穿过对接模块开展相关操作训练。

在EVA活动期间，乘组在地面控制人员支撑下顺利完成了和平号环境影响研究载荷（MEEP）的放置工作，最终将四个实验箱固定于对接模块。实验箱的外形类似于手提箱，单个实验箱占据存放面积约2平方英尺（0.6平方米）。按照实验规划，这些实验箱在未来18个月里将分别开展相关实验研究。其中，一个实验箱将记录轨道碎片撞击情况，另一个记录碎片撞击的频率，以综合评估和平号空间站的轨道环境。另外两个实验箱主要用于材料的暴露实验，通过优化布局设计，实验箱存放了超过1 000份的材料样品，涵盖金属、油漆、涂料、纤维、绝缘材料以及其他材料。按照后续任务规划，暴露实验的材料样品将由STS-86任务实施回收，最终分析评估在轨环境中的材料特性。在此基础上，NASA将依托国际空间站规划与实施更大规模的实验研究。

在此次任务中，戈德温和克利福德还评估了一种EVA任务脚限位装置和舱外安全扣的性能。其中，前者主要是与俄罗斯海鹰舱外航天服或航天飞机舱外移动单元的靴子进行搭配使用，后者则是为对接模块上的俄罗斯扶手提供更大空间的系绳功能。按照NASA开发计划，未来这两种EVA辅助装置都将应用于国际空间站。在进出地影前后，EVA航天员的感受截然不同，这一点从航天员的手套部位的热量变化即可明显体验到。对此，国际空间站任务规划团队正在努力进行解决。在地影区，EVA航天员需要借助头盔以及亚特兰蒂斯号有效载荷舱外的照明系统。相比较而言，和平号空间站外部配置的照明设施则十分有限。

8.3.2 STS-86任务出舱

STS-86任务是美俄航天员第一次在轨协同开展EVA活动，标志着航天飞机&和平号计划第一阶段协议目标顺利完成。1997年10月1日是任务的第7个飞行日，航天员斯科特·帕拉津斯基和弗拉基米尔·蒂托夫搭档组成EVA乘组，分别担任一号和二号岗。依托亚特兰蒂斯号航天飞机，两名航天员完成了共计5小时1分钟的EVA任务。如前所述，考虑在轨安全，两名航天员在EVA期间仍保持在组合体对接面的一侧。此次EVA任务的主要目标是将一个重为121磅（54.88千克）的设备安装到对接模块，以便后续和平号乘组有效应对光学舱壳体可能的泄漏问题。在当年6月份，光学舱因与进步号货运飞船意外碰撞受损从而一直处于封闭状态。通过EVA操作，航天员回收了4个MEEP实验箱。关于SAFER装置的飞行测试，由于一处阀门意外故障影响了推进系统，因此原定于EVA期间执行的点火试验被迫取消。

1997 年 10 月 1 日斯科特 · 帕拉津斯基（穿着红色条纹的航天服）和
弗拉基米尔 · 蒂托夫正在进行 EVA 操作

8.4 在轨实验操作

在航天飞机停靠期间，除了飞行程序既定安排的机械臂操作、EVA 活动以及在轨货物转移，任务乘组还有另外一项任务。按照飞行任务策划，航天员在轨任务间隙将有机会与国内或国际媒体进行交流，参加一些专题性质的广播电视活动或者采访，甚至在特殊时刻还将与相关的国内外政要进行交谈等。航天飞机装载了 SAREX 无线电设施，主要用于航天员在飞行程序以外的任务，其中与地面无线电爱好者进行交互就是一项非常受欢迎的活动。早期的航天飞机任务通过规划航天员的休闲活动，可以实现乘组通过通信系统与地面上广大的无线电爱好者、学校人员和航天员家庭成员进行交谈。随着互联网和通信技术发展，航天员个人的休闲交互逐步扩展到互联网和广大社交媒体，各类通信变得更加便捷。借助专门的无线电设施，航天员可以通过互联网在社交网站发布一系列“来自空间的帖子”。借助广播电视通信设施，航天员还可以在直播状态下穿梭于不同航天器。

自 1995 年 7 月的亚特兰蒂斯号至 1998 年 6 月的发现号，每一次的航天飞机对接任务都为和平号空间站带来了大量的仪器设备和物资补给。其中，1995 年 11 月的 STS - 74 任务将俄罗斯研制的对接模块运送至空间站。共计 9 次的对接任务中，有 8 次任务规划并完成了驻站乘组的轮换。除了物资补给和乘组轮换，每次飞行还有一项重要任务。在和平号

帕拉津斯基的双脚固定于脚限位装置，此时正位于胸前的是 EVA 设备。图示可见其配置了 SAFER 应急装置（为 5 号单元），但在此次任务中由于装置故障因此无法按计划测试该装置的飞行性能（图片来源：SpaceFacts. de）

空间站在轨运行过程中，乘组在轨工作和生活产生了大量的实验样本、废弃的材料和其他物品等。因此，航天飞机不仅要上行提供补给，还需在离站时处理上述物件及垃圾，以减轻俄罗斯的任务负担。

在任务期间，航天飞机 & 和平号组合体会联合开展各类在轨试验。对于航天飞机来说，飞行乘组还需要完成一些独立于空间站之外的任务。其中，部分工作是由航天飞机乘

1997 年 10 月 1 日帕拉津斯基（右手带航天服标记）与蒂托夫协作实施 EVA 操作，两名航天员均位于亚特兰蒂斯号有效载荷舱外侧（图片来源：SpaceFacts. de）

组独立完成或是在轨跟踪完成，主要是基于轨道器的相对独立的科学实验和研究，这也凸显了航天飞机系统的优越性。

相比于物资补给和乘组轮换，航天飞机 & 和平号任务期间开展的各类科学实验与有效载荷的飞行验证则极少出现在新闻报道中。然而，正是这些工作为航天器系统发展以及地面相关科技进步做出了重大贡献。

航天飞机自 1981 年首飞开始的长达 30 年应用历程中，各类小型实验工作贯穿了每一次飞行任务。接下来，本节概括汇总并介绍了航天飞机任务期间的研究型载荷及其相关的科学实验。为便于读者了解航天飞机平台开展实验的整体情况，本节内容涵盖了航天飞机 & 和平号空间站任务以及航天飞机支撑国际空间站在轨构建任务。

• 美国主导的短期综合研究：航天飞机支撑空间站任务期间，任务团队规划了大量的在轨实验，这既是对航天飞机宝贵飞行时机的把握，同时也是对两个乘组在轨任务间隙时间的充分利用。这些研究工作涉及多个方面，包括生物科学、物理科学、空间技术试验以及相关的科普教育活动等。上述任务的有效载荷，可以根据每次航天飞机任务特点放置于中舱储物单元或 Spacehab 货物模块。

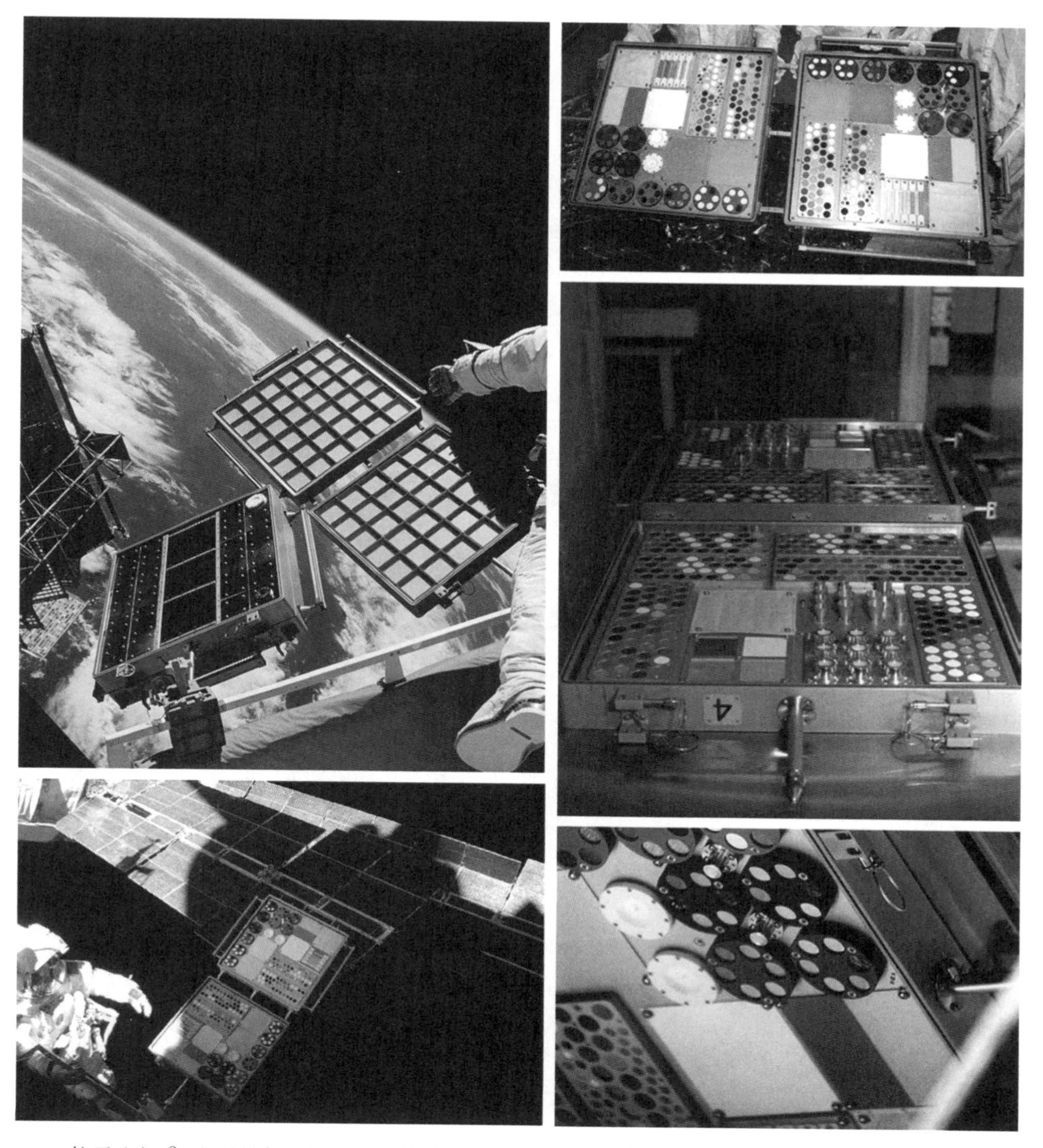

航天飞机 & 和平号任务期间，航天员通过 EVA 操作完成部署的 MEEP 实验箱。图示从右上角顺时针排序为：装载无源光学样品组件（POSA）的首个 MEEP 实验箱的飞行前状态；POSA－2 飞行前状态；航天员正在和平号空间站舱外部署 MEEP 实验箱；航天员蒂托夫正在通过 EVA 部署 MEEP 实验箱（图片来源：SpaceFacts. de）

• 合作方的代理实验：当航天飞机乘组有来自其他合作国家和组织的航天员时，此次飞行中一般会同时搭载该合作方负责的小型实验。这些科学实验载荷的部署及其在轨操作时机等都需要符合航天飞机任务的总体规划，而实验实施一定是基于主体任务已顺利开展的前提下。其中，和平号任务期间开展的部分实验及其配套设施由加拿大、ESA 和日本负责，显然这也是提前为国际空间站阶段更为广泛的实验和研究做好准备。

简-弗朗索瓦·克莱瓦在介绍 STS-84& 和平号任务时，还回顾了任务期间实施的一些实验。借助 Spacehab 货物模块装载的生物实验机柜，ESA 抓总的生物实验得以实施。同时，ESA 自主转移飞行器（ATV）的交会传感器技术也在 STS-84 任务期间顺利完成，这项技术未来将随 ATV 为国际空间站任务提供支撑。克莱瓦指出 ATV 传感器技术试验相对容易，只需在航天飞机 & 和平号任务的初期交会/接近/对接时分别进行开关控制。在航天飞机与和平号释放分离时，同样也将按照逆序进行技术试验。相比而言，克莱瓦认为生物实验要复杂很多。在整个储物机柜单元中，采用手持式实验箱共计开展了 13 项实验。克莱瓦与同事叶莲娜·康达科娃协作操作，并为后者分配了一项植物领域的实验。克莱瓦自己则重点关注生物细胞领域的实验。在科学实验操作期间，乘组航天员埃德·卢在既定任务间隙也提供了一些支持。

执行 STS-91 任务的发现号航天飞机搭载了两套用于应急救援的专用装置

• 航天飞机小型有效载荷项目（SSPP）：项目由位于马里兰州的 NASA 戈达德航天飞行中心抓总，并与位于弗吉尼亚州的沃罗普斯工厂联合实施，负责项目设计、开发与测试。航天飞机有效载荷舱集成了一组通用接口，专门用于 SSPP 在轨实验实施。整个项目的开放范围几乎涵盖各个层面，包括 NASA、美国其他机构、外国政府、国内或国外客户，以及自幼儿园到大学的各级学校等。此类项目大多是在航天飞机 & 国际空间站任务的初期实施的。随着后续飞行任务的主载荷规模逐渐增大，SSPP 的搭载机会则越来越少。

• 应急救援专用工具（GAS）：典型的 GAS 工具呈圆筒状，体积为 55 加仑（250 立

在轨使用的专用固定安装袋，此次任务是将和平号空间站开展的鹌鹑蛋生物实验样本带回地球

方分米)，可装载设备重量上限为 200 磅 (91.3 千克)。GAS 工具特别适用于自包装的占用体积较小的相关实验，装载设备需要符合航天飞机舱内使用要求，并且仅允许提供相对简单的航天员操作需求。GAS 工具可提供一定的机械和电接口，通常存放于有效载荷舱内。一般情况下，GAS 工具为单独存放，且经常是成组使用。

• “希契克”实验项目：实验容器一般放置于舱内安装板之间的小隔舱，可适应不同尺寸安装板的连接要求。按照项目团队设计，容器可提供一定的电源功率和控制信号需求，并且可以与系统匹配使用合适的通信链路与协议进行实验数据传输。该实验一般采用远程控制，由 NASA 戈达德 · 希契克控制中心或其他地面站进行操控。

• “小希契克”实验项目：这是规模相对较小的“希契克”实验项目。实验容器继承了 GAS 装置的机械和电接口状态，通过特制的综合电子器件可实时监测实验容器、载荷以及电源的运行状态。

• 空间实验模块：主要向地面的学生群体介绍国际空间站相关的科学知识。以材料科学为例，任务乘组可介绍相关材料性能如何在空间飞行环境中变化等。此类实验侧重于微重力、空间辐照和航天员医学健康方面。

• 开发测试目标计划 (DTO)：通过对测试参数进行编号、分析和处理，任务团队可以综合评价现有航天飞机及相关设备的状态。在此基础上，后续有关航天飞机和国际空间站任务相关的硬件、系统和操作程序等，都将获得一定的改进建议。

• 星座开发测试计划（CDTO）：针对航天飞机退役所进行的替代开发，任务团队通过实施 CDTO 计划，以测试拟应用于星座计划的相关航天器硬件、系统和操作程序。

• MPS 数据汇集计划：此项计划贯穿于整个航天飞机的服役周期，主要目的是持续测量并整理有关航天飞机主推进系统（MPS）的相关性能数据，以支撑 MPS 安全与使用性能升级过程中各类开发任务的测试与评估。

• 空间站开发测试计划（SDTO）：该计划聚焦于以国际空间站为平台的 DTO 实验，同时继承 DTO 计划的实施标准。

• 详查任务补充计划（DSO）：此项计划同样贯穿于整个航天飞机的服役周期，侧重于广泛的空间环境中航天员生命科学研究。测试项目包括太空飞行导致的身体素质影响以及各种应对举措的有效性。同时，基于 DSO 研究成果以及生命科学需求分析，任务团队不断优化和改进航天飞机与国际空间站任务的航天员工作与生活环境。

• 风险减缓实验（RME）：这是一项长期且系列化的研究项目，旨在应对空间飞行过程中各类重大风险的减缓与消除措施，包括直接降低风险的严重程度或减小这些风险影响的空间与时间范围。基于研究成果，任务相关的硬件、系统或程序得以持续改进。

• 小卫星试验：在国际空间站的任务中，一些非返回式卫星按照预定安排，由航天飞机有效载荷舱弹射释放，进而可以开展小卫星相关的任务。小卫星在轨释放工作通常安排在航天飞机与国际空间站分离之后。

• 拓展纪念项目：按照统一计划，航天飞机乘组中的每位航天员都配备有一个小型工具包（PPK）。航天员可以依据偏好携带私人物品，作为自己专属设备的一部分，这其中最多能携带 20 件私人的并且是非商业性质的物品。这些物品还必须装在一个只有 3 英寸（75 厘米）见方的袋子里。此外，NASA 为每次飞行任务专门配置了官方纪念工具包（OSK），可以携带不超过 10 件不受严格限制的物品。这些物品可以是来自各个机构、官方组织或重要人物的纪念品。在飞行任务结束后，经过官方纪念工具包携带升空的许多物品将在相关的访问与参观期间作为赠送礼物。在此前搭载的纪念物品中，有一些与“促进太空项目”的专题计划相关，IMAX 货舱相机就是其中之一。它是一台尺寸为 2.535 英寸（65 毫米）的彩色摄像机，曾随 STS-63、STS-71、STS-74 和 STS-79 任务搭载升空。IMAX 相机的成就之一是于 1997 年发布的一段长达 40 分钟的和平号空间站的纪录片。

本章尝试介绍了航天飞机 & 和平号空间站和国际空间站任务期间所开展的科学实验以及测试与研究项目。实际的飞行内容远超本书范围，建议感兴趣的读者查阅 47 次飞行任务相关的新闻报导和文献资料。关于上述研究的成果及其应用情况，读者可以访问 NASA 主页以及其他互联网站点，相信读者将会获得众多研究主题要相关的学术论文。

STS - 81 任务期间，乘组拍摄的和平号空间站多个结构和设备的特写。自 1995 年至 1998 年间，10 次航天飞机任务为和平号空间站提供了大量的照片和视频记录。作为持续多年的拍摄记录计划的一部分，这些工作可以详细记录飞行过程中各种材料的性能退化状况。上述研究一直是空间站任务的一项重要内容，在国际空间站任务期间同样规划并实施了相关的材料科学实验。对于未来长期飞行的航天器，同样规划了类似的研究项目（图片来源：埃德 · 亨格维尔德）

参考文献

[1] Clervoy 2015.

[2] STS－91 MCC Status Report ＃9 June 6，1996，6pm CDT.

[3] STS－91 MCC Status Report ＃16 6 am CDT .

[4] Walking to Olympus：An EVA Chronology，David S. F. Portree and Robert C. Treviño，NASA Monographs in Aerospace History Series ＃7，October 1997，NASA SP－2015－4550，p118－120 entry for March 27，1996，STS－76 .

[5] Walking to Olympus，An EVA Chronology，1997－2011，vol. 2，Julie B. Ta and Robert C. Treviño，NASA Monographs in Aerospace History Series ＃50，April 2016，NASA SP－2016－4550，p. 3 entry for October 1，1997，STS－86.

[6] AIS interview with J－F. Clervoy December 20.

第9章　货物装载与转移

装卸主管，一种军语名词，是指负责对运载平台的货物进行装卸操作的工作人员。运载平台通常是指飞机或轮船，但在本书特指航天器或空间站，工作人员即为飞行乘组中负责装卸操作的航天员。

——兰登书屋词典，2016

航天飞机每次与和平号空间站对接的整个过程中，任务乘组需要来回穿梭于狭窄的舱门和对接通道，将各种物资补给从轨道器运送至空间站。航天飞机与和平号对接任务的每一个环节，包括上述有关物资转移的通道设计、航天员操作需求等，都为后期构建国际空间站以及长期运行维护等实施更大规模的物资运输任务提供了有力的参考。

在国际空间站建成大约5年后，人们回顾1995年的航天飞机&和平号任务时，可以更为清楚地发现NASA技术的短缺。事后来看，1995年距离国际空间站开始构建只剩下三年，但不得不说，NASA在物资补给、硬件开发、后勤维护和故障设备更换方面还有很大差距。从水星计划到航天飞机，NASA几乎所有的太空飞行任务所需的所有物资和设备必须由航天器自身携带。唯一的例外是天空实验室。当时在实施天空实验室计划时，实验室模块属于无人状态发射，通过自身物资装载，可为计划中的三名航天员提供补给。除此之外，每个天空实验室模块发射时还进行了少量的超额装载，包括一些应急所需的设备和备件，主要是为阿波罗飞船的轨道飞行器提供正常补给和备份。然而，上述各类飞行器对于物资补给的装载体积和质量都有很大的限制。因此，当人们事后回顾航天飞机&和平号任务时，只会幸运地感叹当时的紧凑空间和各项约束为NASA航天器开发与任务规划方面带来了很多积极的因素。

对于航天飞机&和平号任务，在乘组岗位设置方面进行了创新，即针对性地为每个航天飞机乘组设置了“装卸主管”这一新岗位。根据在轨物资转移的工作量，装卸主管岗位由一位或多位航天员担任。装卸主管航天员的在轨职责很明确，主要是负责将小型硬件、物资和货物有效、安全地进行转运，包括从航天飞机转移至空间站，或者从空间站运回航天飞机等。装卸主管的工作离不开乘组的支持，在必要情况下，物资转移工作需要多位其他乘员提供不同方面的帮助。相对于乘组中进行其他设备操作的航天员，装卸主管无疑是整个飞行任务中的无名英雄，然而在轨每一名航天员的岗位都是重要的。装卸主管的操作可以确保其他航天员能够在正确的位置获取合适的物资，同时确保在轨飞行产生的工作和生活垃圾以及其他多余物品能够安全地存放在航天飞机上以便返回地球。因此，装卸主管的岗位尽管相对特殊，但对于整个飞行任务的完成以及空间站长期稳定在轨运行不可或缺。

自 1978 年以来，将进站的进步号货运飞船进行货物卸载转移一直是空间站航天员的常规工作内容。在完成飞行任务之后，货运飞船会装载着各类垃圾在返回过程中烧毁。从礼炮 6 号空间站开始，这种自动运输的货运飞船已经为俄罗斯空间站提供支撑数年。在航天飞机退役后，ESA 和日本先后开发了新的自动货运飞船，甚至在商用无人补给飞船投入应用之后，俄罗斯的进步号飞船仍然是国际空间站正常运行的重要支撑。

相比于航天飞机 & 和平号任务，国际空间站构建任务的突出特征是在短时间内卸载转移大量的物资与货物。因此，国际空间站构建任务中的装卸主管岗位有了更为丰富的内涵，包括机械臂操作、多功能后勤舱的整体转运以及航天员手动搬运等[①]。

本章主要回顾支撑航天员转移物资的相关系统或设备，并介绍其基本状态和工作特点，同时阐述航天员在航天飞机 & 和平号任务过程中执行相关操作的状态，以帮助读者了解整个任务的实施过程。

9.1 运输模块

除了为和平号空间站运输各类硬件设备外，几次航天飞机任务都在其有效载荷舱内搭载了一个 Spacehab 货舱模块。在此之前，Spacehab 货舱模块已经完成了飞行验证，并且与其相关的空间站任务应用研究已有多年积累。最终在 STS－71 任务中，ESA 承研的 Spacelab 模块成功与和平号空间站完成对接。在这次飞行任务中，Spacelab 模块为空间站携带了多种工作设备，同时还为即将离站的航天员带来了医疗检测仪。此次任务还为和平号空间站带来了一位新乘员，这位航天员也成为首个在和平号空间站常驻工作的美国人。

9.1.1 加压模块

在航天飞机 & 和平号任务中，航天飞机有效载荷舱共配置过两种货舱模块，且都是压力舱类型，又称为加压模块或载人领域所熟知的密封舱模块。

（1）Spacelab 长模块

ESA 对航天飞机计划的一个主要贡献是研制出了可重复使用的 Spacelab 加压模块以及适应真空环境操作的货物托盘装置。按照 Spacelab 模块的特殊设计，它可以根据不同任务的需求以多种方式组合，进而实现特定的任务目标。例如，加压模块可以作为一个长期或短期在轨居住的实验室，并且航天员、经过专业培训的科学家都无须穿防护服在其中持续开展长达两周的飞行任务。Spacelab 模块设计有适应与航天飞机舱段中部连接的接口，通过航天飞机内部专门配置的直径 3.3 英尺（1 米）的对接通道，航天员可以往返穿梭于货舱模块和航天飞机驾驶舱。按照航天飞机轨道器的舱内布局空间与接口配置，Spacelab 模块有两种形式的布局与通道方案。当模块安装在轨道器前部时，可使用舱内长度为 8.7 英尺（2.7 米）的对接通道；当它位于舱段后部时，通道长度为 18.8 英尺（5.8 米）。

① 可参考本书姊妹篇《国际空间站在轨构建》。

Spacehab 货舱模块的概念图。图中剖视部分显示了内部布局及其与轨道器中部舱段的连接状态（图片来源：Spacehab. Inc）

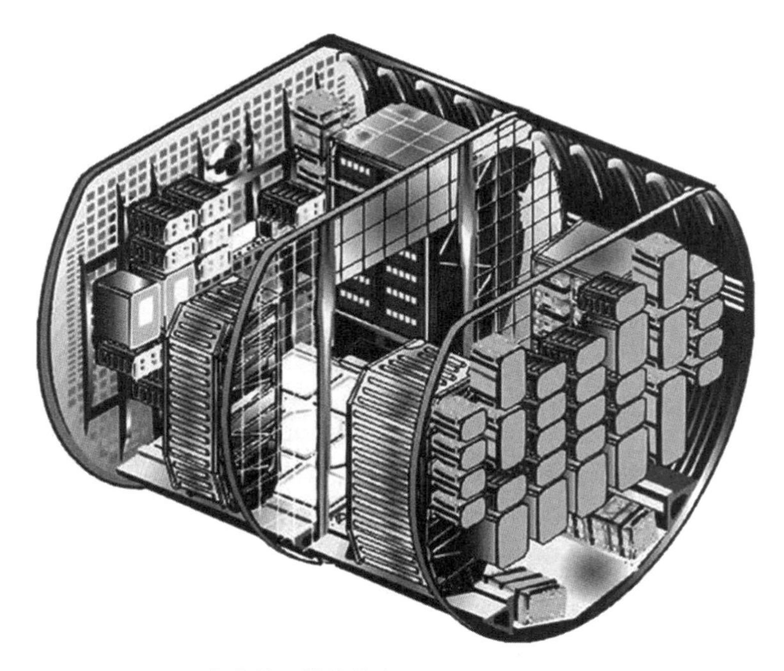

Spacehab 货舱的双模块状态（图片来源：Spacehab. Inc）

Spacelab 模块呈圆柱形，最大外径为 13.5 英尺（4.12 米），通过模块化的设计可以利用多个单模块进行组合。其中，单个模块长度为 8.9 英尺（2.7 米）。双模块组合体则是由两个单模块连接形成一个独立的空间。通过对 Spacelab 运输模块设计的参考借鉴与设计优化，Spacehab 公司后来将单个的货舱模块进行了简化设计，成为轻量化的单个模块从而更便于轨道器舱内布局和应用。相对来说，Spacelab 运输模块又称为“长模块”，Spacehab 公司的简化模块则称为“短模块”。

在 STS－71 任务停靠期间，美国和俄罗斯联合开展的生物医学计划顺利开展了 100 小时以上的科学实验。通过应用双模块组合体，为上述实验平台搭建提供了关键支撑。具体来说，舱内包括公用基础设施、数据处理设备和尺寸为 19 英寸（48.26 厘米）的风冷实验架，此外还设置了一个操作台和一个精密设计顶窗。除上述核心部分之外，实验室模块为科学实验的顺利实施提供了广阔的实验架布局空间。为了给一些特定的实验设备提供必要的空间环境，货舱设置了另一处的通风窗，因此也可以借助专业词汇命名为“科学实验专用气闸装置”。

在唯一一个飞往和平号空间站的 Spacelab 模块内部工作，STS－71/Mir－18 联合乘组在航天飞机停靠期间开展了一系列医学测试实验和评估，图示航天员包括艾伦·贝克，弗拉基米尔·德朱洛夫（Mir－18 指令长，位于自行车测力计），格雷格·哈伯格（图示顶端中间位置），邦妮·邓巴和塔加德（右侧，Mir－18 俄罗斯航天员）

STS－71 任务的生物医学研究涉及多达七个不同学科，共计十五项调查，主要包括心血管和肺功能、人体新陈代谢、神经科学、卫生、环境卫生和辐射、行为特征和生物学、基础生物学和微重力研究等。

此外，俄罗斯航天员开展了一系列在轨试验，其目的是帮助航天员在经历长时间在轨飞行后能够更为顺利地做好返回地球的准备。这项研究对于俄罗斯（苏联）载人航天领域并不陌生，因为自 1971 年以来，他们一直在针对空间站任务持续开展此项研究和飞行验证。

对 NASA 来说，类似的有关航天员健康适应性的飞行试验也在持续推进，最早可追溯至 20 世纪 70 年代初的天空实验室任务。在 STS－71 任务中，NASA 任务团队利用 Mir－18 乘组的飞行机会，首次研究了长时间的太空飞行对航天员状态的影响。对于试验获得的各项重要数据，NASA 将综合分析并有望拓展应用至后续的和平号任务以及未来国际空间站更长时间的飞行任务。STS－71 乘组的诺曼·塔加德是 NASA 即将退役的航天员，在专业领域是一位医学博士，他负责在轨开展豚鼠在驻站 100 天条件下的适应性验证。在试验过程中，塔加德的助手邦妮·邓巴，此次任务的有效载荷指令长艾伦·贝克，还有两名航天员都参加了此次试验。

尽管和平号空间站为俄罗斯人积累了丰富的空间站任务经验，但也只能在 STS－71/Mir－18 任务中才有机会开展如此先进的研究。正是借助航天飞机和 Spacelab 模块，先进的医疗设备才得以进入太空。最终在联合乘组的共同努力下，双方开展了协同试验研究，深入探索了长时间的近地轨道空间任务对生物医学尤其是航天员健康状态的影响。

（2）Spacehab 货舱增强模块

1983 年，Spacehab 公司成立之初即瞄准了航天飞机中部舱段有效载荷的装载空间需求。随着飞行任务的增多，航天飞机有效载荷的装载需求不断增长。针对航天飞机有效载荷舱的布局约束，Spacehab 公司开发了一种可对中部舱段进行扩展的小型加压模块。在航天飞机基本配置状态下，每个轨道器的中舱位置可装载 42 个储物单元，但只有 7 到 8 个单元可真正用于科学试验。由于每次任务携带物资规模庞大，因此其余 35 个单元通常都堆满了各类物件，包括航天员常用设备、食物、衣服、工具、照相机和其他工具等。按照每次飞行任务规划，中部舱段还可用作工作场所、厨房、浴室、卧室、健身房以及其他非工作功能区。因此，基于航天飞机现有状态很难提供额外的足够空间，更不可能适应科学实验或运送其他后勤物资等超额需求。为了提供中部舱段的任务适应性，NASA 任务团队基于飞行经验，对中部舱段进行改造以改善其使用灵活性。在地面准备期间，通过将一些储物单元移除，中部舱段即可装载体积较大的设备或为其他特殊用途提供更大的空间。1997 年，NASA 这一改造取得重大应用进展，任务团队通过对中部舱段进行适应性改进设计，实现了将原本布局在中部舱段内侧的气闸舱放置在中部舱段外部。中部舱段内部空间因此得以释放，并且由于其与气闸舱的空间连续特征，任务团队将中部舱段所获得的气闸舱内部空间称为“沟道”。

分析显示，在航天飞机有效载荷舱中装载一个 Spacehab 加压货舱，可以使得乘组可用空间增加三倍。按照 Spacehab 货舱设计，每个储物单元体积为 2.0 立方英尺（0.056 立方米），最大可装载 60 磅（27.2 千克）重量的物资。Spacehab 公司起初是希望通过标准化的货舱及其储物单元设计，为运输飞行器提升装载能力，以此获得更多的用户订单。Spacehab公司最初规划时主要面向微重力研究商业市场，当时预计每年可达到数次飞行的订单规模。实际情况发展相较于初始规划出现偏差，商业市场并没有达到预期，但政府资助的类似航天飞机、空间实验室任务，一样为Spacehab公司的货舱产品保障了良好的订单体量。正是得益于多次飞行任务的经验积累，Spacehab货舱模块最终能有机会参与空间站任务。

Spacehab货舱模块配置有专门的对接通道及舱门，在实现装载货物的同时还能允许航天员通过EVA进出有效载荷舱。Spacehab货舱模块应用于航天飞机时，尽管模块布局在有效载荷舱靠前部位，但圆柱形主体设计加上顶部平面设计保障了舱内的合理空间需求。其中，借助于货舱模块的上述设计可以确保航天员在驾驶舱内进行后向观察，以足够的视场随时把握有效载荷舱后侧的状态。Spacehab货舱模块的对接接口配置相对距离较远，主要是便于轨道器对接系统能够布局在靠近有效载荷舱中部位置。基于这种设计状态，Spacehab货舱模块的对接通道既可以与ODS进行组合，也可以在特殊任务需求下进行多个货舱模块组合布局，并兼顾ODS对接后的航天员进出需求。

Spacehab 货舱模块规格

描述	单模块（SM）	双模块（DM）
体积	308 立方英尺	1 100 立方英尺
高度	11.2 英尺	11.2 英尺
宽度	13.5 英尺	13.5 英尺
长度	约 10 英尺	约 20 英尺
单模块和双模块的高度和宽度设计，都需要满足轨道器有效载荷舱的内包络尺寸约束，同时应兼顾驾驶舱后向观察的视场可达性		
发射质量	10 000 磅	20 000 磅
最大载运量（max）	3 000 磅	10 000 磅
储物单元托盘的最大配置	61	61
货舱机柜 & 储物托盘数量	1 个机柜 &51 个托盘；或 2 个机柜 &4 个托盘	61 个托盘(其中 4 个托盘布局在机柜顶部)；或 4 个机柜(底部可提供大尺寸特殊货物放置空间，其中 2 个机柜可提供电源)
窗口	无	1 个
主结构	铝结构 & 热控多层	
子系统	照明；空调；有限的电源供应；指令和数据；火灾监测和抑制；真空支持	
与轨道器连接能力	利用 Spacelab 对接通道和适配器，可连接轨道器中舱、航天飞机对接系统以及气闸舱等相关设施	

应用 Spacehab 货舱模块的飞行任务统计（1993—2007 年）

序号	航天飞机任务号	年份	单模块（SM）应用	双模块（DM）应用	空间站应用次数合计	Mir	ISS
1	57	1993	第1次	—	—	—	—
2	60	1994	第2次	—	—	—	—
3	63	1995	第3次	—	—	—	—
4	76	1996	第4次	—	第1次	第1次	—
5	77	1996	第5次	—	—	—	—
6	79	1996	—	第1次	第2次	第2次	—
7	81	1997	—	第2次	第3次	第3次	—
8	84	1997	—	第3次	第4次	第4次	—
9	86	1997	—	第4次	第5次	第5次	—
10	89	1998	—	第5次	第6次	第6次	—
11	91	1998	第6次	—	第7次	第7次	—
12	95	1998	第7次	—	—	—	—
13	96	1999	—	第6次	第8次	—	第1次
14	101	2000	—	第7次	第9次	—	第2次
15	106	2000	—	第8次	第10次	—	第3次
16	107*	2003	—	第9次	—	—	—
17	116	2006	—	第10次	第11次	—	第4次
18	118	2007	—	第11次	第12次	—	第5次

备注：* STS-107 任务中首次且是唯一一次应用了研究型双模块(RDM)。

航天飞机任务共计 18 次应用了 Spacehab 货舱模块，包括 7 次单模块、11 次双模块。

空间站任务共计 12 次应用了 Spacehab 货舱模块，其中 7 次是参加和平号空间站任务，5 次是参加国际空间站任务。

此处国际空间站的统计数据仅包括 1999—2007 年这一周期。

1993 年，STS-57 任务首次应用 Spacehab 单模块货舱，双模块货舱则于 1996 年搭载 STS-79 首飞。

基于航天飞机环境控制系统设计能力，一般情况下，飞行乘组仅有两名航天员参与 Spacehab 货舱的相关任务。如果需要增加其他航天员进入舱内工作，环境系统应用状态则要进行相应调整，以适应临时任务的航天员环境保障需求。此外，Spacehab 货舱模块还有一个功能，其装载的机柜托盘单元允许保留在航天飞机上而不用全部转移至空间站。因此，借助 Spacehab 货舱模块优越的装载功能，NASA 可以依托航天飞机开展更多的空间试验与测试。

航天飞机 & 和平号任务充分验证了 Spacehab 货舱模块作为空间站物资运输载体的优异价值。正是得益于此，NASA 在规划国际空间站构建任务时对于“航天飞机＋Spacehab 货舱模块”相结合的运输能力已有足够的信心，而无须急于开发新型的货物运载系统。

和平号任务期间，飞行计划安排的比较紧凑，目的是确保完成既定的核心任务。任务乘组在轨飞行期间实际担负着一定的压力，但在繁忙工作之余也有序安排了休闲和娱乐项目，而其中有关 Spacehab 货舱的操作就是一种忙闲兼顾的独特体验。如前所述，关于有效载荷舱的内部布局，当 STS-84 任务的 Spacehab 货舱模块安装在有效载荷舱后部时，乘组额外获得了一个扩展通道。对此，简-弗朗索瓦·克莱瓦的介绍更为直观。此次任务的 Spacehab 货舱是通过底部与有效载荷舱中部形成直线连接。航天员在轨操作时，可以从 Spacehab 货舱底部直接目视舱段中部的机柜单元，因此，航天员能获得通常的长距离穿过多个硬件的视场。按照任务规划，如果乘组在轨工作持续时间超过 7 天，需要在其中穿插不小于 4 个小时的休息时间。在此期间，航天员可以安排休息或根据个人喜好进行放松。实际上，航天员在轨会在休息时间内灵活安排一些业余的活动，比如为学校录制科普视频等。一般情况下，乘组会统筹安排至少 1 小时用于真正意义上的休闲，而且形式多样化。在 STS-84 任务间歇，艾琳·柯林斯和杰里·林格在舱内大玩悬浮大水滴、直线通道折返跑等。在舱内货物整理妥当时，乘组会试图从 Spacehab 货舱底部飘浮到有效载荷舱最前部的机柜。得益于流畅的直线通道，最多时有 7 名航天员连续完成了通道穿越。事后，乘组对现场录制的视频兴奋不已。

鲍勃回忆到，在轨微重力环境下，直线通道在飘浮过程中显得格外顺畅。透过舷窗观察舱外成为乘组在工作之余最大的乐趣。随着飞行任务逐步实施，乘组之间的了解程度也在不断加深，而艾琳也了解到鲍勃很喜欢金字塔。有一次，正当鲍勃透过 Spacehab 货舱小窗俯视地球时，艾琳激动呐喊：“我们将要飞越金字塔。”由于在轨飞行速度很快，因此，如果航天员事先不知道金字塔等特殊目标的确切位置，则很难用肉眼进行辨认。鲍勃的地理知识储备及时发挥了作用，通过短短三秒钟的舱内穿越，即从 Spacehab 货舱进入亚特兰蒂斯号驾驶舱。此时鲍勃俯视地球，很快就帮助其他航天员寻找到了金字塔。

9.1.2 无压模块

除了上述两类加压模块之外，航天飞机开发人员还为轨道飞行器有效载荷舱增加了可选配置，即无需加压的货物装载模块（简称“无压模块”）及其相应的支持设备。针对航天飞机 & 和平号任务应用情况，本节主要介绍 Spacelab 模块托盘及暴露环境实验箱两类无压模块。

(1) Spacelab 模块托盘

与加压的 Spacelab 模块互补的是“U”形托盘，用于装载可直接应用于舱外空间环境的各类仪器和设备，如遥感相机、传感器以及天线等。托盘的应用相对灵活，既可以借助特制的壳体结构形成货盘从而单独使用，同时还可以与加压模块进行组合。除此之外，结合仪器瞄准系统的精度保证，Spacelab 模块托盘可以装载并在轨安装比轨道飞行器姿态要求更高的特殊有效载荷。

Spacelab 托盘采用铝合金框架结构，宽 13.1 英尺（4 米），长 10 英尺（3 米）。为确保发射过程中承载合理，仪器设备的安装主要借助托盘的框架结构节点。为了适应特殊仪器、实验设备和其他飞行硬件等各类载荷安装需求，托盘的安装支撑结构具有定制化与多样化配置。同时，托盘安装又具有通用化特征，多个托盘可以类似于“火车车厢”进行拼接，从而最大化地利用 Spacelab 模块装载空间。据测算，单个模块可以最多装载多达 5 个托盘。尽管实际飞行任务未曾应用，但这也从侧面表明 Spacelab 模块的设计包络，足以满足飞行任务的各类应用需求。

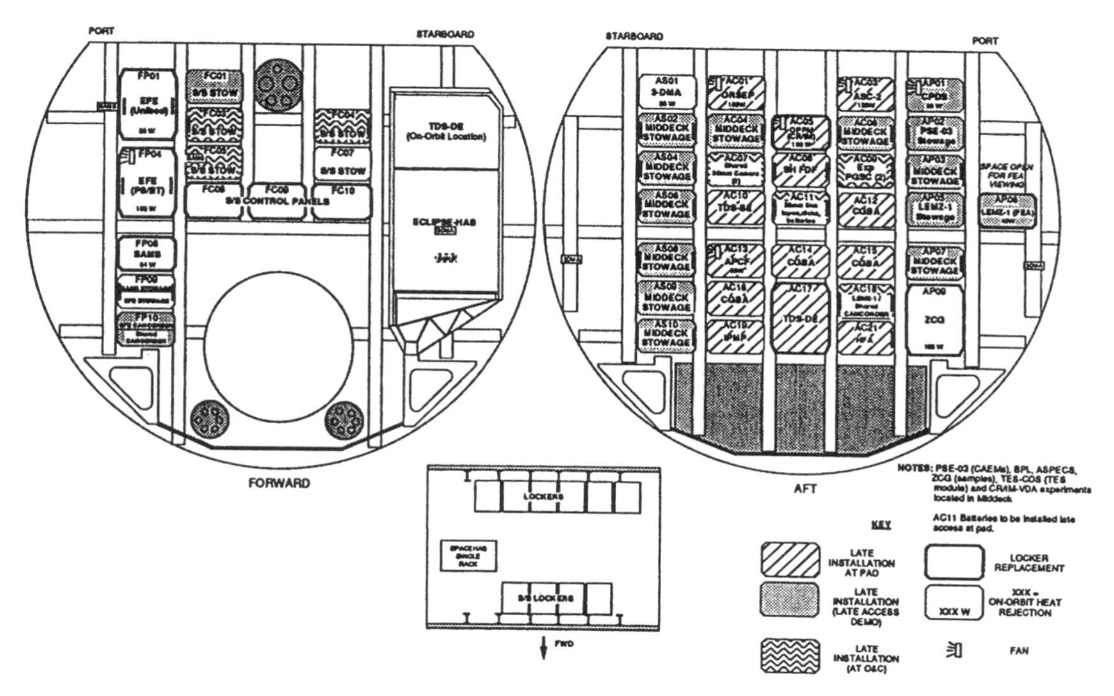

Spacehab 货舱模块典型的锁柜布局详图。原始图稿的质量较差，但为了说明的目的而被放置在此

（2）暴露环境实验箱（PEC）

PEC 的尺寸相对较小，主要通过航天员 EVA 操作安装于航天飞机有效载荷舱舱壁。按照飞行任务规划，STS - 76 任务乘组针对和平号空间环境效应载荷实验（MEEP）完成了四次操作。得益于 PEC 的便捷性，航天员这些实验均在同一个 PEC 中操作完成。在实验结束后，有关 MEEP 的相关组件由 EVA 乘组进行妥善处置，并最终固定在空间站对接模块舱壁。

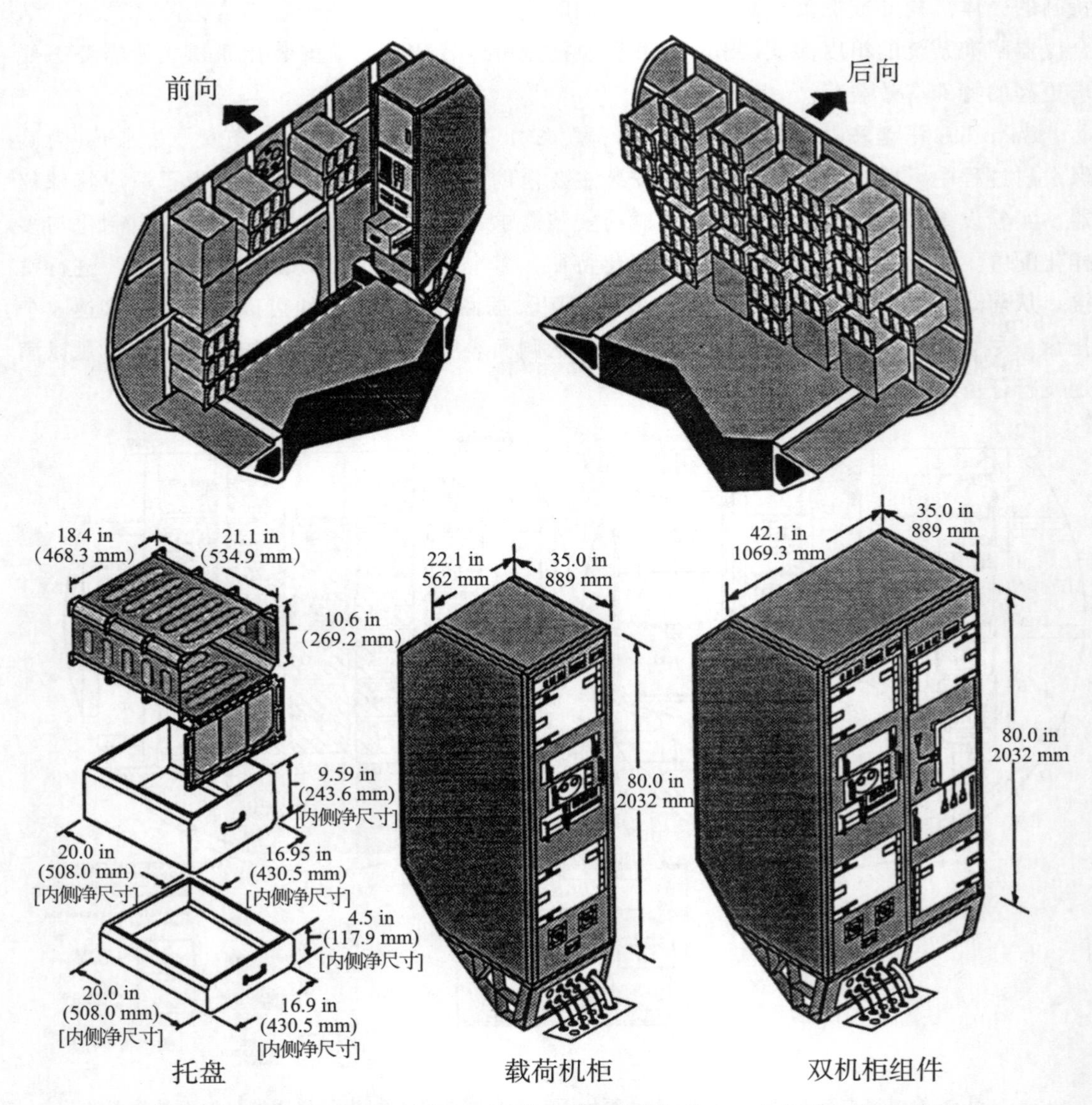

Spacehab 货舱模块中使用的储物柜、托盘和货架的详细信息。它们是以航天飞机中间驾驶舱上的储物柜为基础的。原始图稿的质量很差，但为了便于说明问题放置于此

9.2　货物装载工具

在航天飞机 & 和平号任务中，任务团队详细规划并试验了各类货物装载工具。所有这些在轨应用验证，其最终目的是实现航天飞机有序支撑国际空间站构建任务实施，特别是其中各类货物的可靠与安全储存、发射运输以及在轨顺利转移。

(1) 储物柜

航天飞机和 Spacehab 货舱模块配置有标准的中舱储物柜，其尺寸为：高 10.6 英寸（26.92 厘米），宽 18.4 英寸（46.73 厘米），深 20.0 英寸（53.59 厘米）。储物柜设置了大小两种类型的货盘，其中大型货盘高 9.59 英寸（24.35 厘米），宽 16.95 英寸（43.045 厘米），深 50.0 英寸（50.8 厘米）。小型货盘与大型货盘的宽度和深度相同，高度降低为 4.5 英寸（11.43 厘米）。货盘可以很容易地滑入和滑出储物柜，两个小型的货盘可以一起装入一个储物柜。每个储物柜通过铰链门和扭转锁进行固定。

为便于任务乘组在航天飞机舱内有序操作，位于中部舱段的每个储物柜都进行了序号分配，并且在储物柜门上进行了标记。中层储物柜的编号信息在定稿后保存于航天员飞行文档中，其中还包括设备、实验和物资转移任务等各类清单信息。以托盘 MF47C 的编号为例，其中 M 表示位于中部舱段，F 表示安装于前向位置，位置编号还分设有 MR（右向），ML（左向），MO（顶部）和 MA（尾部）；47 则表示托盘从左到右横跨前舱壁比例为 47%，因此该数字代表了储物柜占据舱内某一方向的百分比；C 表示从储物柜框架顶部以每个单元 6 英寸（15.24 厘米）的增量向下扩展的距离，通过字母顺序相应表示储物柜框架中允许装载的两个托盘的最大空间，显然当采用字母 A 时则代表处于框架的最顶部位置。

因此，储物柜编号逐一对应于安装在中部舱段的具体位置。按照编号推算，如果第一个储物柜安装在顶部下方 2 英尺处，即使其上方空间不再安装任何东西，开发人员也会对其标记为“E”而不是“A”。编号 MF47C 的储物柜表示储物柜安装于中部舱段的前舱壁，覆盖从左舷到右舷约一半的空间，上下空间是从顶部 13 英寸（33.02 厘米）到 18 英寸（45.72 厘米）的区域。

在 Spacehab 货舱模块应用时，其储物柜的编号设置方式与上述储物柜类似，但相对更为简单。Spacehab 货舱储物柜布局在前舱壁和后舱壁上，沿有效载荷舱内部空间分为右舷、中舱和左舷三类。在此基础上，储物柜将按数字顺序从 1 向下排列进行编号，同时具有中心储物柜时则进行编号交叉排序。根据上述编号规则，储物柜 FP04 将指示位于左舷的前舱壁，并且为从上至下第 4 个机柜。相应地，储物柜 AC11 则表示为后舱壁中心位置的从上向下的第 11 个机柜。

根据航天飞机的电源指标分配，中部舱段货物装载任务使用的是 28 伏的直流电，具备的最大电源功率为 115 瓦。因此，在安排使用相关设备时，必须兼顾其功率需求的匹配性，比如对功率有额外要求的设备需要自备冷却系统。此外，储物系统的真空排气和数据存储与处理设备的使用需求可根据具体任务而定。如前所述，储物系统在必要情况下可以腾出一些储物柜单元以便其他设备获得足够的安装空间。

在货物装载工具设计方面，任务团队专门为储物柜内货物开发了多种类型的防逃装置，包括辅助固定网、锁紧拉链以及采用模压泡沫制备的衬垫等。借助这些防逃装置，货舱内装载的工具、照相机、镜头等尺寸较小且相对贵重的物件得以妥善放置。由于货舱机柜的通用化设计方式，放置于储物柜上的托盘均采用统一的推拉存储方式。受限于推拉方

在任务发射之前，每个航天员都需要对货舱开展详细的状态检查，
以便于保证在轨操作 Spacehab 货舱的高效率

向的空间限制，每个托盘的存放能力均存在一定的包络范围，因此针对货舱空间进行布局设计时，还需兼顾托盘数量以及航天员随身物品尺寸。

(2) 安装板

安装板可作为储物柜的备份，用于安装需要固定的部分实验品。这些平板通过 2 个优化的接口安装于中舱或 Spacehab 货舱。单板的额定承重为 60 lb (27.2 kg)，双板的承重能力则是单板的两倍。在飞行任务规划时，将根据储物柜空间的实际状态确定是否需要搭载安装板。安装板通过设计标准接口，可与储物柜中的实验装置相连接，因此在设计实验品安装工具时可考虑一定的灵活性。

(3) 有效载荷货架

Spacehab 货舱的有效载荷货架分为单模块和双模块两种配置。单模块货架高 80.0 英寸 (203.2 厘米)，宽 22.1 英寸 (56.41 厘米)，深 35.0 英寸 (88.9 厘米)，可承载 655 磅 (297 kg) 的有效载荷。双模块货架宽度为 42.1 英寸 (106.9 厘米)，容量为 1 210 磅 (548.8 kg)，其余尺寸与单模块货架相同。不同规格的货架均可提供 1 千瓦的功率以及水冷和真空通风功能。根据飞行任务规划，由于每个单模块货架需要占据舱内十个储物柜的容积，因此货舱在实际配置时，通常选定的是折中的适应性设计方案。货架的设计还提供了标准的 19 英寸 (48.26 厘米) 安装接口，以适应有效载荷安装至前面板。为了实现良好

在更为高效的货物装载系统开发之前，图示为任务飞行之前 Spacehab 货舱模块内部的高效使用状态

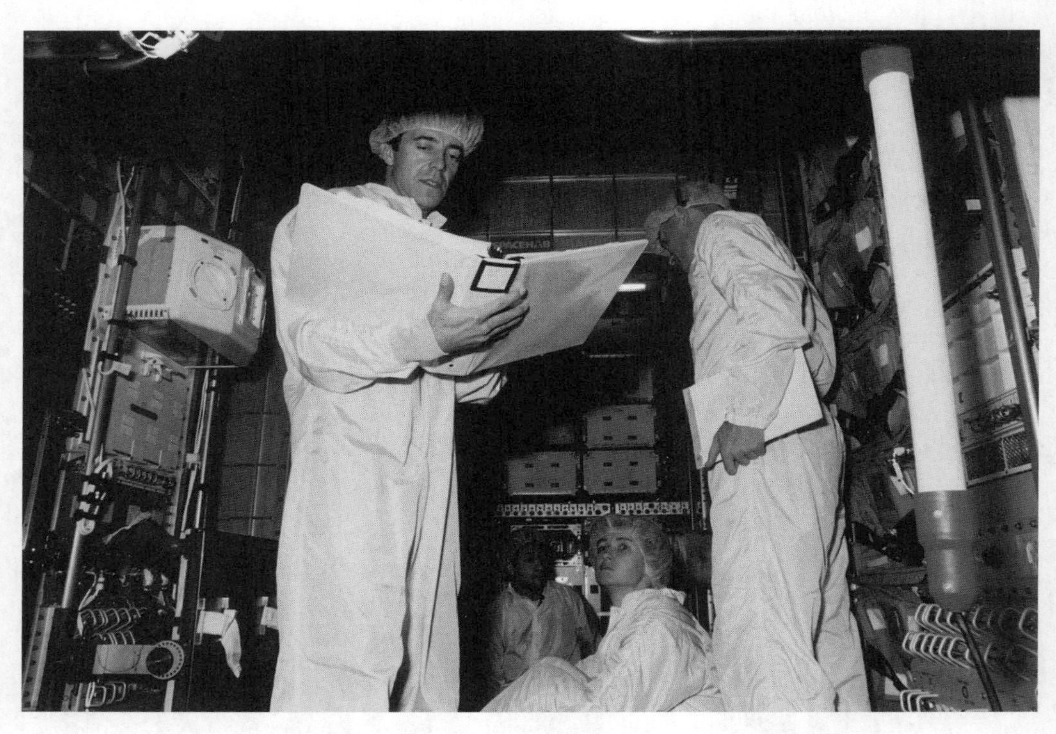

参加设备和接口测试的 STS－84 乘组正在熟悉各种设备

应用于 STS－76 航天飞机 & 和平号任务的 Spacehab 货舱模块装载状态

的兼容性，有效载荷货架既能适应欧洲的 Spacelab 货舱模块，同时又能兼顾后续专门为国际空间站任务开发的专项设备。

(4) 软装载包（SSB）

主要应用于预定任务以外的新增的软的物品，通常是在发射之前最后装载的货物，例如衣服、亚麻布或者是比航天员转移包略大的物品。这些装载包可以安装在有效载荷货架的前部或 Spacehab 货舱的底板。

(5) 航天员转移包（CTB）

针对国际空间站任务，转移包设置了四种规格，分别为半模块、单模块、双模块和三模块。在实际应用中，转移包的选配取决于中部座舱储物柜的等效（MLE）尺寸。四种规格转移包的基本参数如下表所示。

CTB	最大载重量	尺寸/in	尺寸/cm
半模块	30 lb/13.6 kg	16.75 × 9.75 × 9.25	42.54 × 24.76 × 23.49
单模块	60 lb/27.2 kg	16.75 × 19.75 × 9.25	42.54 × 50.16 × 23.49
双模块	120 lb/54.4 kg	18.75 × 19.75 × 18.75	47.62 × 50.16 × 47.62
三模块	180 lb/81.6 kg	18.75 × 19.75 × 28.0	47.62 × 50.16 × 71.12

关于转移包的具体配置，主要包括以下几个部分：一个末端开口装置；一个用于描述所装物品（衣服、工具等）的清晰的标签；还有一个热塑聚碳酸酯的视窗，用以在不打开袋子的情况下查看包内物品。转移包配置的注意事项包括以下几个方面。首先，打印的英文标签需要复制 2 份，分别放在转移包两侧的口袋中。其次，需要设置一份详细清单，列出包内毒性最大的物品的名称和毒性。每个包都具有一个带有条形码的识别标签，一份操作和毒性说明。最后，为了帮助航天员在转移过程中在有限的可用时间内将包裹快速转移至国际空间站的适当位置，每个包裹需要进行颜色区分，以便进行快速临时存放和正常处置时的分类操作。对于国际空间站的配套设置，其浅橙色包将运到团结号节点舱内，棕褐色包将运到曙光号功能舱内等。在轨打包并标记“回家”字样的标签为白色，以便在任务结束后搭载返回地球。由于这些物品通常是由航天员手动操作完成填充，因此每个包裹在填满后，航天员需要在普通白卡上手写标签来更新包裹内的清单内容。

(6) 应急水箱（CWC）

航天飞机的燃料电池会产生废水，这些水被储存在某容器中并转移至和平号空间站，作为后者舱内的水供给资源。实践证明，在此过程中使用转移水袋是一种非常便捷的手段。后续在国际空间站构建的早期阶段，也将应用转移水袋方案。即使在后来水回收装置安装之后，转移水袋仍然是不错的备份选择。航天飞机退役后，由无人货运飞船承担水资源这一特殊物资补给的运输任务。应急水箱可容纳约 90 磅（44 升）的液体，使用体验与普通的行李袋类似。此后，NASA 开发了有效载荷水箱（PWR），丰富了在轨应急补给水资源的途径。有效载荷水箱比应急水箱更小一些。除此之外，目前仍在应用的俄罗斯水箱主要是进步号货运飞船，它的容量约为 48.5 磅（22 升）。

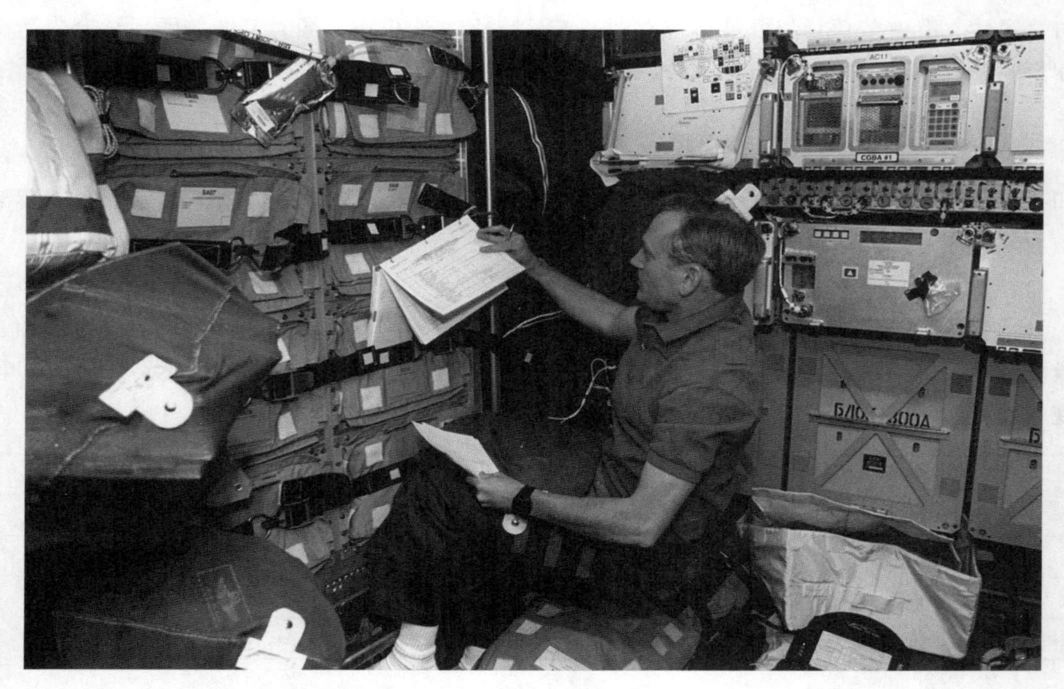

STS－79 装卸主管汤姆·埃克斯在向和平号转移货物期间查阅相关文档

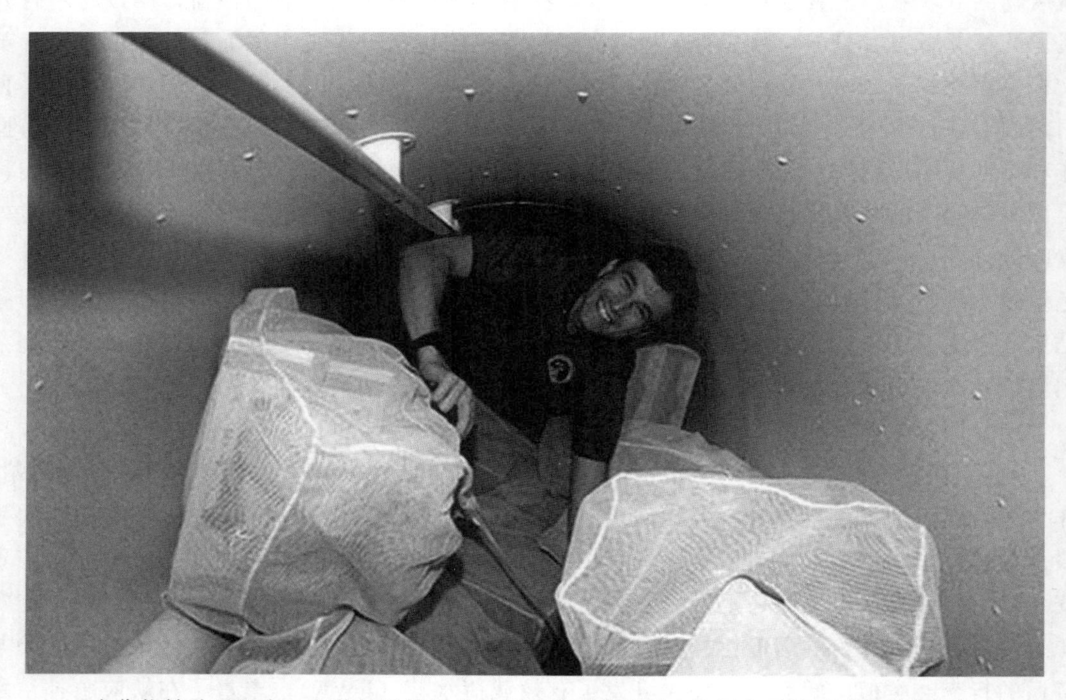

在货物转移过程中，尤其是旧储物袋与新的物资补充时，舱门和对接通道中的穿越将是一个不小的挑战。图示为 STS－76 任务专家罗纳德·塞加正在工作

无论是发射还是返回地球，航天飞机的货物装载状态需要进行准确控制，特别是货物总重量以及装载对航天飞机质心位置的影响。下表介绍了航天飞机 & 和平号任务的装卸主管人员等信息，所装卸物品包括辅助固定网、锁紧拉链以及采用模压泡沫制备的衬垫等，但不包括各种类型的防逃装置。

航天飞机 & 和平号任务的装卸主管分配及物资信息

STS-71	装卸主管	哈伯格	辅助岗位	吉布森，普雷科特
Mir	向空间站完成的货物装卸	lb kg	自空间站运回的货物装卸	lb kg
备注	此次任务转移至和平号空间站的设备、实验用品及物资主要为：重量为1 067磅的水(装载于18个俄罗斯水箱和3个应急水箱)，48磅的氧气和87磅的氮气			
STS-74	装卸主管	罗斯	辅助岗位	哈德菲尔德， 哈尔塞尔，卡梅伦
Mir	向空间站完成的货物装卸	2 132 lb 967 kg	自空间站运回的货物装卸	816 lb 370 kg
备注	此次任务转移至和平号空间站的货物中，包含了重量为993磅的水(装载于10个应急水箱)，59磅的氧气和44磅的氮气			
STS-76	装卸主管	克利福德	辅助岗位	塞加，西尔福斯， 戈德温
Mir	向空间站完成的货物装卸	4 480 lb 2 032 kg	自空间站运回的货物装卸	lb kg
备注	此次任务转移至和平号空间站的货物中，包含了重量为1506磅的水(装载于15个应急水箱)，62磅的氧气，42磅的氮气以及614磅的食品			
STS-79	装卸主管	埃克斯	辅助岗位	/
Mir	向空间站完成的货物装卸	4 000 lb 1 814 kg	自空间站运回的货物装卸	2 000 lb 907 kg
备注	此次任务转移至和平号空间站的货物中，包含了重量为2025磅的水(装载于10个应急水箱)，69磅的氧气和43磅的氮气			
STS-81	装卸主管	艾文斯	辅助岗位	/
Mir	向空间站完成的货物装卸	5 975 lb 2 710 kg	自空间站运回的货物装卸	2 361 lb 1 070 kg
备注	此次任务转移至和平号空间站的货物中，包含了重量为1 608磅的水(装载于16个应急水箱)，138磅的科学实验仪器，2 206磅的俄罗斯物资以及268磅的其他物件			
STS-84	装卸主管	诺列加	辅助岗位	/
Mir	向空间站完成的货物装卸	3 812 lb 1 729 kg	自空间站运回的货物装卸	2 474 lb 1 122 kg
备注	此次任务转移至和平号空间站的货物中，包含了重量为1 308磅的水，82磅的氧气和21磅的氮气			
STS-86	装卸主管	克雷蒂安	辅助岗位	蒂托夫
Mir	向空间站完成的货物装卸	7 000 lb 3 175 kg	自空间站运回的货物装卸	lb kg
备注	此次任务转移至和平号空间站的货物中，包含了重量为1 717.2磅的水(装载于17个应急水箱)，75.7磅的氧气和130.7磅的氮气			

续表

STS-89	装卸主管	赖利	辅助岗位	邓巴
Mir	向空间站完成的货物装卸	7 000 lb 3 175 kg	自空间站运回的货物装卸	lb kg
备注	此次任务转移至和平号空间站的货物中，包含了重量超过 1 000 磅的水			
STS-91	装卸主管	劳伦斯	辅助岗位	留明等人
Mir	向空间站完成的货物装卸	lb 4,000 kg 1,814	自空间站运回的货物装卸	lb kg
备注	此次任务转移至和平号空间站的货物中，包含了重量为 2600 磅的俄罗斯物资，1 200 磅的水			

注：部分数据未能获取到。

参考：数据来源：Data courtesy：Space Shuttle Mission Summary，Robert D.（'Bob'）Legler and Floyd V. Bennett，Mission Operations，DA8，NASA JSC，Houston，Texas，NASA TM-2011-216142 September 2011.

9.3　在轨转移过程

对于美国航天领域来说，为支撑空间站任务而研制各种运输工具和设施以支撑航天飞机的功能应用，是一种全新的体验。在此之前，天空实验室有过一定的物资运输经验。然而，对于以往大多数的载人航天器，包括水星号、双子座、阿波罗和标志性的航天飞机等，任务乘组的每一名航天员都清楚地知道，在轨需要的各类设备、工具和物资等都是与乘组一起搭乘发射。在地面培训过程中，每名航天员都需要花费大量的时间，以熟练掌握上述物件的存储位置及其在轨用途。即便上述天空实验室，其应用过程中 NASA 通过阿波罗飞船支撑相关飞行试验，也仅仅是在相当有限的范围内进行物资运输。因此，所有关于支撑空间系统的物件运输与物资补给，在航天飞机投入应用之前都无法称作是合格的运输系统。

航天飞机具有大规模的货物运输能力，以至于 NASA 可以将“早期的货物搭载发射任务”升级到“空间物流运输”。根据传统字典解释，“物流”一词指的是通过实施一项计划或行动以完成物资和设备的运输和组织。对于航天任务来说，航天飞机的物流运输任务需要经过详细计划，以确保每一件货物最终都存放在正确的位置。首先，任务团队在进行详细设计与最终实施时，需要确保航天飞机或空间站任务中没有携带任何计划之外的物件。其次，所有携带物件需要经过详细的在轨转运设计与验证。由于在轨操作时的空间限制，特别是从航天飞机到空间站转移时还需要经历狭窄的对接通道，因此所有物件在轨操作时并非像地面那样触手可及或随手拿取。再次，各项物件的安装还需要与航天飞机的质量特性相匹配，这对于发射过程和返回地球过程都是不可或缺的，以确保整个系统的正常飞行动力学特性。此外，任务团队在安排货物运输时还需要兼顾货物的类型，比如腐蚀性、科学仪器的精密性和实验成果的完整性保存等。最后，货物选取和装载还需要考虑在轨操作的便捷性，因为航天飞机停靠空间站的时间相对有限，需要尽可能做到快捷转移。

航天飞机支撑空间站任务过程中，每一次飞行都是由航天飞机搭载大量的货包、硬件设备或消耗型物资，在轨由航天员从轨道器转移至空间站。在任务结束之前，航天飞机还需携带空间站上的各类废弃物返回地球，以尽可能缓解空间站舱内废弃物的堆积问题。这些废弃物中，包括工作和生活垃圾、空间实验的废弃品等，部分物件在返回地面后即做废弃处置。航天飞机体积方面的优势突出，因此借助 Spacehab 货舱或者多功能后勤舱 (MPLM)，使得上行和返回的货运能力得到显著增强。国际空间站构建与运行期间，有数次运输任务相对特殊，并非普通的货物运输任务。相比较而言，货运飞船的每次飞行计划都有一个明确的目标，这也易于制定详尽且可实施的计划。

得益于美俄在诸多领域的合作进展，航天飞机支撑和平号空间站以及相关飞行试验验证获得顺利实施且完成效果良好。这一点对于 NASA 至关重要，因为航天飞机 & 和平号空间站任务也是一项全新任务的预演——航天飞机支撑国际空间站构建即将拉开大幕。

9.3.1　规划与执行

作为航天飞机 & 和平号任务的 STS－91 乘组一员，珍妮特·卡万迪回忆任务过程时强调当时的飞行任务大多都很成功。这些任务为随后 NASA 构建国际空间站提供了良好的经验支撑。同时，在国际空间站任务期间，NASA 任务团队又对相关技术以及实施策略进行了优化改进，包括从和平号任务中积累的有关在轨计划执行方面的经验。得益于此，NASA 任务团队在制定详细计划时更加合理、详尽，同时任务乘组在轨执行时也可根据不同的任务以及当时的舱内外状态及时预测任务进程。在后来的国际空间站任务期间，乘组在轨操作时能够及时评估所用时间，一旦需要延长，则会及时与地面控制团队协调，比如以 15 分钟或 30 分钟为单位对任务周期进行动态调整。因此，在 NASA 后续任务期间特别是国际空间站计划，任务团队和乘组在制定计划与在轨操作时能够更准确地开展工作。实际在轨任务期间，令卡万迪印象深刻的仍是忙碌的工作。在没有特殊操作的时间里，乘组会统筹安排大部分航天员聚焦在轨货物整理。虽然这些整理工作实际花费时间往往超过预期，但对于任务乘组来说仍要细心操作，确保每件货物或其他物件都妥善打包和放置。与其他在轨任务一样，这些整理工作对于航天飞机安全顺利返回地球同样重要。关于上述整理工作，乘组往往会感觉到额外的压力，一方面是在轨计划是否能如期执行，另一方面天地协作特别是需要延长时间时，或多或少能体会到地面控制人员的某种强势。

针对航天员将各类货物从 Spacehab 货舱转移到和平号舱内的过程，STS－79 任务装卸主管汤姆·埃克斯认为，实际操作过程中并没有预期的复杂。由于任务团队的详细规划，航天员在轨操作时，只需要按照规划逐步实施，逐一简单且有序地把相关的补给物资从亚特兰蒂斯号转运到和平号。在任务结束前，乘组协作将和平号上需要清理出的物品转移回航天飞机并妥善放置在储物柜。因此，埃克斯回忆起整个货物转移任务时，仍表示非常简单，并且乘组最终提前完成了各项任务。得益于此，埃克斯能够获得更多的闲暇时间，借助 IMAX 摄像机能够在和平号空间站上记录更多的内容。

通过实施多次航天飞机 & 和平号对接任务，NASA 任务规划团队无疑获得了大量宝贵的飞行数据。其中，两个航天器的协作任务让人们充分了解到将各类硬件设备在轨转移操作的复杂性，包括从航天飞机转移到空间站以及其逆向操作。借助于每次任务结束后的

担任 STS－79 任务驾驶员的特里·威尔卡特正在忙着整理物资并向和平号空间站转移，此时他处在亚特兰蒂斯号的中舱位置并且被多个水袋包围着

航天飞机 & 和平号乘组的一项艰巨任务是在轨处置并整理来自和平号的废弃物，很明显，NASA 在国际空间站构建与运行任务中对此受益匪浅

每次任务的重点之一是对和平号驻站乘组提供必要的帮助与支持

飞行总结，人们能够深入了解在轨各项操作的具体状态，同时这些经验足以让 NASA 对未来构建国际空间站及保持其长期在轨运行充满信心。

关于在轨货物运输的计划，埃克斯介绍到，早在地面培训时就已经做了充足准备。采用标记物品名称的纸片进行替代，乘组在培训时开展了两次模拟转移练习。与在轨状态保持一致，转移也由团队协同完成，一般需要两到三名航天员协同工作。按照岗位分配，埃克斯通常留在 Spacehab 货舱，主要负责各类货物转移进出的信息记录。尽管这种模拟操作准备起来十分简单，但对于埃克斯和其他乘组成员来说足以达到效果。对于在轨实际操作效果，埃克斯称赞俄罗斯航天员和香农·露西的工作最为突出。在返回之前，这些航天员高效完成了将各类物件从和平号空间站转移至航天飞机 Spacehab 货舱的任务。埃克斯将在轨忙碌工作打了个形象的比喻，从流程角度来说 ，这些任务类似于我们身边的房屋内物件的操作。即在同一时刻，一部分人从自己的房子里清理出相关物件，同时其他人又携带各类行李搬进来。按照任务团队的精细规划，航天飞机乘组与和平号乘组的协作非常顺利，每项货物的转移操作都能有序完成。具体来说，和平号乘组对于航天飞机乘组搬运进站货物的放置安排极为清晰，要么由和平号乘组亲自接过这些货物并进行妥善放置，要么是在和平号乘组帮助下由航天飞机乘组继续完成货物在和平号上的放置工作。两个乘组都对在轨货物转移交接工作熟记于心，并已提前为货物放置腾出空间。航天飞机在停靠期间，乘组实施货物转移过程中无须考虑航天飞机的质量特性变化，但在分离返回之前需要

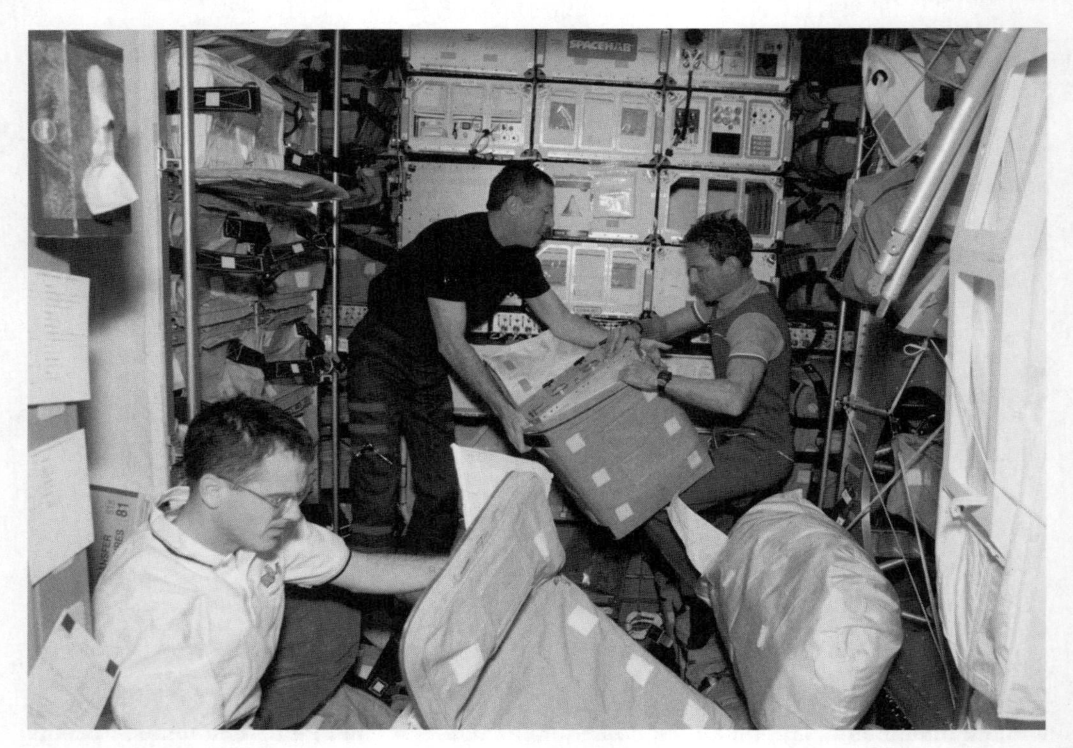

STS－81 任务期间乘组协同工作转移出 Spacehab 货舱模块携带的货包，图中从左到右分别为航天员杰弗里·威索夫、迈克·贝克以及新加入 Mir－22 乘组的杰里·林格

对此进行调整与确认。最后时刻，航天飞机乘组需要确认舱内所有物件的放置状态，特别是从和平号上转移回来的各类货物的存放位置。其中有些操作可能属于临时项目，比如部分从和平号转移回的物件属于计划外内容。此时，航天飞机乘组需要在地面控制团队引导下完成上述物件的放置操作。所有这些返回前的操作，目的只有一个，即为航天飞机安全返回准备好合理的质量特性参数。埃克斯做补充介绍时，强调这些临时性的操作属于正常范畴。由于在轨飞行任务有着很多的不确定性，乘组需要及时进行调整，包括向和平号补充转移其他物件，又或是补充携带物件返回至航天飞机等。因此，任务团队与飞行乘组在制定任务计划时，既要确保足够详细且具备实操性，还需要时刻准备好接受计划调整。

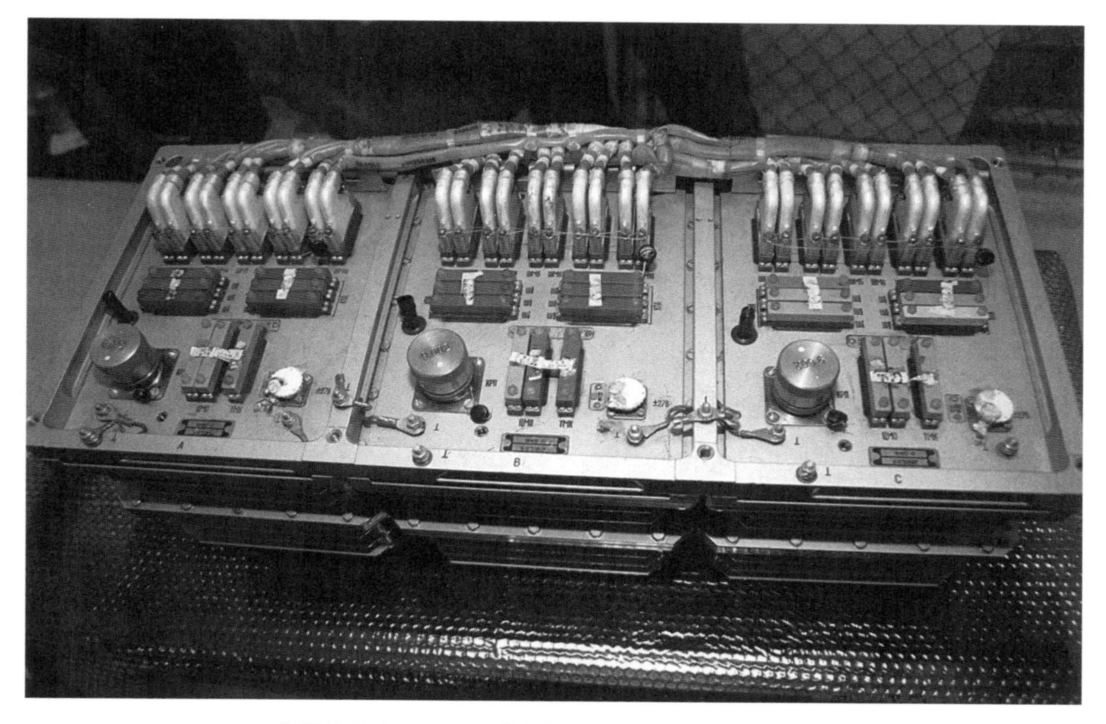

一台即将通过 Spacehab 货舱转移至和平号空间站的计算机

9.3.2　货舱操作

在轨货物转移过程中，航天飞机乘组的每名航天员都有自己明确的职责。在 STS－84 任务中，由航天员简-弗朗索瓦·克莱瓦、叶莲娜·Y. 康达科娃和埃德·卢协作，共同负责 Spacehab 货舱模块的转移操作。克莱瓦在介绍其参与飞行任务的经历时，采用比对 Spacehab 货舱与 Spacelab 的方式以易于让人理解在轨操作的真实情形。克莱瓦认为，Spacelab 模块的开发是在计算机水平有限的背景下完成的，系统开发与航天员操作都需要依靠大量的模拟试验。对于 Spacehab 货舱的应用，克莱瓦和他的同事主要是借助电脑系统开展地面模拟训练，参加互动讲座，并接受考试检测。在此基础上，乘组将详细了解 Spacehab 货舱作为一个复杂系统是如何工作的，熟悉 Spacehab 货舱在轨与航天飞机电子

STS－89 任务将搭载运送到和平号空间站的空调装置

系统和计算机系统的交互过程。乘组首先通过电脑自学相关的基础知识，然后在任务团队安排下接受各类训练，包括打开阀门、操作开关、接通连接器、启动 Spacehab 货舱系统、舱门开关操作以及从发射至在轨的状态转移设置等。位于佛罗里达州的 Spacehab 货舱生产工厂专门开发了一套基于 Spacehab 货舱的物理仿真系统。这套系统几乎是 Spacehab 货

STS-89 任务的驾驶员乔·爱德华兹和任务专家萨利赞·沙里波夫正在 Spacehab 货舱双模块中进行货物拆卸操作，此时他们即将为和平号空间站带来一个新的陀螺仪

舱的完整复制品，航天员在此高保真模拟系统开展训练以获得接近真实的操作效果，特别是在训练过程中，可以进行实物操作并与控制团队进行实时交互。借助仿真系统，乘组在进行 Spacehab 货舱模块有关操作时，尽管依然需要耗费一定时间，但训练变得简单很多，并且基于实物的操作易于为乘组建立持久的培训效果。在克莱瓦的提议下，叶莲娜·康达科娃与其一起负责 Spacehab 货舱的启动操作。在培训全过程影像记录下，克莱瓦和叶莲娜协同操作，一起打开舱门进入 Spacehab 货舱模块，并启动货舱工作状态。得益于地面培训团队的程序设计，乘组在地面培训中积累了丰富的接近在轨状态的实践经验。在飞行任务准备过程中，乘组还需按既定程序对地面培训过程中的关键环节进行复习。正如克莱瓦所参加的 STS-84 任务，基于佛罗里达州培训中心构建的 Spacehab 货舱模拟器，乘组在飞行前两周时候再次开展了一次模拟训练。

克莱瓦接下来再次提及了返回之前航天飞机货物整理时对于系统质量特性的关注问题。随着飞行任务接近尾声，在航天飞机进入返回程序之前，乘组需要执行一系列操作有序关闭 Spacehab 货舱。对于系统常规运行状态而言，关闭即类似于启动过程的逆向操作。然而，克莱瓦再次回顾了航天员只有在进入返回准备阶段才需要面临的问题。乘组按照任务规划安排，如前所述，也允许一定程度上的临时调整，乘组将和平号舱内需要处置的物件全部转移至航天飞机舱内。对此，乘组需要与地面控制团队紧密协同，确保搬回的所有物件安装位置的准确性，而且要求所有物件的储存袋必须可靠紧固。这一项操作与发射前的准备截然不同。在地面发射之前，由地面支撑团队对各类包裹打包、紧固和放置。对于在轨过程，上述操作需要全部由乘组来完成。在完成各类物件整理工作时，存放在航天飞机中的包裹都是“满载而归”，因此再将包裹固定则颇有难度。对此，任务乘组与相关专家都是印象深刻。专家玛莎·艾文思在航天员办公室主要负责所有与乘组设备和储存有关的工作，她介绍了关于上述操作的复杂程度及风险。航天员在进行包裹紧固过程中，需要按照既定程序固定泡沫并将包裹紧固拉链锁紧。由于过程中需要对包裹施加压力，这就容易导致双手在进行紧固操作时出现划伤甚至流血。任务规划团队对此已有预示分析，为避免航天员因在轨操作留下疤痕，乘组在进行货物转移操作时会戴上专用手套。这种特制手套的皮非常薄，有些类似于壁球或高尔夫球手套，从而兼顾打包和紧固操作并且能够有效保护双手免受伤害。对于上述并不简单的包裹存放工作，克莱瓦表示，这些工作都是为了确保航天飞机返回过程中舱内物件存放位置符合要求，整个系统具有合理的质量特性，质心参数满足稳定再入返回的要求。

对于STS－84任务的记忆，克莱瓦在接受采访时补充介绍了一些工作之余的情况，可以帮助读者从多个侧面完整了解航天员在轨飞行中的真实状态。克莱瓦介绍自己在执行某个任务时多花了一些时间，以确保尽可能完美地完成任务。在任务期间，查尔斯·普雷科特私下与克莱瓦沟通，既表示理解后者对于任务完成的高质量要求，同时也提醒应及时与乘组中的其他同事沟通以获取帮助。对此，克莱瓦则表示类似的沟通易于倾向理解为同事对自己完成任务情况的一种批评。随后，克莱瓦也表示自己很认可普雷科特的为人。对于这样的沟通和点评，当时在轨交流期间克莱瓦则回复自己坚信能够做到最好。之后，克莱瓦在进行最后的货物检查时，得到了来自普雷科特的及时帮助。在感激之余，克莱瓦反思发现朋友的关心具有相对合理的逻辑，那就是对于自己睡眠不足的担心。据克莱瓦介绍，自己在前一晚仅仅睡了两个小时就醒了，由于感觉不太好，所以服用了一片安眠药，并且还品尝了一个朋友送的特制的草药茶。不到五分钟，克莱瓦产生了严重的幻觉，瞬间似乎看到了非常多的动物。可能是肢体或言语上的声音，吵醒了同在驾驶舱休息的普雷科特。经过简单的交流，克莱瓦也认为可能是药物的原因导致自己意识出现异常，幸好在朋友关心下很快再次进入睡眠。正是这些插曲的发生，克莱瓦才容易得到在轨同事的关注，特别是在执行相关操作任务期间。这既是乘组之间的互相关照，同时也是整个飞行任务团队之间应有的责任，正因于此，克莱瓦在后续飞行过程中都能顺利完成各项工作。

关于在轨货物打包的具体工作，克莱瓦进一步补充介绍了相关的操作细节。在Spacehab货舱内部处置货物的时候，地面控制团队会指导乘组包括清晰的操作流程以及每一步的具体状态。因此，克莱瓦和他的同事们只需按照地面的提示，谨慎地把货物打包并固定在正确的位置。尽管货物状态复杂，但地面人员掌握着每一件货物的细节，包括从哪个位置转移过来以及在任务结束前如何妥善放置在具体哪个新的位置。在此基础上，乘组在轨操作时更多的是小心操作。对此，克莱瓦表示，每次任务乘组在和平号上整理物品以返回地球过程中均能顺利完成，无论是有磨损、已使用或备份件，从未出现因操作导致的物品损伤。此外，各类货物的重量不需要乘组评估，这些参数也均由地面人员及时通知。

在航天飞机 & 和平号任务期间，转移货物的过程给乘组留下了深刻印象，特别是在相对狭窄的位置，包括舱门、舱段拐角处以及拥挤的对接通道等。乘组在转移货物时的挑战均与这些特殊位置相关，也因此获得了更多的经验积累。克莱瓦仍记得货物转移过程中的这些困难。对此，他曾形象地比喻为在两座房子之间进行家具搬运，而两座房子类似于并排相连，但是各自的布局角度显著不同。因此，可以进一步理解为，在两座房子的家具转移过程中，既要把一个房子里的旧家具换成另一个房子里的新家具，同时旧的家具还不能丢弃并且需要妥善处置。在真实在轨操作过程中，克莱瓦和他的同事需要在 Spacehab 货舱里腾出空间，然后再从和平号空间站搬运货物进行转移。对于装满后勤物资的 Spacehab 货舱，这样的操作显然并不简单。

随着和平号在轨飞行任务的延续，进步号货运飞船的一系列飞行为其运送了大量设备，因此空间站内部已经变得相对拥挤。按照空间站舱内布局，大部分货物上行后首先转移存储在晶体号舱段尾部的隔舱。这条通道实际包含了一连串的狭窄舱门和过渡舱段，而且局部过渡位置甚至接近直角状态。根据航天飞机 & 和平号任务设计，航天飞机恰好需要在此位置对接停靠。因此，无论是基础的停靠操作，还是接下来的货物转移，和平号都需要专门预留出一条相对整洁的通道。面对 Spacehab 货舱运送的大量货物，每次任务乘组都需要先将空间站原本堆积在此的物品转移至其他位置以为新物品腾出空间。其次，如上所述乘组在地面人员指导下完成 Spacehab 货舱大量货物的转移。最后，乘组还需要及时把其他不需要的物件收集并有序转移至 Spacehab 货舱。在轨操作过程中，尽管所有货物均为微重力状态，但在搬运过程中依然能感受到货物的惯性特征，特别是相对大体量的货物，因此乘组操作时都需要非常谨慎。

克莱瓦再次回顾了货物转移的详细过程，乘组并非仅靠加快脚步就能提升转移效率，因为在轨操作有很大差异。按照任务程序设计，在航天飞机完成对接停靠之后，乘组一般早晚各有一次货物转移操作。在 STS－84 任务期间，航天飞机与和平号的两个乘组经过充分沟通，并经地面控制团队确认，两个乘组就两个航天器上的货物往返转移工作达成一致。这样的沟通与协商工作至关重要，在货物转移规划不够充分情况下易于造成两个航天器的舱内布局混乱。因为一旦货物转移工作启动，再次进行调整将变得困难，也应了中国的俗语“磨刀不误砍柴工”。航天飞机完成对接停靠后，乘组的首个货物转移任务是完成联盟号飞船的座椅衬套，以替换和平号乘组杰里·林格的座椅衬套。接下来包括电子仪器设备在内的各类货物逐步得到转移。其中，克莱瓦和他的同事转移了一套重达 220 磅（100 千克）的圆柱形电子设备。据克莱瓦介绍，这是用来电解回收系统收集的水，包括舱内空气中的水分和航天员的尿液，进而为舱内环境供给新的氧气。这套设备对于和平号在轨飞行至关重要，因此也成为此次任务货物转移的重要内容。除此之外，航天飞机乘组将包括水袋在内的其他各类货物按照打包状态或采用新的包装袋进行打包逐步转移至空间站。

关于货物转移方面的地面训练，克莱瓦介绍，在地面采用的模拟方案是借助泡沫模型，以此帮助航天员评估相应的货物是否适合特定的存放位置及其包络空间。其中，货物操作的具体细节并没有安排在地面培训内容中，相比而言，地面培训更侧重于评估确定货物转移的顺序以及操作时机。具体来说，乘组需要明确的主要内容包括航天飞机上待转移货物的准确存放位置、转移的目标位置、转运之前其他货物与之匹配的准备工作、预期的转移效果等。在培训正式开始之前，参训航天员会提前熟悉培训文档，并在培训过程中及时沟通协商以优化货物转移方案。相对来说，航天员在培训过程中会优先转移较大尺寸或重量的货物模型。通过转移操作的最大包络预计，参训航天员及任务规划团队可以量化评估在轨转移时通过舱门与对接通道的具体状态、转移操作所需人数以及如何迅速确定目标位置等。在地面培训过程中，航天员相关的各类设备接口也需要进行测试。参训航天员依次进入位于轨道器总装大厅（OPF）且处于水平状态的亚特兰蒂斯号。在完成相关准备工作后，航天员进入实际已安装于航天飞机有效载荷舱的 Spacehab 货舱。各类锁紧螺栓、开关和连接器等都由航天员逐一完成测试。借此实际硬件测试机会，航天员会对任何可能需要在轨处理的包裹和物品进行转移测试，其中有关舱门和对接通道位置的转移操作是测试重点。基于上述测试，任务乘组可以在航天飞机临近发射之前就已积累操作实际硬件的经验。尽管这与在轨状态仍有较大差异，但相比于此前的模拟件训练已经有了显著提升，航天员既积累了一定的实物操作经验而非简单的文档学习，又从另一方面对飞行任务增强了信心。

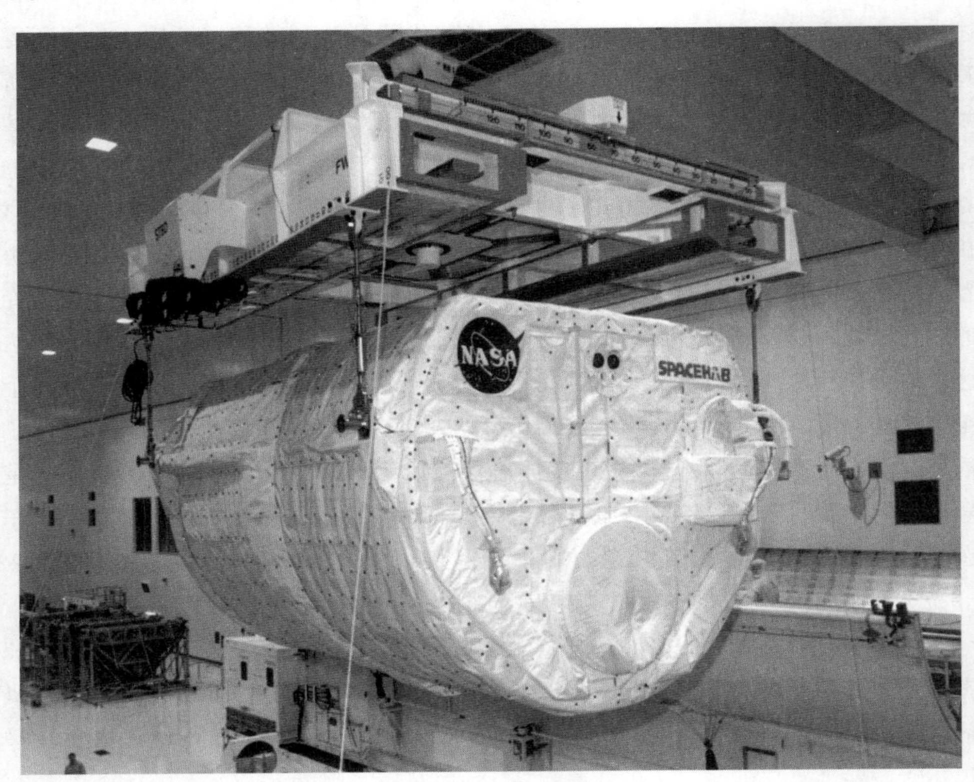

正在准备的 STS-81 任务 Spacehab 货舱双模块

通过实施航天飞机 & 和平号计划，NASA 对后续航天飞机支撑国际空间站构建任务充满了信心。其中，积累的重要经验之一即为如何利用航天飞机及其他运载工具将大量补给物资运送到国际空间站。基于礼炮号与和平号空间站任务以及无人的进步号货运飞船进行物资补给，俄罗斯具有相对较强的飞行经验。但此前俄罗斯所实施的典型运输任务仅仅是运送重为 5 512 磅（2 500 千克）的有效载荷，再加上航天器干重、推进剂、气体和水等，所有增量均无法对标航天飞机的庞大运载能力。因此，航天飞机 & 和平号计划的每次任务在轨所需转移货物量足以填补此前空白。

参考文献

[1] In addition to the Spacehab module, another pressurized carrier was developed to resupply the ISS, and this Multi - Purpose Logistics Module (MPLM) is described in the companion title Assembling and Supplying the ISS: The Space Shuttle Fulfills Its Mission.

[2] AIS interview with J - F. Clervoy, December 9, 2015.

[3] E - mail from Steve Hawley to AIS, March, 8, 2016 .

[4] Kavandi 2015.

[5] Akers 2015.

[6] Clervoy, December 2015

第10章　返回

得益于全体团队的长期坚持与努力，航天飞机顺利着陆。
着陆后航天员感觉良好，飞行任务圆满完成。

——温迪·劳伦斯
STS-86 和 STS-91 飞行任务专家
NASA 航天飞机 & 和平号任务的口述记录
1998年7月21日

和平号相关的既定任务顺利完成，航天飞机乘组向空间站常驻乘组道别，此时航天飞机轨道飞行器分离程序启动，即将返回地球。

1995年 STS-71 任务实施之前，NASA 航天飞机并没有完成过相关的对接任务，即每架航天飞机的轨道飞行器都没有与任何一个空间站进行对接停靠。尽管在系统开发与试验过程中进行了大量的模拟验证，然而对于 NASA 来说，重达100吨的空间组合体在轨分离仍是一种全新的体验[①]。分离任务不仅是在轨按照既定程序进行组合体物理分离，而且在飞行器分离时刻即组合体对接状态末期仍有一系列操作需要谨慎执行。

10.1　离开

飞行任务的仪式感从来都不可或缺。自1998年国际空间站构建任务开始实施，每次航天飞机任务清单都布局在国际空间站的舱壁上。起初，任务清单放置于团结号节点舱，后来则调整至组合体对接位置附近的舱段内壁。在空间站任务日志上签字已逐渐成为一种传统，无论是航天飞机 & 和平号任务还是国际空间站构建任务，这便于航天员乘组记录组合体航天器基本的状态变化[②]。除此之外，空间站任务乘组进出时还坚持了其他的传统，其中之一就是类似海军使用的“船钟”，当然这里的“船”是指空间站、航天飞机等各种航天器。船钟在 NASA 空间站任务中的使用最早是 STS-106 计划，当时的初衷即参考海军传统来通知在轨航天器的停靠对接与释放分离。依据逐渐形成的在轨操作惯例，船钟信号通常是由一名美国的驻站航天员发出。

最后的告别总是充满热情和悲伤，航天飞机乘组人员准备返回地球，空间站工作人员很不舍看到他们离开，但也很期待恢复正常的工作方式。就像圣诞节或感恩节的大型家庭

---

① 航天飞机 STS-63 任务曾于1995年2月实施，当时仅与和平号空间站进行了交会逼近，但并没有进行对接。
② 想象一下，某天当国际空间站日志进行拍卖时会有什么样的惊喜。

聚会一样，见见那些你有一段时间没见过的人总是很棒的，在节日过后恢复安静的常态也同样美好。

担任 STS－89 任务专家的俄罗斯航天员萨里赞·沙里波夫（中间）正在和平号空间站上为任务日志签字。日志完整记录了多年来和平号空间站任务的到访航天员。这种定期的仪式活动通常安排在空间站的核心舱模块中。照片中从左至右显示的是：安德鲁·托马斯（即将加入 Mir－24 乘组，此时正背对着镜头），阿纳托利·索洛维约夫（Mir－24 指令长），大卫·沃尔夫（Mir－24 乘组成员，即将返回地球），帕维尔·维诺格拉多夫（Mir－24 飞行工程师），乔·爱德华兹（STS－89P 驾驶员，部分遮挡）和邦尼·邓巴（STS－89 任务专家）

在飞行任务之余，航天飞机 & 和平号任务的联合乘组并不只有在节日氛围才有放松机会。特别是在和平号空间站上，航天员会利用更多的业余时间来享受美俄航天器联合飞行的太空新体验。

正如简-弗朗索瓦·克莱瓦的回忆，当 Mir－20 乘组的俄罗斯航天员瓦西里·齐布利耶夫和亚历山大·拉祖特金第一次进入航天飞机驾驶舱时，至今让他印象深刻。他们就像小孩子置身于泡泡之中一样，体验着全新的美国航天器。相比于俄罗斯联盟号飞船或和平号空间站舱段只有一扇窗户的设计，航天飞机轨道飞行器则显著不同，航天员可以通过十个窗口观察舱外状态。面对这些全新体验，俄罗斯航天员深感兴奋。

克莱瓦接着介绍，随后美俄航天员在轨共享了一顿国际大餐。联合乘组都很激动，大家一起享受白兰地。在此次任务的第一天，美国乘组参观了和平号空间站，由俄罗斯航天员瓦西里担任“导游”。面对空间站上的视频资料库，克莱瓦笑言联合乘组可以在轨体验

戴着乌兹贝克帽的航天员邦尼·邓巴正在舱内手持航天飞机 & 和平号任务的航天员名册
以及 STS-89/Mir-24 任务标识

一下空间站电影院。对此，瓦西里则表示，只要美国同行愿意，和平号空间站随时可以举行电影派对。在最后一个飞行日，联合乘组协同工作顺利完成了空间站补给任务，为接下来的分离操作做好准备。面对任务顺利完成后的闲暇，克莱瓦忍不住提议今晚来一次观影行动，作为任务完成返回地球前的放松。此时的航天飞机已经处于待命状态，准备在第二天与和平号进行分离。尽管大部分美国航天员都进入休息状态，但在俄罗斯航天员的热情配合下，克莱瓦还是幸运地与俄罗斯同行一起将电影派对付诸行动。此时，俄罗斯航天员拉祖特金取来一个阴极射线管显示器作为电影屏幕，紧接着他又从另一个舱段带来一个录像带播放器。将两个设备连接后，几位不知疲倦的联合乘组成员一起观看了电影 *Outbreak*（译者注：1995 年中国将该部电影引进时命名为《极度恐慌》）。面对扬声器的故障，大胆的俄罗斯航天员使用和平号空间站舱内通话系统播放音频，使得这场观影行动更加特别。幸福的观影小组成员分别是克莱瓦、迈克尔·福奥勒、萨沙和瓦西里，其他航天员则在航天飞机中早已进入睡眠状态。

克莱瓦至今还对电影细节印象深刻，当晚的电影配音为俄语，糟糕的是电影全部的配音均由一人完成。幸运的是，克莱瓦能够分辨出这位配音演员同时演绎了男声和女声的音色。尽管配音平淡、没有太多情感，但结合设置的英文字幕，克莱瓦仍觉得能在返回地球之前有如此体验是非常知足的。

在关闭对接舱段舱门之前，Mir－24 乘组向即将离开的 STS－89 乘组道别：从左至右分别是安德鲁·托马斯（手持相机），帕维尔·维诺格拉多夫（佩戴通信设备，担任 Mir－24 任务飞行工程师）和阿纳托利·索洛维约夫（Mir－24 指令长，此时正手持对接靶标）

在舱门关闭前，索洛维约夫透过舱门最后一次道别，此时对接靶标已安装到位

10.2　航天飞机分离

从空间站分离轨道飞行器的程序是从关闭两个航天器对接位置的内部舱门开始的。接下来，乘组需要执行一系列的操作，包括打开对接灯和视频摄像机，提前设置并降低前向气闸舱的压力及进行泄漏测试，启动对接系统电源以执行分离。由于对接系统电路配置了防止意外分离的保护器，因此需要通过某些按钮的确认动作来正式启动分离过程。通过上述一系列分离初期的操作，分离装置的锁紧钩挂机构松开，正常情况下，分离按钮启动即可实现分离。一旦锁紧钩挂机构松开，在对接表面分布的四个压缩弹簧将释放 700 磅（317.8 千克）的载荷，以便轻松分开两个航天器。

一旦航天飞机完成分离并启动推进系统，对接系统即断电停用。在紧急情况下，系统根据既定程序判断航天飞机锁紧钩挂机构在启动分离后是否正常工作。此时，需要借助航天飞机应急火工分离系统来实现分离动作。如果是和平号空间站一侧的主动锁紧装置发生故障，那么航天飞机被动端将通过应急火工分离实现分离。同时，此处还配置了一个应急方案。一旦爆炸螺栓点火失败，此时的备份应急方案将是乘组执行应急 EVA 任务，即手动解锁气闸舱和对接系统的 96 个连接螺钉。

分离过程中的 STS－79 乘组人员香农·露西，此时正在最后一次观察远离中的和平号空间站。对于露西来说，在过去六个月时间里和平号曾是她工作与生活的太空家园

按照岗位设置，航天飞机的分离操作通常是由担任驾驶员岗位的航天员负责。在分离过程中，实际也是驾驶员积累航天飞机分离机动飞行操控经验的宝贵经历。在航天飞机推

进剂足够的情况下，航天员将操控航天飞机对和平号空间站进行绕飞机动。这一机动飞行有助于将一名驾驶员培养为未来任务的指令长，届时他将负责指挥航天飞机与空间站的对接。

基于安全考虑，航天飞机推进系统不允许在与和平号空间站舱段（例如太阳电池阵）距离较近时点火工作。在双方对接机构分离间距达到 2 英尺（0.6 米）时，航天飞机推进系统按照与对接时相反的程序启动。一旦航天飞机分离至与和平号空间站相对安全的距离后，它将立即启动机动程序进行绕飞或直接进入返回阶段。

通常情况下，航天飞机与和平号空间站的分离按既定时间安排进行，以便于驻站乘组迎接下一批访客，包括联盟号乘组或航天飞机乘组，又或是无人货船的货物。

10.2.1 绕飞机动

为了对和平号空间站进行绕飞，航天飞机姿态控制发动机需要切换至低 Z 轴的工作模式。此时，驾驶员在驾驶舱内操控航天飞机后退至与空间站距离 450 英尺（137.16 米）的安全位置。绕飞机动从空间站的后侧开始，然后依次机动至空间站的底部和顶部。如果航天飞机剩余推进剂足够，任务乘组可能会对和平号空间站进行多种方案的绕飞机动。

绕飞机动是一个拍摄空间站的机会。这些照片与航天飞机乘组人员的描述一起记录了空间站外表面的状况。对于和平号而言，在其在轨寿命的 9 到 12 年之间，航天飞机每次进行绕飞机动都能拍照记录空间站的表面状态，尤其是可以结合任务乘组直观描述，反映空间站表面状态的差异性。对于和平号空间站，其在轨图像数据记录是从其入轨后的第 9 年开始至第 12 年。正是得益于此，国际空间站外表面的状态记录自构建任务开始就得到应用，并覆盖空间站历时 13 年在轨构建的全过程，直至航天飞机退役。绕飞机动完成后，驾驶员将操控推进系统执行最终的分离点火，此时航天飞机距离空间站后方约 0.5 英里（0.80 千米）、下方约 1.5 英里（2.41 千米），航天飞机进入与空间站的安全分离阶段，也标志着正式返回地球的过程开启。

10.2.2 在轨分离

2015 年，简-弗朗索瓦·克莱瓦曾回忆起 18 年前 STS－84 航天飞机从和平号空间站分离时的情景。在分离任务中，克莱瓦担任交会对接系统的负责人。按照既定程序，克莱瓦需要按时报告对接机构分离的时间。尽管多年以后的克莱瓦已很难回忆其分离过程的具体状态，但能确定的是，一旦锁紧机构分离即需报告最新状态。随即由航天飞机驾驶员艾琳确认信息，并启动分离的其他程序。此时，克莱瓦携带的交会辅助设备需要投入工作。这是一台激光发射装置，其术语称之为手持式激光测距仪，类似于地球上广泛应用的警察行业用于检测速度的激光枪。在此之前，克莱瓦曾在其首次飞行任务 STS－66 中使用过。在确认航天飞机对接机构与空间站分离后，克莱瓦需要利用激光测距仪实时测量两个航天器之间的距离。艾琳并不要求测距仪的十字线完全对准靶标中心，因为简易的测距操作所获得的距离参数已满足使用要求。通过比对在轨激光测距数据与两个航天器的雷达设备、地面测量系统等相关数据，手持式激光测距仪的实用性辅助功能已多次得到证实。

关于航天飞机 & 和平号空间站任务的地面培训，克莱瓦特地提及一个环节。按照培训项目设置，克莱瓦与埃德·卢接受了一项应急训练。当航天飞机乘组无法借助舱内控制装置完成对接机构解锁时，按照应急处置方案，需要航天员进行 EVA 手动拆除对接系统中一共 96 个连接螺栓。按照任务规划，航天飞机专门为 APAS 对接系统配置了一个控制面板。克莱瓦负责在对接及分离过程中执行相关操作，并按飞行程序及时操作控制面板，确保亚特兰蒂斯号完成与和平号的分离动作。一旦对接机构解锁出现故障，则按应急方案进行 EVA 处置，由航天员完成 96 个螺栓的手动解锁。由于航天飞机没有配置太阳电池阵，因此航天飞机及其乘组在整个任务中需要按照任务规划谨慎使用电源系统，这其中包括了系统在轨独立飞行的周期等。基于电源受限条件，任务规划团队为乘组操作准备了电动握力工具，并且在乘组地面培训中安排了相应的课程。考虑到 EVA 培训的规模，乘组所接受的上述操作培训穿插在出舱操作训练中。按照任务计划，埃德·卢和克莱瓦的最后一次 EVA 培训地点是位于休斯敦的 NASA 早期建设的失重环境模拟训练中心。克莱瓦回顾了这次培训的一个细节，当时按计划他们将是此次任务中最后在该中心进行 EVA 训练的航天员，并且接下来将作为第一批航天员进驻同样位于休斯敦的新建中性浮力实验室——桑尼·卡特训练中心。由于当时的培训计划因故推迟一天，执行哈勃太空望远镜在轨服务任务的 STS-82 乘组人员在桑尼·卡特训练中心完成了培训，因此埃德·卢和克莱瓦只能作为第二批成员在此接受航天飞机 & 和平号任务的任务培训。

关于锁紧机构连接螺栓的应急操作，克莱瓦回答了有关螺栓拆除顺序的问题。为确保组合体状态下航天器从连接状态过渡至稳定分离，螺栓拆除需要注意按照对称拆除的原则，即两侧对称的螺栓同时拆除。此时，航天员在手动解锁过程中，对接机构的连接一直保持两侧均匀受力的状态，因此航天飞机作为相对小规模的航天器不会发生旋转，并直至完全解锁与分离，将航天飞机恢复至自由漂浮的状态。正是基于这种应急操作，航天飞机在轨可能的各种对接故障都将得到妥善处置，由航天员执行 EVA 操作实现两个航天器的可靠对接或者稳定分离。

10.2.3　在轨工作回顾

在即将返回地球的时间段，航天飞机乘组仍有多项工作需要完成。按照常规的任务规划，航天飞机返回前的相关处置工作持续数小时，具体工作包括装载各类零散设备、配置驾驶舱不同位置的座次以区分驾驶舱以及任务专家在返回过程中的岗位。

对于航天飞机乘组，除了与和平号空间站相关的任务之外，通常还需要完成一系列仅与轨道飞行器相关的工作。其中，最为突出的是一些小型的飞行实验与科学研究，这些工作不需要转移至空间站中开展。按照飞行任务规划，航天飞机乘组需要在复杂的航天飞机 & 和平号任务之余穿插完成其独属的任务，这些实验同样会涉及多种操作，并且一般会涉及多个领域。以 STS-66 任务为例，1994 年 11 月，航天飞机乘组针对 680 号试验项目开展了有关飞行硬件的技术试验。这项试验的具体内容是卧式座椅系统的集成与测试，为

NASA载人飞行任务设备开发与飞行试验验证提供支撑。

航天飞机在轨任务的最后几天中，乘组最受欢迎的工作之一即是从舷窗眺望不断变化的地球。图示为STS-84任务专家克莱瓦（由J-F. 克莱瓦提供）

10.3 卧式座椅

对于航天飞机的座椅配置，从空间站返回地球的乘组将使用一套特殊的平卧式的座椅系统（Recumbent Seat Systems Assemblies，RSSA，简称卧式座椅）。返回过程中，航天员将仰卧在返回舱中部，依托平卧座椅系统返回地球。借助RSSA组件，航天员在返回时保持头部及躯干与地面平行，同时双脚抬起放在前侧储物柜的空格中。起初，NASA开发RSSA组件是瞄准应用于自由号空间站航天员的返回任务。随着RSSA组件的成功开发，NASA决定将其提前应用于航天飞机&和平号任务，并且在后续的国际空间站任务中也再次得到应用。

卧式座椅的开发工作由NASA约翰逊航天中心的人体测量与生物力学实验室（ABL）承担。该实验室负责广泛的多学科课题研究，其目的在于最大限度地发挥航天员在舱内和舱外的在轨工作与生活能力，为人类太空飞行和探索任务提供最有效的支撑。举例来说，卧式座椅从开发之初就要求其具有最佳的适应性，至少满足50%日本女性航天员以及

95%美国男性航天员的使用需求[①]。

约翰逊航天中心专门为卧式座椅开发了测试项目。在测试过程中，参试人员需要根据航天员任务需求进行严格的着装。具体来说，航天员分别在穿着衬衫、适应发射与再入过程的无压力式舱内服、加压服等不同着装时，都应满足有效固定与一定的操作能力需求。上述座椅使用状态都须遵循一定的要求，其中部分参数包括座椅靠背的最小长度、内部气闸舱与中部舱段储物柜的安全间距 55 英寸（约 139.7 cm）等。此外，卧式座椅的设计开发还应考虑航天员在长期失重状态下可能出现的脊柱伸长因素。基于上述有关卧式座椅的测试数据，NASA 建立的人机系统集成标准（MSIS）NASA－STD－3000 号数据库将得到进一步扩充。

据统计，约翰逊航天中心一共开发了 10 种卧式座椅，并分别完成了相应的测试工作。在测试过程中，实验人员详细记录了所有男性参试者的腿部、膝盖和下肢等部位因受压所导致的不适感。无论是男性还是女性参试者，有一个共同点是在加压条件下，他们都很难将胳膊和膝盖保持在座椅宽度范围内。在经历 30 分钟测试后，参试者需要预估当前姿势状态可以保持的最长时间。多数参试人员的反馈比较接近，在身体感觉出现明显异常之前，地面重力条件下最多还能保持约一个小时。关于卧式座椅的细节设计，在座椅根部最初设计有一个脚后跟挡板，但考虑到舱内布局因素，最终航天员在使用座椅中允许将双脚放置插入在中部舱段的储物柜。在此基础上，通过对卧式座椅进行舱内布局的优化设计，使得座椅朝向远离气闸舱方向进行调整。最终，地面测试表明上述细节设计能够显著减缓航天员的不适感。

通过调研得知，STS－66 任务中卧式座椅 DTO680 测试项目主要是支撑 STS－71 任务，后者是航天飞机 & 和平号空间站的第一次对接任务。在 STS－71 任务中，包括美国航天员诺曼·塔加德在内的三名航天员一起返回地球。作为 STS－66 任务专家，克莱瓦需要对卧式座椅的安装和拆卸过程进行测试。关于卧式座椅的在轨测试操作与地面培训时的对比，克莱瓦直言地面操作要容易很多。在地面训练过程中，航天员借助特殊规格的衬套和螺栓很容易完成座椅的安装与拆卸。按照座椅安装流程，首先由航天员将其与一个特制的固定装置进行连接，然后借助这个固定装置形成过渡，从而完成座椅与“任务专家”座椅的可靠连接。在飞行过程中，克莱瓦发现座椅安装操作变得十分困难。通过乘组分析讨论，这种安装障碍主要归因于航天飞机舱内压力环境下导致的结构变形，这种变形累积到座椅安装接口从而造成连接困难。克莱瓦回忆，当时在轨完成卧式座椅所有衬套和螺栓的安装工作，其操作周期与体力消耗要显著超过预期。考虑到航天飞机返回过程中的受力条件，卧式座椅在轨安装操作要求各螺栓安装点均能承受相应载荷，但在实际情况下很难保

① 百分位数是一种统计度量，其中总体变量以相同的间隔分为 100 个组。第 90 个百分位数是一个变量的值，即 90%的相关人员低于该数值。在这种情况下，NASA 需要兼顾分析航天员基本状况、身体基本尺寸、姿势、移动、表面积、体积和重量等信息。根据《NASA 航天员系统集成标准》（NASA STD—3001，修订版 B，1995 年 7 月出版）第 1 卷第 3 节“人体测量学和生物力学”，这些测量“仅限于被认为最有可能成为长期驻站飞行乘组或临时到访人员范围”。同时，需要假设候选人员健康状况良好，平均年龄为 40 岁，来自广泛的族裔和种族背景，男女不限。在这种情况下，数据反映了较小范围的日本女性航天员和较大范围的美国男性航天员。

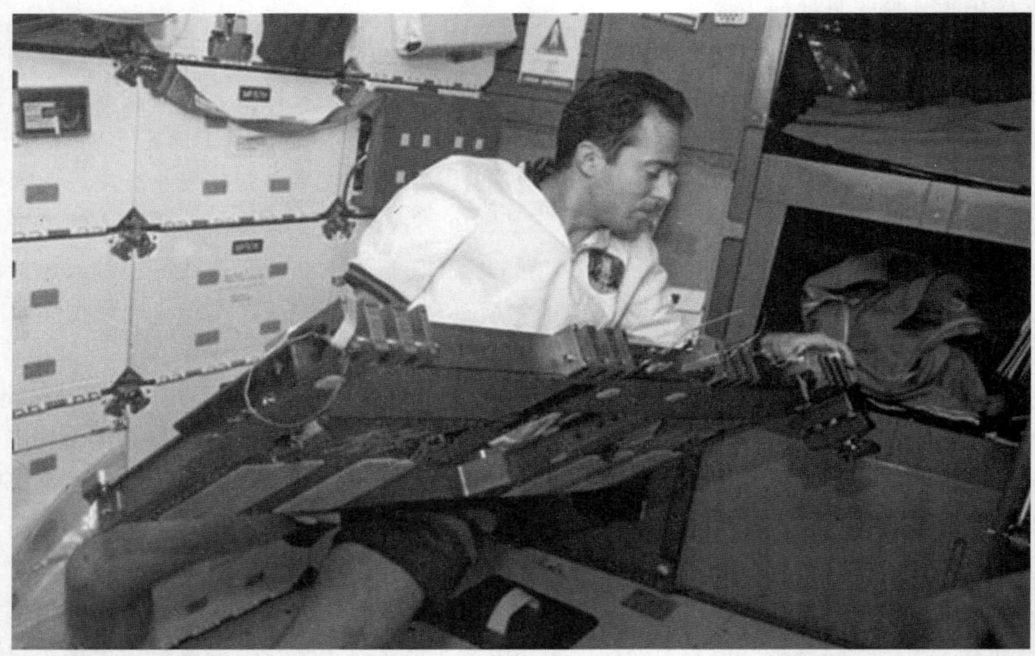

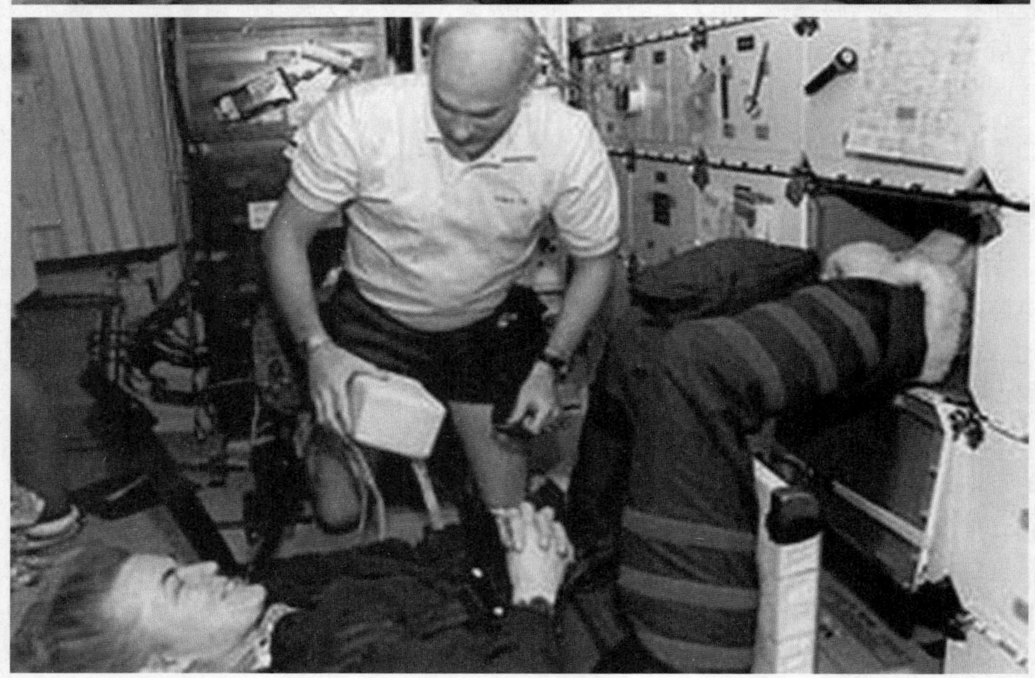

卧式座椅性能早在1994年亚特兰蒂斯号航天飞机实施STS-66任务期间即完成了在轨测试，项目代号为DTO680。1996年STS-79任务中，任务专家简-弗朗索瓦·克莱瓦对位于中部舱段的座椅布局和相关接口状态进行检查（上图）。从和平号空间站离开的香农·露西正在指令长比尔·雷迪的帮助下使用座椅（下图）

证这一点。如前所述，在轨飞行过程中的温度、真空和其他压力条件下，航天器结构会受到复杂载荷作用从而产生变形。因此，在轨各类操作中，唯独机械相关的操作最为困难，但也相对容易出现问题。

在为本书提供素材过程中，克莱瓦表示已记不清当时在STS－79任务中卧式座椅的具体设计状态，特别是针对此次从和平号空间站中接回航天员香农·露西的适应性修改设计。与此同时，克莱瓦重点提及有关卧式座椅的精度设计。由于每次舱内结构的变形并不完全相同，因此在进行座椅安装时需要对具体连接环节进行适应性的精度调配，以确保每个连接点都能有效紧固。随后的返回任务表明，此次在轨完成的座椅安装效果良好。在随后实施的STS－84任务中，杰里·林格与迈克·福阿莱完成和平号驻站任务交接后加入亚特兰蒂斯号返回乘组，并体验由克莱瓦在此前任务中高质量完成的座椅安装效果。

在返回前夕，驾驶舱的每一个人开始聚焦于各自的岗位分工，其中一项重要工作即系统状态检查。按照飞行程序设计，返回前的检查项目有很多项，包括轨道飞行器控制面板检测等。根据系统返回姿态检查，乘组需要及时分析确定是否启动反作用控制系统。基于完整的再入返回程序规划，着陆场的天气状态需要提前知悉。在返回前的最后一天，地面人员会将全球范围内主备份及应急着陆场的天气情况及时传递给航天飞机乘组，以便于更新制定再入返回计划。地面控制团队会组织举行新闻发布会，介绍返回任务的准备情况。在即将返回之前，任务团队还会安排飞行乘组与家人通话。

依据飞行程序设计，航天飞机乘组在返回之前的准备工作大概占据一半以上的时间，乘组根据岗位特点有序进行工作。对此，任务团队也提供了灵活的统筹方案，乘组工作结束后即可进行休息，并且可以缩短待命返回的周期以尽早返回地球。按照惯例，在待命返回阶段，航天员可以畅享地球与星空的观测之旅。由于航天飞机返回条件要求严苛，因此，只要某个环节不具备条件，则会及时取消返回进程。此时，航天飞机进入离轨后撤状态，即暂且撤离返回再入轨道，驻留在待命返回的临时过渡轨道。在此条件下，航天飞机相关硬件状态也会进行调整，包括有效载荷舱开启、热辐射器展开等。对于任务乘组来说，虽不能较早地返回地球，但由于在轨工作均已完成，因此可以继续驻留轨道享受失重环境和观测星空的独特乐趣。

为应对推迟返回等在轨飞行的各类任务情形，航天飞机装载有足够的应急物资，以有效规避在轨物资短缺。一旦再入返回时间最终确定，乘组人员将会再次进行各项工作准备，包括卧式座椅安装、再入航天服穿戴以及安全带固定等。此时，等待航天员的将是再入大气层并最终着陆至地面。

10.4　返回着陆

当航天飞机着陆至NASA肯尼迪航天中心时，标志着本次飞行任务结束，同时也意味着该架航天飞机开始转入新的飞行任务准备。对于NASA来说，每架次航天飞机能够按计划返回，对于保证后续任务有序推进以及硬件设备顺利传递至关重要。航天飞机的首选着陆场是在卡角的主跑道。对于因天气原因造成的着陆场调整，比如降落在位于加利福尼亚沙漠的爱德华兹空军基地或者新墨西哥州的白沙基地等，此时 NASA 需要额外支出一笔高昂的航天飞机转运费用。在此情况下，由于美国各地的天气状况不断变化，往往还存在其他不确定因素，因此，任务团队需要将航天飞机转运工作再次细化成几个阶段，以确保顺利将其交付肯尼迪航天中心。

航天飞机 & 和平号项目航天飞机运输飞机（SCA）的典型飞行记录

STS－76	亚特兰蒂斯号
1996 年	
三月	
31 日	着陆在爱德华兹空军基地
四月	
5 日	美国东部的降雨和雷暴天气可能导致运输航班延误，此次航天飞机着陆在西海岸的额外运输成本预计为 100 万美元
6 日	托举亚特兰蒂斯号航天飞机的运输机在起飞 5 分钟后发生小型发动机着火状况，飞机被迫返回至爱德华兹空军基地。本架次运输飞机由前航天员戈登·富勒顿驾驶，飞机在故障状态下安全降落
11 日	运输飞机再次离开爱德华兹空军基地
12 日	航天飞机最终回到肯尼迪航天中心(佛罗里达州)

STS－84 航天飞机再入返回之前的克莱瓦（由 J－F. 克莱瓦提供）

关于航天飞机着陆场的选择，NASA在早期都是首选爱德华兹空军基地，主要是兼顾了飞行安全因素以及航天员返回过程中可以手动操控航天飞机。爱德华兹空军基地最早在1977年应用于NASA的接近和着陆测试任务。参加此次任务的是OV-101企业号原型样机，借助航天飞机运输机在一定飞行高度从后侧进行释放，进而完成相应的飞行测试。从1981年航天飞机首飞开始，前9次的飞行任务中共计有8次选择在爱德华兹空军基地进行着陆。由于爱德华兹空军基地因天气关闭，另外的一次着陆是在白沙基地[①]。1984年2月，NASA肯尼迪航天中心专门建造的航天飞机着陆设施（SLF）迎来首个用户，STS-41B试验机在飞行任务结束时顺利完成着陆。关于STS-41B试验机的随后几次飞行任务，基于任务要求和天气原因，最终的着陆场均由SLF调整为爱德华兹基地。

由于成本和进度等各种原因，位于佛罗里达州的肯尼迪航天中心一直作为航天飞机任务的首选着陆场。除非天气因素不允许，航天飞机着陆场将由肯尼迪航天中心进行调整。1986年挑战者号发生事故后，1988年的“重返飞行”任务中的航天飞机降落在爱德华兹基地。1991年8月，航天飞机再次降落在佛罗里达州。STS-114作为哥伦比亚号失事后的重返飞行任务，在返回时由于佛罗里达州的恶劣天气而选择着陆在爱德华兹基地。此后航天飞机的飞行任务均将肯尼迪航天中心和爱德华兹基地作为主备份着陆场。

此外，NASA专门在全球多个地方设置了航天飞机的应急着陆场，但实际上这些着陆场都没有在航天飞机几十年的任务历程中得到应用。

关于佛罗里达州肯尼迪航天中心的航天飞机着陆设施，最为突出的是专门建设的航天飞机着陆设施（SLF）。该着陆场设有长达15 000英尺（4 572 m）的跑道，自1984年投入运行以来，一直作为航天飞机任务的主着陆场，直到2011年航天飞机退役。该着陆场于1974年4月开始建设，1976年末建成，成为世界上最长的着陆跑道设施之一。位于跑道的两端，中心建设有长达1 000英尺（304.8 m）的拓展区域。针对跑道的核心区域，其混凝土填充范围宽度达到300英尺（91.44 m），厚度为21英寸（53.34 cm），并在两侧各铺设了一个宽度为50英尺（15.24 m）的沥青带。整个着陆跑道实际上是功能二合一的，即通过西北—东南方向的中心轴线，航天飞机可以从任一侧进入跑道并顺利着陆。按照航空标准定义，航天飞机从西北方向进入时按15号跑道使用，从东南方向进入则是33号跑道。距离跑道两端约2500英尺（762 m）处，规划人员专门布置了成对的黑色超大矩形指示标，为着陆时刻航天飞机驾驶员指引着陆位置。跑道末端最初设置有一定程度的凹槽，但很快就显示这会对航天飞机轮胎造成过度磨损。因此，中心于1984年重新铺设了跑道的末端区域。大概使用了近十年后，整个跑道表面再次进行了维护，最终被处理成光面，从而进一步减少对轮胎的磨损。总的来说，中心的跑道设施经过持续多年的定期维护、升级和改造，确保了航天飞机着陆任务的顺利完成，为每架次航天飞机飞行任务的圆满结束提供了保障。

除了用于航天飞机的着陆，肯尼迪航天中心的着陆场还可以为航天飞机运输飞机提供

① STS-3于1982年3月返回至位于新墨西哥州的白沙基地，当时爱德华兹基地的着陆场因恶劣天气导致被水淹没。

起降服务，支撑航天飞机的往返运输与维护升级。除此之外，着陆场还担负着一项特殊的责任，即为每次航天飞机发射任务应急中止后的安全返回提供保障。幸运的是，每次航天飞机任务都没有遭遇过应急中止与返回。

完成 STS－84 任务后的亚特兰蒂斯号航天飞机降落在佛罗里达州的肯尼迪航天中心着陆场。图示另一侧起飞中的飞机是航天员办公室代理副主任肯尼斯·科克雷尔（Kenneth Cockrell）驾驶航天飞机训练飞机正在开展飞行训练

位于航天飞机着陆场附近，肯尼迪航天中心建设有着陆辅助控制大楼（LACB）。大楼建设于 1975 年 4 月启动并持续了 18 个月，主要存放航天飞机相关的操作设备，用于涉及飞行辅助控制并支撑航天飞机安全返回。同时，控制大楼也是航天飞机乘组的保障地点，在航天飞机着陆后通过专门配置的运输车辆（CTV）迎接飞行乘组。此外，控制大楼针对航天飞机维护以及地面训练任务还配备了航天飞机过渡支撑装置（SBD）。依托 SBD，航天飞机能够顺利由着陆场转移到维护厂房，并在维护结束后安置于转移飞机顶部。同时在地面平时训练过程中，SBD 可以有效支撑相关的训练设施协调开展航天飞机训练任务。肯尼迪航天中心航天飞机着陆场配置的另一个重要设施是航天飞机停靠处置系统（MDD）。该设施于 1978 年 6 月建设完成，通过专用支撑结构实现航天飞机返回后的停靠与相关处置。整个停靠处置系统的核心组件是一套钢架结构，长 105 英尺（32 m），宽 93 英尺（28.34 m），高 105 英尺（32 m）。为确保重达 50 吨的航天飞机顺利停靠、起吊与可靠处

置，停靠处置系统配置了三台重型起吊设备。同时，停靠处置系统钢架结构设置了6个固定的操作平台以及2个可移动平台，以便于进入航天飞机开展相关处置操作。

发现号航天飞机在完成STS－91任务着陆后的场景。任务专家富兰克林·昌迪亚兹正坐在驾驶舱中间舱门旁边等候地面处置人员。图示最前面是Mir－25驻站乘组航天员安德鲁·托马斯，此时仍躺在卧式座椅上。在经历和平号任务长达六个月之后，托马斯正在努力适应地面重力环境

关于加利福尼亚州爱德华兹空军基地的航天飞机着陆设施，其核心部分是基地的 22 号跑道。自航天飞机计划启动之初，NASA 就把爱德华兹空军基地作为其核心配套设施之一进行建设。爱德华兹空军基地不仅是航天飞机的备份着陆场，还可以在航天飞机常规的返回任务、调整返回计划或应急情况下为航天飞机提供着陆服务，因此，为航天飞机任务完成发挥了关键作用。爱德华兹空军基地在运行 50 多年后，美国军方决定对迫切需要维修的主跑道暂停使用。在历经十年规划后，2007 年 6 月陆军工程兵团完成一条 12 000 英尺（3 657.6m）的通用临时跑道建设，共计花费了 1.18 亿美元。在此期间，长 15 000 英尺、宽 19 英寸的现有跑道得以进行系统性的维修与升级。2009 年 9 月，主跑道完成改造，这比原计划提前了将近 4 个月。关于爱德华兹空军基地的航天飞机着陆标识，航天飞机由东北方向进入时需要降落在 22 号跑道，基地标识为 22L 或临时跑道 22R。当航天飞机从西南方向着陆时，基地 4 号临时跑道将启用，其标识为 4L 或 4R。

STS－84 乘组任务专家卡洛斯 · 诺列加、查尔斯 · 普雷科特中校和任务专家
简-弗朗索瓦 · 克莱瓦正在检查亚特兰蒂斯号的轮胎

关于航天飞机 & 和平号空间站任务实施过程中的航天飞机着陆情况，包括 STS－60 和 STS－63 承担的美俄联合任务在内，共有 10 次任务着陆在肯尼迪航天中心。唯一的一次例外是由于肯尼迪航天中心天气原因所造成，STS－76 任务航天飞机在经历连续两天推迟返回后仍然被迫调整着陆点至爱德华兹空军基地。同时，这也是自 STS－67 任务以来航天飞机首次更改着陆点。

1998年6月12日发现号航天飞机着陆在佛罗里达州之后，执行STS-91任务的查尔斯·普雷科特中校在大家注视下向NASA局长丹尼尔·戈尔丁赠送了一面美国国旗、一把专用扳手和一张光盘。自航天飞机&和平号任务实施以来，该旗帜一直悬挂在和平号空间站。操作扳手将被继续应用于国际空间站；光盘则记录了航天飞机&和平号空间站任务的飞行数据

航天飞机&和平号完成任务着陆情况汇总（包括STS-60和STS-63）

飞行任务	航天飞机型号	日期	跑道
肯尼迪航天中心航天飞机着陆场			
STS-60	发现号	1984—2—11	15
STS-63	发现号	1995—2—11	15
STS-71	亚特兰蒂斯号	1995—7—7	15
STS-74	亚特兰蒂斯号	1995—11—20	33
STS-79	亚特兰蒂斯号	1996—9—28	15
STS-81	亚特兰蒂斯号	1997—1—22	33
STS-84	亚特兰蒂斯号	1997—5—24	33
STS-86	亚特兰蒂斯号	1997—10—6	15
STS-89	奋进号	1998—1—31	15
STS-91	发现号	1998—6—12	33
爱德华兹航天飞机着陆场			
STS-76	亚特兰蒂斯号	1996—3—31	22

当亚特兰蒂斯号于 1996 年 3 月 31 日在爱德华兹着陆时，任务团队计划航天飞机尽快返回佛罗里达。然而，恶劣天气和临时遭遇的技术问题使得这一计划被迫推迟。相对于计划异常紧张的国际空间站构建任务，航天飞机改道着陆及其运输返回推迟的影响不容忽视。国际空间站启动构建以来，由于四架航天飞机中只有三架可以用于组装硬件和物资补给的运输任务，因此航天飞机的飞行程序规划极为关键。一方面，NASA 需要规划国际空间站的构建任务分配，以尽可能减少航天飞机飞行次数。另一方面，NASA 任务团队还需充分准备，以应对航天飞机着陆点调整等各类临时事件造成计划流程上的重大挑战[①]。

在运输飞机支撑下，STS－79 任务航天飞机将由爱德华兹空军基地运回至
肯尼迪航天中心（图片来源：SpaceFacts. de）

4 月 5 日，航天飞机准备从爱德华兹空军基地返回肯尼迪航天中心。此时，任务团队最为担心的是美国东部的降雨和雷暴天气。上一次航天飞机着陆在爱德华兹空军基地是在一年前，此时亚特兰蒂斯号即将执行代号为 STS－79 的下一次航天飞机 & 和平号空间站任务。正如肯尼迪航天中心发言人乔治·迪勒所说的，为尽快安排亚特兰蒂斯号进入 STS－79 任务准备阶段，此次转运任务已是迫在眉睫。4 月 6 日，经确认飞行区域天气已

① 哥伦比亚号航天飞机由于自身重量过大，除非经历较大的改造，否则无法适应国际空间站构建任务的运输要求。

好转后航天飞机运输飞机顺利起飞。运输飞机的驾驶员是前航天员戈登·富勒顿，拥有丰富的飞行经验。然而，仅仅 5 分钟后运输飞机发动机出现故障。经过紧急协商，运输飞机携带航天飞机不得不返回至爱德华兹空军基地。运输飞机经初步检查，故障定位于发动机内部的器件损坏，此时地面保障团队评估维修工作将使航天飞机返回佛罗里达的时间再次推迟两周。在对发动机进行详细检查之后，运输飞机的发动机故障进行了重新定位。在飞行过程中，其中一处发动机附近发生了较小范围的局部燃烧，导致发动机线缆损毁。通过协调爱德华兹空军基地资源，最终维修团队决定利用 905 型航空飞机的发动机对航天飞机运输飞机进行发动机更换。对于此次故障的影响，肯尼迪航天中心调度员吉姆·黑兹尔顿预计需要地面团队每周至少工作六天，才有可能确保下一次航天飞机任务能够如期执行。最终，运输飞机故障修复工作使得亚特兰蒂斯号返回卡角的时间推迟了 6 天。亚特兰蒂斯号于 4 月 11 日离开爱德华兹空军基地，中途在得克萨斯州的沃斯堡海军机场过渡了一晚。4 月 12 日，运输飞机平稳降落在肯尼迪航天中心。此后，地面人员加快节奏进行处置，完成亚特兰蒂斯号的相关设备拆卸，并在当天晚些时候将航天飞机转移至轨道器总装大楼的一号大厅。肯尼迪航天中心发言人布鲁斯·白金汉介绍了处置计划，地面人员将在周末加班启动维护工作，以确保能够赶上此前制定的飞行计划。当然，后续这些准备工作还需要一个前提保障，即下一次飞行任务的各类硬件设备能够顺利交付与装载。

10.5　小结

在整个航天飞机 & 和平号任务中，航天飞机遭遇了数次飞行推迟和中止。其中，执行 STS-76 任务的航天飞机创造了一个特例，即没能在肯尼迪航天中心着陆。即便临时更改着陆点，任务团队还需想尽办法节省航天飞机从加利福尼亚运送到佛罗里达的时间。所有任务的拼抢，都是为了尽可能使下一次飞往俄罗斯和平号空间站的任务能够拥有充足的准备周期。按照 NASA 规划，在四架航天飞机中选择一架主要执行和平号空间站任务。如此安排的目的是确保此架航天飞机的地面团队集中精力准备和平号空间站任务。对于另外的三架航天飞机，则需要聚焦担负起 NASA 其他飞行任务①。包括 1999 年航天飞机遭遇的线缆故障和主发动机问题在内，航天飞机在地面准备过程中多次发生故障，这给 NASA 带来了巨大的压力。众所周知，航天飞机 & 和平号任务结束后，航天飞机支撑国际空间站构建的使命即将付诸实际。

① 和平号联合任务的航天飞机执飞情况汇总如下：首次的接近任务由发现号完成，最后两次任务分别由奋进号和发现号完成，其他任务均由亚特兰蒂斯号完成。

参考文献

[1] Interview with J - F. Clervoy December 2015.

[2] Clervoy December 2015.

[3] AIS interview with J - F. Clervoy, December 9, 2015.

[4] An Overview of Space Shuttle Anthropometry and Biomechanical Research with Emphasis on STS/Mir Recumbent Seat System Design, (N94 - 33629) Glenn K. Klute, NASA JSC, and Lara E. Stoyoc, Lockheed Engineering and Science Co, Houston Texas.

[5] Anthropometric Data from Launch and Entry Suited Test Subjects for the Design of a Recumbent Seating System, NASA Technical Memorandum 104769, Lara E. Stoycos, Lockheed Engineering and Sciences Company, Houston, Texas, Glenn K. Klute, Lyndon B. Johnson Space Center, Houston, Texas, NASA JSC, June 1993.

[6] STS - 66 Mission Report, NASA - CR - 199594 NSTS - 08295, NASA JSC, February 1995, p. 42.

[7] AIS Interview with J - F. Clervoy, December 2015.

结束语

1984 年自由号空间站任务立项时，美国论证的应用于空间站组装构建的航天飞机已经不是一个全新的概念，因为其最早可溯源于 20 世纪 60 年代后期，尽管当时的美苏正热衷于登月竞赛。20 世纪 70 年代初，阿波罗计划逐渐褪去，与此同时苏联完成了礼炮号空间站的验证，在此形势下美苏关系逐渐回暖。虽然美苏双方都表示希望能够协作实施一个联合项目，但美国提出的阿波罗飞船与礼炮号空间站对接的建议未能成行遭到拒绝。在双方共同促进下，比如后来曾有建议联盟号飞船与天空实验室对接等，尽管实际情况有所出入，但幸运的是，1975 年夏天，阿波罗飞船成功与联盟号飞船实现对接。

该计划的成功实施，一定程度上加速促进了美苏的合作谈判，双方甚至已经期待于 80 年代初开展航天飞机对接试验。与此同时，NASA 细化了航天飞机的开发方案，旨在推动天空实验室计划的重启，然而上述计划最终都没能落地。20 世纪 80 年代初，NASA 仍在推动使用航天飞机组装构建大型空间站并支撑其运行的计划，并逐步论证成为“自由号空间站”的核心方案。在地球的另一边，1991 年苏联解体时和平号空间站的组装已经实施了数年。然而，等到俄罗斯延续任务实施时，和平号空间站后续舱段与补给飞行器的开发以及维持系统在轨运行等所需资金的短缺问题极为严重。

回顾 20 年前的 20 世纪 90 年代，美国航天飞机和俄罗斯空间站计划携手试验似乎是合乎逻辑的，通过各自系统开发与在轨对接试验，可以各取所需。正是各项合作的不断深入，孵化出了航天飞机 & 和平号任务，并成为美国主导实施国际空间站在轨构建与运行计划的坚实基础。相比而言，若是回到 20 世纪 70 年代，对于多达 50 多次的各类载人空间站飞行任务，让航天员梯队在和平号和国际空间站两个不同的空间站进行交替协作，在当时显然是非常夸张的事情。正是因为航天飞机的出现，在地球轨道上部署长期运行的载人国际空间设施才得以成为现实。

事情的进展或许偶然，但事实终究是最有说服力的。随着相关计划的推进，美国最终选择了依托航天飞机与和平号空间站开展试验验证，然后再全面实施自由号空间站（国际空间站的前身）的在轨构建计划。尽管航天飞机 & 和平号任务并没有太多相关的 RMS 与 EVA 操作，但精心的任务安排还是为 NASA 过渡到国际空间站任务积累了一系列工作经验，使得航天飞机 & 和平号计划实施的关键基础作用得以彰显。

围绕空间站构建任务，很显然，最为关键的是航天员在轨操作能力，特别是依托空间站所开展的交会、对接、释放分离和近距离操作等各项能力。对于已运行多年的和平号空间站来说，舱内空间较为拥挤且相关部件已出现明显老化，因此在整个任务设计时也就没有过多的突出物资补给及其在轨转移问题。航天飞机 & 和平号任务的美俄合作与此前在苏联时期所开展的 ASTP、航天飞机 & 礼炮号计划有显著不同。在航天飞机 & 和平号任

奋进号准备开始组装国际空间站，这项任务将利用 30 年来规划和开发空间站组装和供应所需的技术

务中，航天飞机及其乘组需要应对截然不同的航天器系统、飞行程序、思维方式和操作方法等，在此基础上能够熟练掌握面向未来国际空间站在轨构建所需的相关技能。与此同时，通过航天飞机 & 和平号任务实施，美国在国际空间站构建之前能够获得大量的有关航天飞机与大型空间系统对接停靠与运行的相关飞行数据。

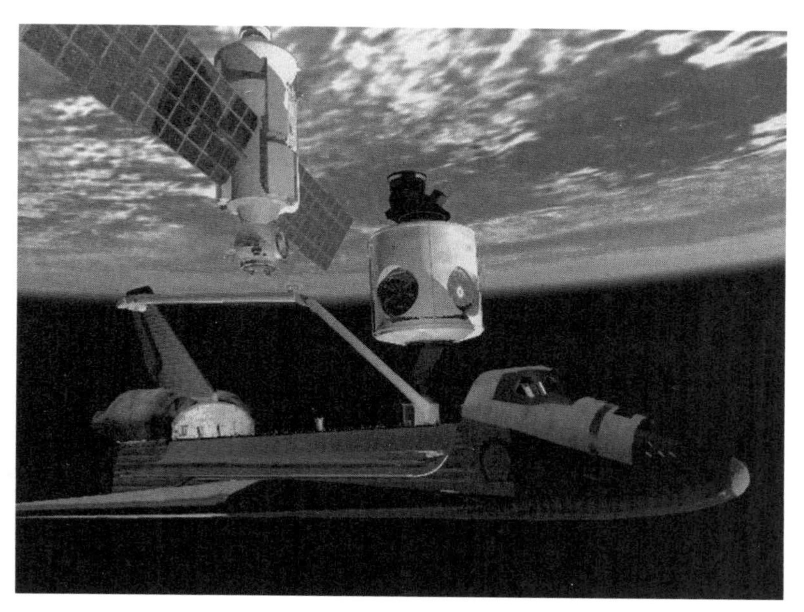

在航天飞机 & 和平号计划 STS-88 结束六个月后，组装国际空间站的第一个航天飞机任务是将该空间站的前两个元件连接起来（在此处以计算机图形显示），标志着一个 13 年的建设任务的开始

航天飞机 & 和平号任务的成功实施，显示出航天飞机与空间站这两大系统的良好相容性，这一点最终在此项任务中得以验证。1998 年 6 月，航天飞机 & 和平号计划的最后一次任务发射时，有另一架航天飞机正在有序准备，而这将启动一个更为雄心勃勃的项目——国际空间站。历经数十年的规划、开发、测试、项目申请与答辩，我们终于可以全神贯注于人类历史上最大规模的空间系统。关于国际空间站的故事，读者可以参见本书姊妹篇《国际空间站在轨构建》。

后　记

自接受任务之初我开始学习俄语，在星城和休斯敦接受训练，然后搭乘亚特兰蒂斯号参加了第六次航天飞机 & 和平号对接任务，毫无疑问，我对美俄航天大国如何在航天任务中协作与学习有了更加深入的认识。航天飞机 & 和平号任务完全可以作为国际空间站计划的第一个阶段，这对美俄双方都有着很高的价值。通过实施航天飞机 & 和平号任务，NASA 熟悉了空间站系统在轨构建以及长期运行所需的支撑技术，涵盖系统自身的开发、构建过程中的补给、长期运行时的维护等。俄罗斯人则学习了如何与美国人合作，包括在轨操作以及航天员协同等多个方面。此外，当莫斯科出现资金紧缺时，美国及时的财政支持一定程度上保障了和平号空间站的稳定运行，直到国际空间站成为人类新一代的“太空家园”。

在航天飞机 & 和平号合作任务确立之初，和平号空间站曾在几个月内遭遇三次紧急情况（火灾、有害气体泄漏和舱内空气泄漏），这对于航天员生命以及空间站运行都是极为严重的考验。幸运的是，俄罗斯人一再证明了他们良好的应急处置能力，而合作中的美国人则表现出对新伙伴的充分信任。正是如此，在紧急情况下，美俄航天员在轨有序协作，顺利解决问题并规避了可能的更为严重的风险。得益于这项任务的策划、推进以及最终完成，国际空间站在经历 2003 年哥伦比亚号失事后仍能继续进行在轨组装构建。众所周知，在航天飞机停飞期间，美国已没有可用的载人飞船来维持国际空间站的正常运行。因此，如果没有联盟号飞船的及时加入，国际空间站每一个参与方都将遭受巨大的打击。

在 ESA 支持下，显然欧洲的各个航天组织都从航天飞机 & 和平号计划中受益良多。他们一同参与了对接试验任务，并有幸参加了依托和平号空间站开展的几项独立工作，完成了相关有效载荷与交会飞行的技术验证。在此基础上，ESA 显示出良好的准备状态，以迎接国际空间站哥伦布实验室开发与在轨运行，同时其独有的 ATV 货运飞船也将投入应用。

通过回顾航天飞机 & 和平号计划所收获的经验与教训，面对超过 15 个国家成功合作开发并运行国际空间站长达 15 年以上的惊叹历程，相信读者能够轻松理解其中的奥秘。

和很多航天员同事一样，我更为期待的事情——在国际空间站寿命到期之前，大型载人航天系统设施开发与运行的大门能够为中国开启。至此，我们才敢说是在一个真正的世界范围内相互协作，不断探索人类与太空的神奇，并帮助拓展人类的智慧。

ESA 航天员简-弗朗索瓦·克莱瓦（由 J－F. 克莱瓦提供）

简-弗朗索瓦·克莱瓦

1992 年 ESA 航天员梯队成员

（1985—1992 年期间，担任 CNES 航天员）

STS－66，亚特兰蒂斯号（ATLAS 3），3 号任务专家

STS－84，亚特兰蒂斯号-和平号（第六次对接），1 号任务专家

STS－103，发现号（HST 服务任务 SM－3A），2 号任务专家

缩略词

AAP	阿波罗应用计划
ACCESS	空间结构在轨组装概念验证计划
AFB	空军基地
AHMS	先进健康管理系统
ALS	先进物流系统
ALT	接近和着陆测试
AM	阿尔法磁谱仪
APAS	异体同构周边式对接系统
APCU	辅助电源控制单元
APU	辅助电源单元
ASCAN	候选航天员
ASSEM	EVA 方法组装空间站
ASTP	阿波罗-联盟号试验计划
ASVS	先进空间感知系统
BUp	备份航天员
Capcom	舱体通信系统
CB	NASA 约翰逊航天中心航天员办公室
CBM	通用对接机构
CDR	指令长
CDR	关键设计评审
CEIT	航天员设备接口测试
CETA	航天员设备转移与组装系统（有轨运输系统）
CG	重心
CM	阿波罗指令舱

CMG	控制力矩陀螺
CNES	法国航天局
COAS	航天员光学瞄准器
COLBERT	组合式承重外阻力跑步机
CR	俄罗斯研究型航天员（和平号乘组配置）
CSA	加拿大航天局
CSCS	航天飞机乘组应急救援
CSM	阿波罗指令与服务舱
CTB	航天员转移包
DAP	数字自动驾驶
DM	对接模块
DOR	俄罗斯运营总监
DSO	详细补充目标
DTO	详细试验计划
EAFB	爱德华兹空军基地
EAP	航天员教育项目
EASE	通过 EVA 开展结构实验
EDFT	EVA 演示飞行试验
EDO	轨道飞行器延长飞行任务
EDVT	EVA 开发及验证测试
ELC	快速补给运输装置
ELM - P	实验后勤模块—加压舱（希望号）
EMTT	舱外维护任务团队（自由号空间站）
EMU	舱外航天服
EO - XX	空间站主要任务乘组
ESA	欧洲空间局
ESRO	欧洲航天研究组织
ET	外置贮箱

EVA	出舱活动
FCR	飞行控制室
FD	飞行引导员
FE	飞行工程师
FGB	多功能舱
FY	财年
GAS	便捷式试验装置
GPS	全球导航定位卫星计划
GRO	伽马射线天文卫星
GSFC	戈达德航天飞行中心
HB	高段区
H - Bar	沿飞行方向交会对接模式
HHL	手持式激光装置
HST	哈勃太空望远镜
HTV	H - II 无人货运飞船（日本）
ICC	集成式货物装载平台
ICC - G	通用型 ICC 平台
ICC - GD	通用展开式 ICC 平台
ICC - L	轻型 ICC 平台
ICC - VLD	纵向轻型 ICC 平台
IFA	在轨异常
IFM	在轨维护
IMOC	综合任务操作控制
IMU	惯性测量单元
ISS	国际空间站
IST	集成系统测试
ITS	集成桁架结构（国际空间站主桁架）
IVA	舱内活动

JAXA	日本宇宙航空开发机构
JEM	日本希望号实验舱
JSC	约翰逊航天中心（位于 NASA 得克萨斯州休斯敦市）
JWG	联合工作组
KSC	肯尼迪航天中心（佛罗里达州）
LCC	发射控制中心
LDEF	长期暴露平台
LES	发射和再入飞行航天服
LF	补给飞行任务（航天飞机 & 国际空间站）
LM	阿波罗飞船登月模块
LON	应急救援发射任务
Low Z	低 Z 轴对接模式
LSEAT	发射系统评估与咨询小组
LSSP	发射场保障任务清单
LVLH	航天器局部坐标系
MBS	移动基座系统
MCC - M	任务控制中心—莫斯科
MCC - H	任务控制中心—休斯敦
MEEP	和平号空间站环境影响实验载荷
MEIT	多组元集成测试
MER	任务评估室
MIT	麻省理工学院
MLP	移动发射平台
MMT	任务管理团队
MMU	载人机动单元
MOD	任务运行主任
MOL	载人轨道实验室
MPLM	多功能后勤舱

MPRESS	特殊设备支撑结构
MPS	主推进系统（航天飞机）
MRM	迷你型研究模块
MS	任务专家
MSC	载人航天器中心（NASA 得克萨斯州休斯敦市）
MSFC	马歇尔航天飞行中心（亚拉巴马州亨茨维尔市）
MSIS	人机系统集成标准
MST	任务序列测试
MT	移动运输系统（国际空间站）
NASA	美国国家航空航天局
NASDA	日本宇宙航空研究开发机构
NBL	中性浮力实验室
NBS	中性浮力模拟器（马歇尔航天飞行中心）
NC - bur	标称修正点火
NIH	镍氢
NSC	国家安全委员会
OBSS	轨道飞行器机械臂传感系统
O&C	操作和检查
ODS	轨道器对接系统
OETF	操作训练设施（加拿大）
OFT	轨道飞行测试
O&M	运行和维护
OMB	美国行政管理和预算局
OMDP	航天飞机停飞维修期
OMP	日常保养和检查程序
OMRF	轨道器维护和修复设施
OMRSD	操作、维护要求和规范文档
OMS	轨道机动飞行器

OPCU	轨道器电源转换单元（开发于自由号空间站阶段，之后发展成为国际空间站配置的空间站与航天飞机能源传输系统）
OPF	轨道器总装大厅（佛罗里达州肯尼迪航天中心）
ORBT	优化的 R－Bar 交会模式
ORU	在轨可更换单元
OSK	官方纪念品套装
OV	轨道飞行器（航天飞机）
PASDE	摄影测量附属结构动力学实验
PCT	后接触助推
PDR	有效载荷释放和收回
PFR	便携式脚限位装置
PGHM	有效载荷地面装运机械设备
PLT	驾驶员
PMA	加压适配器（国际空间站）
PMM	永久多功能模块
POHS	位置方向保持（RMS 软件）
PPK	个人喜好包
RAM	研究和应用模块（天空实验室）
R－Bar	沿轨道径向交会对接模式
RCS	反作用控制系统
RME	风险减缓实验
RMS	远程操纵系统（即加拿大机械臂，航天飞机）
ROEU	远程操作脐缆（自由号空间站）
RPM	R－Bar 轨道策略
RPOP	交会、接近和操作
RSA	俄罗斯航天局
RSSA	平卧座椅系统组件
RTAS	洛克达因桁架连接装置
SAFER	出舱简易救援装置

SAIL	航天飞机电子集成实验室
SARJ	太阳电池阵阿尔法旋转接头
SAVE	结构组装验证实验
SCA	航天飞机运输飞机（波音 747）
SDTO	空间站详细实验目标（国际空间站）
SEM	太空实验模块（用于教育目的）
SFOC	太空飞行合同
SHOSS	太空生活舱和海洋空间系统
S-IVB	土星 IB 火箭二级和土星 5 号火箭三级（阿波罗）
SLF	航天飞机着陆设施（肯尼迪航天中心）
SM	服务舱（阿波罗）
SMS	航天飞机任务模拟器
SNIP	航天飞机机头向内停放
SNOOPy	航天飞机机头向外停放
SOC	太空运营合同
SPAS	航天飞机货架应用卫星（自由漂浮型）
SPC	航天飞机处置任务合同
SPDM	专用灵巧机械手
SPORTS	航天器抵近操作实时模拟器
SRB	固体火箭推进器
SSF	自由号空间站
SSME	航天飞机主发动机
SSMEPF	SSME 处置设施
SSPP	航天飞机小型有效载荷项目
SSPSG	航天飞机礼炮号有效载荷研究团队
SSPTS	空间站与航天飞机的能源传输系统
SSRMS	空间站遥操作系统（即加拿大臂 2 号）
STG	空间任务团队

SSTG	航天飞机任务团队
STA	航天飞机训练飞机（湾流宇航公司）
STEAM	科学/技术/工程/艺术/数学（教育）
STEM	科学/技术/工程/数学（教育）
STS	国家空间运输系统（航天飞机）
TACAN	空中控制和导航战术系统
TAL	横跨大西洋着陆（航天飞机再入销毁模式）
TCS	轨迹控制传感器
TDRSS	跟踪与数据中继卫星系统
TI	最后阶段燃烧启动
TM	改进的联盟号飞船
TMA	改进的载人联盟号飞船
TPS	热防护系统（航天飞机）
TsPK	加加林太空航天员训练中心
UARS	高层大气研究卫星
UBA	非加压对接适配器（自由号空间站）
UF	应用飞行（航天飞机，国际空间站）
UHF	超高频
UIPT	综合集成产品团队
ULF	综合后勤飞行（航天飞机，国际空间站）
US	美国
USA	联合太空联盟
USAF	美国空军
USMC	美国海军陆战队
USN	美国海军
USSR	苏维埃社会主义共和国联盟（1917—1991 年）
V axis	交会对接 V 轴
VAB	航天器总装车间

V-Bar	沿目标速度方向交会对接
VHF	特高频
VR	虚拟现实
WAD	工作授权文件
WETF	失重环境训练设施
X axis	交会对接 X 轴
Y axis	交会对接 Y 轴
Z axis	交会对接 Z 轴
Z-Bar	Z-bar 交会对接模式

关于作者

本书作者为太空历史学家戴维·J. 谢勒，是英国行星际协会（FBIS）会员，他也喜欢将之称为未来太空中的英国人（Future Briton in Space），于1955年出生于英国。他在太空方面的兴趣源自于5岁时绘制各种火箭，但是直到1968年12月阿波罗8号发射到月球轨道时，他才真正对人类探索太空充满激情。他亲切地回忆起他和祖父在1969年7月的一个美妙夜晚，见证着阿波罗11号举世瞩目的月面活动。

早在1976年1月戴维就已经是英国行星际协会会员，1983年和1984年先后被评为副研究员和研究员。2013年他首次当选为学会理事。20世纪70年代末他在学会期刊公开发表了第一篇论文。1982年，他创建航天信息服务组织（www. astroinfoservice. co. uk），进而集中精力开展相关研究工作。戴维于1987年出版了自己的第一部专著，其后陆续出版了超过20部其他作品，这些都是关于美国和俄罗斯的太空计划，而且还包括太空行走、女性在太空中，以及人类的火星探索之旅等等。他被授权出版的关于航天员杰里·卡尔的个人传记于2008年出版。

1989年在英国与苏联合作的英国朱诺计划中，戴维成为航天员候选人。该任务是计

划在和平号空间站上工作 7 天开展相关任务。虽然很遗憾他最终没能入选，但培训和选拔成绩已经远超预期。该任务由海伦 · 沙曼于 1991 年 5 月首次公开。在进行太空历史研究时，戴维曾访问 NASA 位于休斯敦和佛罗里达州的航天员训练中心，以及俄罗斯加加林航天员训练中心。在此过程中，他采访了许多航天员以及航天工作者，还参观了各种航天器模型以及其他训练设施等。他还深入调研了航天员在轨飞行基本生活的实际状况，以及在执行飞行任务前所需要开展的地面准备工作，另外还有一些正在规划中的太空计划。

戴维与许多在职或退休的航天员保持着非常友好的私人关系，其中一些人曾陪同他访问了许多英国的学校。30 多年来，他向儿童和社会团体提供了众多有关空间主题的演讲和讲习班，向普通公众科普人类太空探索的历史和发展，并尽可能地帮助青少年，不断激发他们对科学技术和宇宙产生兴趣。

戴维夫妇居住在英国西米德兰兹地区，他们养了一只个头相当大的白色德国牧羊犬沙杜。戴维热衷于烹饪、美酒以及古典音乐。另外，他还喜欢阅读军事历史（尤其是拿破仑战争时期）、访问历史古迹，此外他还对 F1 赛事非常感兴趣。